L'Homme-machine I

Le travailleur-machine

L'HOMME ET LA SOCIÉTÉ

REVUE INTERNATIONALE
DE RECHERCHES ET DE SYNTHÈSES EN SCIENCES SOCIALES

⁂

Anne-Sophie DÉCRIAUD (éditrice) – anne-sophie.decriaud@ens-paris-saclay.fr
MSH Paris-Saclay c/o ENS Paris-Saclay
61 avenue du président Wilson 94235 Cachan cedex
Contact : revue.homme.et.societe@gmail.com

L'HOMME ET LA SOCIÉTÉ
REVUE INTERNATIONALE
DE RECHERCHES ET DE SYNTHÈSES EN SCIENCES SOCIALES

L'Homme-machine I

Le travailleur-machine

Coordonné par
Florent LE BOT, Olivier DARD,
Claude DIDRY, Camille DUPUY
& Cédric PERRIN

Revue publiée avec le soutien de la MSH Paris-Saclay (USR 3683)

L'Harmattan

5-7, rue de l'Ecole-Polytechnique, 75005 Paris

http://www.editions-harmattan.fr

ISSN : 0018-4306
ISBN : 978-2-343-13933-3
EAN : 9782343139333

L'HOMME ET LA SOCIÉTÉ

REVUE INTERNATIONALE
DE RECHERCHES ET DE SYNTHÈSES EN SCIENCES SOCIALES

N° 205 (2017/3)

L'Homme-machine I
Le travailleur machine

NOTE CRITIQUE

COMPTES RENDUS

ABONNEMENTS ET VENTES AU NUMÉRO

Éditions L'Harmattan 5-7 rue de l'École-Polytechnique 75005 PARIS
Un abonnement annuel couvre 3 numéros dont 1 double
(joindre un chèque à la commande au nom de L'Harmattan)
France : 60 € — Étranger, par avion : 65 €

ÉDITORIAL

Dérives tératologiques du droit machinique à être soi

La terreur de n'être rien

Monique SELIM
CESSMA (UMR 245)
Université Paris Diderot, IRD, INALCO

Qu'y a t-il de commun entre les suprématistes blancs aux USA, les bouddhistes birmans entraînés par le vénérable Wirathu contre les musulmans arakanais, les djihadistes essaimant aux quatre coins de la planète, sans oublier toutes les milices qui en Afrique et en Asie tuent et torturent (nord Kivu ou Philippines, par exemple) ? Tous répandent la terreur avec une visibilité médiatique extraordinaire, ou au contraire agissent dans un silence assourdissant. Groupes organisés, microcollectifs ponctuels, individus esseulés donnent l'impression de faire de la surenchère pour mettre en œuvre des actions d'éclat meurtrières qui les feront accéder à leurs yeux à une existence reconnue ici-bas ou fût-elle dans un ailleurs imaginaire de leur choix. Autorités, gouvernements, partis politiques ont entamé un débat à n'en plus finir sur qui mérite ou non le terme de « terroriste », alors même que des bandes de plus en plus solitaires s'incrustent dans la nébuleuse dite terroriste.

Pour certains, il faut en rester à l'exception islamiste, comme tendrait à le souligner une fois de plus la couverture de *Charlie Hebdo* du 24 août 2017 montrant les morts de l'attentat de Barcelone avec la légende : *islam, une religion de paix éternelle*. L'existence de Daesh et de ses multiples ramifications vient conforter cette option, en dépit de l'hypothèse de Kepel, par exemple, selon laquelle les tueries de musulmans que provoquent les attentats affaibliront à terme l'État islamique. Pour d'autres, en réponse au discours du ministre de l'intérieur français appelant les psychiatres à collaborer avec l'État dans l'éradication du terrorisme ce même mois d'août 2017, la question épineuse consiste à distinguer la « folie » du terrorisme. L'affaire est difficile et il s'agit de ne pas tourner en rond dans la mesure où lesdits terroristes, s'ils sont décrétés « fous », deviennent pénalement irresponsables, et font peser sur tous les « fous » le risque de devenir terroristes ; au grand dam des psychiatres, ces derniers étant soucieux – afin de pouvoir rester soignants – de laver l'immense majorité de leurs patients d'un tel penchant rarissime, mais qui les contamine tous immédiatement dans le discours médiatique. D'aucuns enfin vont privilégier dans leur désignation de « terroristes » des acteurs précis, faisant éventuellement des équivalences à l'instar de certains Républicains américains affirmant contre Trump que les suprématistes extrémistes de Charlottesville sont des terroristes au même titre que les djihadistes. Quelques-uns s'essayeraient encore sans grand succès à distinguer un « terrorisme de gauche », frappant les représentants des institutions, et un autre « de droite », qui tuerait aveuglément et dans lequel il faudrait ranger les « intégristes islamistes ».

Mais la majorité des sujets qui vont péniblement lancer leur voiture contre une quelconque cible – comme à Marseille ou à Sept-Sorts – n'obtiendront probablement jamais la gloire qu'ils cherchaient dans le titre de véritable « terroriste », malgré les morts qu'ils auront provoquées. L'expansion infinie de la terreur de tous bords, avec les moyens du moment, « à la mode » – voiture bélier, attaque à l'arme blanche, explosifs rudimentaires ou plus complexes, décapitations – a en effet fait éclater le sens univoque du terme « terrorisme » ; le dessin de Willem dans *Libération* le décrit d'ailleurs ironiquement : trop de terrorisme tue le terrorisme ! Autrement dit, la figure du « terroriste » se désubstantialise d'elle-même, se liquéfie, tandis que sa puissance fantasmatique se décuple, et ce d'autant plus qu'images et textes se diffusent.

Cette atmosphère plonge potentiellement la réflexion dans des méandres métaphysiques et l'opacité augmente si l'on met en perspective l'accusation de « terroriste » qui a pesé sur les résistants de la Seconde Guerre mondiale, mais aussi sur l'OAS dans l'Algérie française. Les exemples pourraient être multipliés en partant des anarchistes russes du début du XXe siècle ou des extrêmes gauches européennes plus proches de nous ; il faudrait sans aucun doute aussi inclure les 500 000 communistes ivoiriens décrétés « terroristes » et assassinés par le gouvernement d'Houphouët-Boigny au début de son règne dans les années 1960, avec la bénédiction de la France qui venait d'accorder l'indépendance sous tutelle ; ainsi que les 500 000 communistes indonésiens eux aussi accusés d'être des « terroristes » et voués à un sort identique en 1965. Tous ceux qui furent déclarés « terroristes » durant la guerre froide ont notamment en commun des convictions politiques qui les poussent à agir au risque de leur vie. Ils ne recherchent ni la mort ni le prestige personnel.

Il faut donc cerner la singularité de la période présente, en comparaison, qui paraît engendrer un type très particulier de « terroriste », en quête d'une identité publicisée et d'un statut élevé. Le capitalisme, dans sa forme actuelle financiarisée, inscrit le libre arbitre, la volonté et le droit à être soi comme des fondements absolus de la vie des sujets. D'une certaine manière, les « terroristes » actuels prennent au pied de la lettre cette base de légitimation de soi et l'appliquent de manière terrorisante, recherchant dans la terreur l'ultime consécration. Ils paraissent en fait animés par la terreur de n'être rien et de tomber sous la condamnation sans appel du Président de la République qui sépare en juin 2017 « ceux qui réussissent » et les autres, rejets insipides de la société, qui ne mériteraient même pas un regard. Lesdits terroristes meurent généralement sous les coups de la police et causent aux gouvernements des problèmes concernant le lieu de leur enterrement : il ne faudrait pas, en effet, que leur tombe devienne un lieu de culte (comme celle de Pol Pot au Cambodge, selon les observations d'Anne Yvonne Guillou), qu'ils soient sacralisés (comme les chefs de la mafia en Sicile au début du siècle, bien étudiés par Maria Pia Di Bella) ou qu'ils entraînent, même décédés, dans leur aventure, des séides.

Une autre particularité du « terroriste » présent réside dans sa situation consécutive à la chute de l'URSS et l'évaporation définitive du communisme comme grand ennemi. Une figure négative différente devait être érigée pour assurer la vitalité idéologique et économique de la globalisation capitalistique. L'islam fut bien repéré, mais sa globalisation effective empêche en partie d'en faire l'adversaire archaïque, primitif, barbare, dans lequel il faudrait l'enfermer pour plus d'efficacité politique. Quoique les attaques sauvages à l'arme blanche et les décapitations se prêteraient bien à ces qualificatifs ! Surtout, la concurrence des terroristes est quotidiennement décuplée par des initiatives individuelles – éventuellement revendiquées par une organisation qui ne les aura souvent pas commanditées – ou par d'autres entreprises collectives, politiques, étatiques.

Cette amplitude nouvelle du « terrorisme », comme peuplant nos univers partagés mais aussi nos rêves nocturnes, conduit de façon dominante à repousser la peur, l'angoisse et à affirmer que ces sentiments n'existent pas, ne nous envahiront pas. Il y a là une sorte de défense magique à répéter, attentat après attentat, ce même slogan – tout en honorant les morts avec fleurs et bougies. On voit bien l'intérêt des gouvernements à encourager ces attitudes pacificatrices et surtout unificatrices qui font communier le peuple avec ses protecteurs. Ainsi à Barcelone, après le tragique attentat d'août 2017, la police a défilé sous le regard enthousiaste et reconnaissant de sa population. On comprend par ailleurs le réconfort que chacun d'entre nous peut trouver dans ces grandes réunions urbaines, permettant et même louant les décompensations manifestes dans les pleurs exhibés. L'émotion partagée donne la sensation d'une nouvelle puissance commune invincible.

Pourtant, tandis que les guerres continuent (après les premières d'Afghanistan et d'Irak qui alimentent toujours plus de foyers potentiellement terroristes) et que les États prolongent l'urgence et limitent les droits, on ne saurait trop accorder de crédit à ces manifestations dites « spontanées » qui sont devenues des rituels propitiatoires et en ont acquis la force symbolique. L'aspiration à être soi, sans limite, la volatilité des identités disponibles sur les supermarchés numériques, permettent à quiconque de se penser un jour terroriste, avec un label spécifique parmi tant d'autres – et le lendemain « repenti » ! Les études mettent ainsi l'accent sur l'importance de la propagande terroriste sur Internet, le poids et la séduction des images qui conduisent à désirer imiter les héros du moment entre science-fiction et attentats réels. Le constat n'en rend pas moins impossible, de fait, la surveillance sécuritaire totale que souhaiteraient assurer les gouvernements.

Tel est le paradoxe de la conjoncture contemporaine, dont la globalité immédiate généralise en un instant l'insécurité autant que les exutoires iréniques dont les images remplissent nos écrans. Que l'intensification « terroriste » se nourrisse aussi de l'accélération numérique ne fait guère de doute, sans pour autant que l'on puisse freiner l'une ou l'autre ! La numérisation du monde invite à toutes les surenchères, captant notre attention au service de toutes les causes y compris les plus mauvaises. De nouveaux modèles s'insinuent dans les inconscients, qu'il s'agisse de *surmusulmans* selon l'expression de Fethi Benslama, ou de tous ceux qui rentreraient dans l'appellation de *surblancs* ou de toute autre suridentification.

On ne saurait par ailleurs croire que les innombrables recommandations, toutes bonnes, dont nous sommes abreuvées journellement pourraient trouver une réalisation minimale capable de mettre fin à la perte de sens tragique dont souffriraient, dans leur âme, lesdits terroristes. Quant à la notion plus que floue de « radicalisation », et la nébuleuse des expertises sur la « déradicalisation », il y flotte un étrange air de rééducation des temps du socialisme alors appelé réel, et régulièrement les entreprises qui en font leur métier sont mises au pinacle avant d'être dénoncées pour leur gestion douteuse.

Il s'impose donc de penser et de déchiffrer le monde présent tel qu'il est, avec toutes ses saillances d'horreur et ses creusets d'artifices imaginaires toujours plus nombreux, avec la perspective que ce dévoilement des significations écartelées permette de poser des repères aux cheminements à venir, bien mieux que tous les exorcismes actuels. Rappelons en effet, parmi de multiples configurations observables, que sous le nom de lutte antiterroriste, au Bangladesh, la dictature islamique – qui se veut république démocratique formellement – liquide systématiquement depuis les années 2000 ses opposants politiques qui revendiquent les idéaux de laïcité et de justice sociale de la guerre d'indépendance de 1971. Rappelons aussi que dans les républiques d'Asie centrale à majorité musulmane, tel l'Ouzbékistan où le gouvernement torture à qui mieux mieux, la lutte antiterroriste a réduit la population à la terreur, en particulier depuis la mort de mille manifestants à Andijan sous les coups de l'armée en 2005. Les pays, nombreux, dans lesquels l'islam est religion d'État sont notablement ceux où les États despotiques usent le plus de l'arme antiterroriste islamiste pour maintenir leur pouvoir monopoliste arbitraire et ce avec l'onction des organisations internationales.

Il en va bien évidemment autrement dans nos démocraties, dont nous devons cependant protéger les armatures législatives qui garantissent nos libertés, point sur lequel ne cesse d'insister Mireille Delmas-Marty qui met en garde sur le passage « de l'état d'urgence au despotisme doux » dans une tribune de *Libération* en juillet 2017. La juriste s'élève alors contre le projet français de loi antiterroriste rappelant que « [c]ertes, la prévention est nécessaire et doit être renforcée face aux fureurs terroristes, mais la séparer de la punition pour en faire un objectif répressif en soi marque une rupture, conduisant d'une société de responsabilité à une société de suspicion. En séparant la dangerosité de toute culpabilité, et en détachant les mesures coercitives de toute punition, cette réécriture sécuritaire du droit administratif, comme du droit pénal, risque de remettre en cause la notion proprement humaine de responsabilité au profit d'une dangerosité qui effacerait peu à peu les frontières entre les humains et les non-humains, et ferait disparaître la présomption d'innocence. On en viendrait, selon un processus qui ressemble à une déshumanisation, par retirer de la communauté humaine les individus suspects, comme on retire des produits dangereux du marché. »

Les démocraties dans lesquelles nous vivons participent, quel que soit notre désir, du monde global actuel, de sa gouvernance et de ses hégémonies et ne sont pas définitivement coupées des innombrables régimes autoritaires ou dictatoriaux plus ou moins barbares qui se débarrassent des partis d'opposition et de leurs membres sous des prétextes divers en invoquant la loi et la sécurité. Bien qu'ils puissent paraître lointains à certains, ils nous sont d'autant plus proches que l'interdépendance avant tout économique caractérise la globalisation capitaliste. C'est pourquoi, nous dit avec beaucoup de rigueur Mireille Delmas-Marty, il s'agit de ne pas céder à une « rupture, qui pourrait être qualifiée d'"anthropologique" ou même de "philosophique" » ; cette rupture serait « consommée dès lors que la punition n'est plus l'objectif d'un droit que l'on persiste à nommer "pénal" alors qu'il tend vers des mesures qui sont imposées à une personne non pas pour punir les crimes qu'elle a commis, mais pour prévenir ceux qu'elle pourrait commettre. Il est significatif que la plupart des dispositions nouvelles relèvent du code de la sécurité intérieure et non du code pénal. Mais la rupture est aussi politique car l'extension de la punition à la prévention, voire à la précaution quand le risque n'est pas avéré (risque de risque), invite non seulement à remonter de plus en plus loin en amont de l'acte criminel mais encore à affaiblir la garantie judiciaire. »

En conséquence se révèlent des leurres les flux idéologiques qui entendent expliquer comment abolir brutalement, par l'intensification de la répression, le phénomène dit *terroriste*, à la manière de Trump qui, en la matière, fonctionne comme une loupe. La recherche de valorisation terroriste attire des meutes de plus en plus solitaires, dans l'hypercommunication, et en particulier parmi ceux dont on dit qu'ils ne sont rien, qu'ils ne seront jamais rien, ce dont ils finissent par être convaincus. On mesure là l'écart avec les profils d'ingénieurs bien intégrés qui caractérisaient la génération antérieure de terroristes islamistes qui occupaient le devant de la scène, voire la monopolisaient. Les terroristes variés de la période présente, d'une classe nettement inférieure, sont aussi une production de tous les excès continus et acharnés du néolibéralisme actuel, de ses inégalités criantes, démesurées, iniques et de sa laudation extrême, hypnotisante du pouvoir instantané sous toutes ses formes, autant monétaires, matérielles que sexuelles.

Dossier

Introduction.
Des discours aux pratiques : femme, enfant, et homme-machine au travail

Florent LE BOT
IDHE.S[1] (UMR 8533), Université d'Évry-Val d'Essonne

Olivier DARD
SIRICE[2] (UMR 8138), Université Paris-Sorbonne

Claude DIDRY
CMH[3] (UMR 8097), ENS, CNRS

Camille DUPUY
DySoLab[4] (EA 7476), Université de Rouen Normandie

Cédric PERRIN
IDHE.S[1] (UMR 8533), Université d'Évry-Val d'Essonne

La machine, l'automation, l'automatisation, l'ordinateur, le numérique, les nouvelles technologies, etc. (selon les contextes et donc le vocabulaire utilisé) sont de formidables générateurs à prophéties, annonçant, par exemple, avec l'« usine du futur » et la robotisation de l'industrie, la suppression d'un nombre considérable d'emplois, ou avec le numérique et l'Internet, la multiplication des pépites ou des licornes dans l'Eldorado des start-up. Vingt ans après leurs envolées lyriques sur la société numérique,

---

1 Institutions et dynamiques historiques de l'économie & de la société ; UFR SHS, 2 rue du Facteur Cheval, 91025 Évry cedex

2 Sorbonne – Identités, relations internationales et civilisations de l'Europe ; 44 rue de l'Amiral Mouchez, 75014 Paris

3 Centre Maurice Halbwachs ; 48 boulevard Jourdan, 75014 Paris

4 Laboratoire des Dynamiques sociales ; Place Émile Blondel, 76130 Mont-Saint-Aignan

les experts qui avaient chanté les louanges de la *Silicon Valley* ressortent du placard où les avait envoyés la crise des valeurs technologiques en 2000. Les révolutions industrielles s'enchaînent à un rythme toujours plus soutenu, en renvoyant sans cesse le présent dans un passé révolu, le travail et le salariat pouvant être pendant ce temps soumis aux vagues des « réformes structurelles » qui permettront aux entreprises de faire face à l'insoutenable incertitude de la rentabilité. Le progrès technique transforme les sociologues en voyants, penchant vers le pessimisme d'un « travail en miettes », d'un monde toujours plus « sécuritaire », vers la joie de la libération du travail relayée par une multitude de « mouvements sociaux » promettant autant d'« interventions sociologiques » pour dépasser la grisaille du syndicalisme, ou la sobriété d'un revenu universel préfigurant la décroissance finale. S'inscrivant dans la suite des deux volumes du précédent dossier « Les mille peaux du capitalisme » (Dard *et al.*, 2014 et 2015), postulant que *le profit, la justification, le contrôle, la perpétuation et la prophétie* constituaient le moteur du capitalisme, *L'Homme et la Société* entend, avec le « travailleur-machine », dégager la réflexion sur la technologie et la société de la chape de l'incessante nouveauté qui impose un futur sans avenir. L'enjeu est ainsi de mieux appréhender les pratiques concrètes des hommes, des femmes et des enfants au contact des machines[5].

Tâche ardue, tant ces processus s'accompagnent de débats binaires sur le mode de l'acceptation ou du rejet, de la prospérité et de l'abondance ou de la paupérisation, de la libération du temps (et donc de l'individu), de la croissance économique sans fin ou au contraire de l'aliénation du travailleur ; de l'optimisme ou du pessimisme. En guise d'exemple, en 1967, Henri Lefebvre publie un pamphlet contre la technocratie, faisant du technocrate en devenir un « cybernanthrope vivant en symbiose avec la machine » (1971 : 194) et totalement délivré du « désir » (1971 : 197). La presse se fait régulièrement l'écho d'études sur le rôle présumé des machines en matière de destruction ou de création d'emploi. Les problématiques des conditions de travail, d'organisation du travail, du temps de travail, de la

---

[5] De ce point de vue, le présent dossier se démarque d'une publication collective antérieure qui insistait quant à elle sur les enjeux de l'analogie entre l'homme et la machine et de sa métaphore dans les champs philosophique et fictionnel (Kunz Westerhoff & Atallah dir., 2011).

santé au travail entrent immédiatement en résonance avec le sujet. Nous interrogeons ici ces éléments avec une distance scientifique, distance avec la fascination pour l'Internet, le miracle de ces technologies de l'information qui, dès les années 1960, transforment le monde en un « village planétaire »[6], le local en global, le travailleur en *maker*, etc.

Commençons par réévaluer ce vieux couple que forme l'ouvrier, ou plutôt le prolétaire, et la machine, depuis ce que l'on nomme – dans une histoire économique surannée – la « révolution industrielle ». Disons-le haut et fort, la révolution industrielle est un mythe[7] ! Et la machine, comme le montre François Jarrige dans ce numéro, est le vecteur de cette théâtralité de l'industrie, tant dans l'effet du merveilleux que produit l'automate du XVIIIe siècle que dans le drame de cette humanité ravalée au XIXe siècle à l'automatisme des gestes répétitifs, par laquelle la machine déteint sur son servant. Certes, la machine est une catégorie pour analyser le corps humain au travail, mais cette catégorie varie d'un siècle à l'autre parallèlement aux variations du paradigme scientifique dominant, comme le montre Barthélémy Durrive. Ainsi, en historicisant la machine, en la rapportant aux effets de grossissement que produisent ses dimensions les plus spectaculaires, la mécanisation ne prend pas nécessairement les voies d'un capitalisme concentré autour d'installations industrielles regroupant les masses ouvrières. Les prophètes de l'industrie prédisaient le basculement de l'artisan dans le prolétariat, en renvoyant cet artisan à une virtuosité dépassée dans le maniement de l'outil. Comme le montre Cédric Perrin, cet artisanat qui s'affirme au cours du XXe siècle, parallèlement à un salariat que cristallise le droit du travail naissant, ne correspond pas à la nostalgie de la France d'ancien régime que l'on retrouve sous Vichy. Il se mécanise lui aussi, comme se mécanisent les activités agricoles, rappelant ainsi le poids de la petite entreprise et des districts industriels dans un pays tel que la France.

Dès lors, ce dossier éclaire ces prophéties, leurs déploiements, leurs impasses et leurs contradictions. En adoptant une perspective socio-historique, la place de la machine dans le construit social (visible dans les

---

6 Selon les termes de Marshall McLuhan (1967).

7 C'est ce qu'explique François Jarrige dans son article « Révolutions industrielles : histoire d'un mythe » (2015).

sphères économique, politique mais aussi le secteur du loisir en tant que prétexte à *re*-création des forces de production) peut constituer un marqueur de changement de civilisation : de la « révolution industrielle » à la « révolution numérique ». Mais dans une même époque, au début du XXe siècle, le développement du machinisme s'accompagne de réactions contrastées. Ainsi, dans l'économie troyenne de la bonneterie du premier XXe siècle, le patronat considère que toute formation professionnelle est inutile pour les femmes qu'ils emploient car, selon lui, « huit semaines de dressage à la machine suffisent ». Inversement, les débats sur l'enseignement technique font apparaître la nécessité de développer la culture technologique des ouvriers appelés à réaliser les prototypes issus des bureaux d'études :

> On ne saurait se passer du producteur humain quand il s'agit d'exécuter une pièce qui exige le concours de l'intelligence, de la réflexion et l'application de connaissances scientifiques exactes. Or les industries dans lesquelles les applications scientifiques sont constantes deviennent de plus en plus nombreuses ; certaines sont de création toute récente, l'automobilisme, l'électricité industrielle et domestique, la traction mécanique sous toutes ses formes, etc. Pour exercer ces industries, pour fabriquer, monter, régler ces appareils et ces machines de plus en plus nombreux et variés, même pour préparer le travail aux machines-outils, il faudra des hommes qui soient plus que d'habiles exécutants ; ils devront posséder des connaissances précises en mécanique, en dessin, en géométrie, en technologie, en sciences (électricité, physique ou chimie etc.), il faudra que l'ingénieur ou le chef des travaux ait à sa disposition pour réaliser ses conceptions, des ouvriers qui les comprennent et au besoin même soient capables d'apporter à ses plans certaines modifications dictées par la pratique[8].

La question du contrôle de l'homme par la machine se pose également dans le domaine socioéconomico-politique. Tous badgés, tous tracés, tous géolocalisés, tous "googelisés", tous « bagués », etc. Les occasions ne manquent pas d'inscrire les individus dans un filet de contrôle social de plus en plus étendu. Ce que l'on a tendance à considérer comme un marqueur des totalitarismes ne concerne-t-il pas aussi les démocraties (Jouvenel, 1945) ? Il faut donc également envisager une approche des représentations de ces questions, les inscrivant par exemple dans des

---

8 Rapport présenté au nom de la Commission de l'Enseignement professionnel par MM. Baudrillard et Rocheron, cité par É. Briat (1905 : 4-5).

perspectives de déclin civilisationnel[9] ou au contraire paradisiaque[10]. En saisissant les contrastes dans les manières dont les hommes et les sociétés se sont confrontés au développement du machinisme, nous visons à dégager les analyses plus concrètes de ce développement examinant comment les problèmes ont pu être envisagés, voire réglés. Les œuvres, de différentes portées, de philosophes tels que Karl Marx, Jacques Lafitte et sa « mécanologie », Gilbert Simondon, etc., sont envisagées dans cette perspective. Pour autant, ces ruptures ouvertes par l'irruption des machines sont-elles aussi évidentes qu'il y paraît ? Ainsi, ne pourrait-on, malgré des différences de contexte marquées, identifier des permanences mettant en évidence les manières comparables dont nombre de problèmes d'ordre économique et social peuvent être envisagés, débattus et résolus ? Si, lors du développement de la pensée mécaniste d'un Descartes jusqu'à l'homme-machine des Lumières, les machines sont encore des objets de guerre, de théâtre ou de cour (à l'image des premiers automates), elles prennent ensuite une autre dimension avec l'industrialisation des économies à laquelle elles semblent désormais s'identifier. Des enjeux sociaux et politiques, voire moraux, apparus avec cette mutation naît aussi toute une déclinaison de la figure de l'homme-machine, que mettent en lumière pour les interroger les auteurs de ce premier volume du dossier.

Retraçant les débats autour de « l'ouvrier-machine », François Jarrige montre que la diffusion des machines, bien que plus lente et progressive qu'elle n'a souvent été décrite – la vapeur ne s'impose sur les moteurs hydrauliques et « animés » que dans le dernier tiers du XIXe siècle –, brouille les représentations du travail ouvrier, suscite « prophéties de malheur » et résistances contre ces machines qui menacent les corps et les compétences ouvrières quand d'autres croient y voir la perspective d'un réenchantement du travail. C'est également à la figure de l'ouvrier-machine que se consacre Barthélemy Durrive, à partir de deux exemples : le « moteur-homme » de Gustave-Adolphe Hirn et « le rendement de la machine humaine » de Jules Amar. Ces deux exemples exposent deux conceptions différentes de l'ouvrier-machine mais ont en commun d'expliciter en quoi consiste

---

9 Voir par exemple : Barjavel, 1943 ; Bernanos, 1947.

10 Voir par exemple : Fourastié, 1947 et 1949.

l'analogie entre l'homme et la machine, remettant en cause la réduction de l'homme à une machine qui peut poindre dans l'organisation scientifique du travail de Taylor. Olivier Dard, pour sa part, nous permet d'explorer l'homme-machine à travers les écrits de Georges Bernanos des années 1930-1940 mettant en cause la « civilisation des machines » et « le type d'homme » qu'elle crée. Le « Paradis des Robots » dénoncé par Bernanos ne l'est cependant nullement par ses contemporains, à commencer par Emmanuel Mounier et la revue *Esprit* qui combattent ses thèses aujourd'hui remises à l'honneur dans certaines revues catholiques ou chez des tenants de la décroissance. La thématique de l'homme-machine a ainsi fait couler beaucoup d'encre, tantôt saluant une révolution signe de progrès, tantôt s'inquiétant des conséquences ravageuses de ces évolutions. C'est ce discours ambivalent que nous donne à voir Alexandre Moatti. Sa contribution explore les discours médiatiques sur le thème de « l'homme et la machine » au cours des années 1960-1970, renvoyant deux à deux les discours critiques et les discours d'exaltation dominants (au sens de majoritaire mais également émanant des classes dirigeantes). Claude Didry nous conduit ensuite de l'homme-machine à l'enfant-machine, à partir du *Capital*. Pour Marx, la machine ouvre la voie à un enrôlement massif des enfants dans le travail, dans les fabriques mécanisées d'abord, dans les secteurs non mécanisés ensuite, où le travail des enfants demeure autorisé par une législation britannique focalisée sur les branches mécanisées. Le machinisme se révèle alors dans toute son ambivalence, mutilant les enfants en les assignant à des microtâches, mais ouvrant aussi l'horizon du nécessaire développement d'une culture technique pour faire face au bouleversement constant du procès de production.

Après avoir montré, dans l'ordre des discours, le prophétisme des uns, l'ambivalence analytique des autres, le dossier se tourne vers la pratique humaine de la machine par des hommes et des femmes. Alain P. Michel présente un créateur de machine, Pierre Bézier, illustrant d'une certaine manière cette création continue qui caractérise, selon Gilbert Simondon, le rapport authentique à la machine et aux objets techniques. En effet, Pierre Bézier met au point les machines transferts chez Renault dans les années 1940, puis, dans les années 1960-1970, les premières machines à commandes numériques. La machine a été son métier, et il en a livré une théorie conquérante. Cédric Perrin nous fait quitter le monde industriel pour nous conduire chez les artisans. Alors que la machine est associée à l'usine et à l'ouvrier, il ne faut pas oublier, nous rappelle-t-il, que l'artisan aussi est concerné par la machinisation et ne se réduit pas à un travailleur manuel. En dépit des points de vue antimodernes et réactionnaires, à leur apogée sous Vichy, qui ont survalorisé la figure de l'artisan en travailleur purement manuel, l'artisanat n'est pas un ordre économique sans machines. Il s'est pérennisé en intégrant la mécanisation, transformant ainsi le travail de l'artisan en même temps que celui-ci produisait son propre rapport à la machine. Les textes de Cynthia Colmellere et de David Gaborieau nous conduisent au plus près des travailleurs, l'un dans l'industrie chimique et pharmaceutique, l'autre dans les entrepôts de la grande distribution. La contribution de C. Colmellere analyse les transformations successives de deux usines et souligne le rôle d'outils et de méthodes de conception dans la justification de ces transformations. D. Gaborieau étudie lui aussi une transformation organisationnelle qui consiste en l'équipement des ouvriers des entrepôts d'un guidage vocal et analyse les détournements opérés de manière à échapper à cette contrainte électronique. Ce dernier ensemble de textes nous rappelle ainsi cette dimension créatrice du travail (trop souvent réduit à une conception répétitive), tant dans la production des machines (Bézier vu par Alain Michel) que dans la maîtrise, le contrôle ou le détournement de leurs usages (C. Colmellere, D. Gaborieau).

Références bibliographiques

BARJAVEL René, 1943. *Ravages*, Paris, Denoël.

BERNANOS Georges, 1947. *La France contre les robots*, Paris, Robert Laffont.

BRIAT Édouard, 1905. *L'Enseignement professionnel, rapport de M. Briat. Procès-verbaux des séances de la Commission permanente. Enquête récente sur l'enseignement professionnel en France*, Paris, Imprimerie nationale.

DARD Olivier, DIDRY Claude, LE BOT Florent, PERRIN Cédric (dir.), 2014. *L'Homme et la Société*, 193-194 (3-4, « Les mille peaux du capitalisme I »).

DARD Olivier, DIDRY Claude, LE BOT Florent, PERRIN Cédric (dir.), 2015. *L'Homme et la Société,* 195-196 (1-2, « Les mille peaux du capitalisme II »).

FOURASTIÉ Jean, 1947. *La Civilisation de 1960,* Paris, PUF (Que sais-je ? Le point des actuelles connaissances 279).

—, 1949. Le Grand Espoir du XXe siècle. Progrès technique, progrès économique, progrès social, Paris, PUF.

JARRIGE François, 2015. « Révolutions industrielles : histoire d'un mythe », *Revue Projet*, 349 (6), p. 14-21.

JOUVENEL Bertrand (de), 1945. *Du pouvoir. Histoire naturelle de sa croissance,* Genève, C. Bourquin.

KUNZ WESTERHOFF Dominique, ATALLAH Marc (dir.), 2011. *L'Homme-machine et ses avatars. Entre science, philosophie et littérature, XVIIe-XXIe siècles,* Paris, Vrin.

LEFEBVRE Henri, 1971 [1967]. *Vers le cybernanthrope. Contre les technocrates*, Paris, Denoël-Gonthier (Bibliothèque Médiations 86), 1971.

MCLUHAN Marshall, 1967. The Medium is the Message. An Inventory of Effects, New York, Bantam Books.

L'invention de « l'ouvrier-machine » : esclave aliéné ou pure intelligence au début de l'ère industrielle ?

François JARRIGE
Centre G. Chevrier[1] (UMR 7366), CNRS
Université de Bourgogne

D'abord utilisé dans le langage de la guerre et du théâtre pour désigner un dispositif permettant d'obtenir une force, le mot machine et ses usages s'étendent à l'époque moderne pour décrire toute combinaison d'organes ou processus automatique. Mais c'est surtout avec l'industrialisation du tournant des XVIIIe et XIXe siècles, et ses nombreux impacts sociaux, que les usages du mot commencent à proliférer dans une grande diversité d'arènes et de débats. Alors que les machines et automates mécaniques pré-industriels servaient à produire du spectaculaire et à démontrer le pouvoir des puissants, ceux de l'âge industriel visent de plus en plus à accroître l'accumulation des richesses et du profit en modifiant les conditions du travail des hommes (Kunz Westerhoff & Atallah dir., 2011 ; Kang, 2011). Dès lors s'invente peu à peu un vaste débat sur la figure de « l'ouvrier-machine », l'un des premiers avatars du motif récurrent de l'homme-machine – dont le publiciste Pierre-Édouard Lemontey annonce, dès 1801, qu'il sera « timide et sédentaire », « prodigieusement ignorant, crédule et superstitieux » (Lemontey, [1801] 1816 : 180). Cet article propose de revenir sur l'émergence et les usages de l'expression « ouvrier-

[1] Centre Georges Chevrier – Sociétés et sensibilités ; Faculté de Droit et de Science politique, 4 boulevard Gabriel, BP 17270 F, 21072 Dijon cedex

machine » en France au début de l'âge industriel. Il cherche à explorer les interprétations contradictoires qu'elle suscite dans la première moitié du XIXe siècle chez les théoriciens de l'économie politique, des traditionalistes aux penseurs libéraux et socialistes, mais aussi parmi les artisans et ouvriers qui commencent à prendre la plume pour décrire leur condition de travail. De la condamnation morale de l'ouvrier aliéné et esclave des machines dans le nouveau système du machinisme industriel à la célébration de l'ouvrier-machine devenu « pure intelligence » émancipée, tout un spectre de significations s'élabore pour caractériser cette nouvelle figure de l'homme-machine. Les débuts de l'industrialisation furent en effet traversés par d'incessantes critiques et tentatives d'accommodement avec les nouvelles mécaniques du monde industriel. Comment domestiquer le changement technique pour faire de la machine un prolongement du corps et de l'esprit de l'ouvrier plutôt que leur négation ? Quel mécanisme juridique, quelle réforme de l'homme et de la société introduire pour transformer la machine en auxiliaire de la personnalité humaine plutôt qu'en instrument de son abolition ? Comment ces deux catégories d'ouvrier et de machines se croisent-elles et s'entremêlent-elles parallèlement à l'évolution du travail et de ses significations ?

« Des hommes semblables à une machine » : du travail mécanique au rêve de l'ouvrier automate

Le thème de l'ouvrier-machine et l'association du travailleur à un artefact mécanique dépend en premier lieu de l'apparition progressive de la notion de travail mécanique élaborée dès l'époque moderne autour de l'évaluation de la force des divers moteurs et agents producteurs (Fonteneau, 2014 ; Vatin, 1993). Yannick Fonteneau a ainsi très bien montré comment l'Académie des sciences – confrontée aux multiples projets de machines qui lui étaient soumis – a précocement élaboré des instruments de mesure pour juger de l'intérêt de substituer un moteur par un autre, d'où sortira l'idée de travail mécanique (Fonteneau, 2011). Dès la seconde moitié du XVIIe siècle apparaissent ainsi des enquêtes pour mesurer le rendement comparé des hommes et des chevaux, l'évaluation de leur force respective devenant même une obsession pour les ingénieurs et les mécaniciens. Cette quantification du travail par des mesures mécaniques contribue à inventer la notion de travail conçue comme une catégorie abstraite, et la figure de l'ouvrier comme un agent mécanique, au même titre que les animaux et les machines. Ainsi,

Amontons calcule-t-il dès 1699 qu'un « moulin à feu » équivaut au travail de 39 chevaux et 234 hommes (Amontons, 1699). Cette obsession pour la quantification accompagne l'apparition d'une rhétorique de la maximisation et de l'optimisation du travail, humain comme machinique, en vue d'obtenir le maximum d'effet au moindre coût. Tandis que les ingénieurs calculent de plus en plus précisément le rendement des machines pour permettre leur exploitation maximum, ils commencent aussi à évaluer la quantité de travail que peut fournir un ouvrier, transformant le corps organique en véritable mécanique contrôlable, à l'inverse donc des travailleurs de chair et de sang jugés paresseux et toujours portés à l'insubordination.

Pour les savants du XVIIIe siècle, comme Fontenelle, l'ouvrier n'est qu'un agent froid, une pure mécanique chargée d'exécuter sans penser, un engrenage dans un vaste tout mécanique : « Les ouvriers n'inventent rien [...] ; ce sont des espèces d'automates montés pour une certaine suite de mouvement » note-t-il (cité par Fonteneau, 2014 : 326) [2]. Cette représentation de l'ouvrier comme un simple automate passif est liée au projet technologique des élites savantes du siècle des Lumières qui vise à contrôler le développement des sciences et des techniques pour le bien du royaume. Ce discours accompagne une disqualification massive des ouvriers, simples travailleurs mécaniques aveuglés par la routine et l'ignorance qui doivent être placés sous le contrôle des savants seuls à même de les éclairer. Dans la continuité de la philosophie mécaniste cartésienne et de ses théories de « l'animal machine » s'impose ainsi une nouvelle conception du travail ouvrier comme purement machinal et mécanique :

> Pour fonctionner, le calcul doit supposer les hommes semblables à des machines à la marche réglée, constante et consécutivement les réduire physiquement à cet état. Le travail, après toutes ces réductions, est ce qui reste une fois substitué un ouvrier à un autre, à n'importe quel autre. Interchangeable, ses caractéristiques personnelles n'intéressent plus le mécanicien, et bientôt plus l'entrepreneur : pire, elles sont même nuisibles en ce qu'elles apportent une perturbation dans la prévision (Fonteneau, 2014 : 330).

Même si ce projet s'apparente à une pure abstraction aux implications difficiles à saisir, il nourrit sans cesse les discours des savants et des

---

[2] *Histoire et mémoires de l'Académie royale des sciences*, 1722, H, 44-45, cité par Y. Fonteneau (2014 : 326).

entrepreneurs et il annonce la mise en place progressive de la figure de l'ouvrier-machine, qui surgit au croisement de la diffusion des nouvelles mécaniques et de la division poussée du travail. L'ouvrier-automate est en effet celui qui est pris dans la division du travail, thème qui devient central chez les philosophes et économistes du XVIIIe siècle comme Adam Smith, qui le théorise dès le début de son ouvrage *La Richesse des Nations* (1776). Beaucoup lu et très influent au début du XIXe siècle, le livre de Smith analyse la spécialisation croissante du travailleur couplée à une intensification des échanges, afin d'accroître les rendements (Smith, 1843 [1776])[3]. Pour illustrer ce principe de division du travail, Adam Smith prend l'exemple célèbre d'une manufacture d'épingles, probablement emprunté à Duhamel de Montceau, ou bien à l'article « épingle » de l'encyclopédie de Diderot et d'Alembert (Deleyre & Boucher d'Argis, 1751 : 804-808). Même si des enquêtes ont montré combien Smith exagérait les gains de productivité de l'ouvrier automate et construisait un mythe (Séris, 1994 ; Peaucelle, 2007), il n'en reste pas moins que la division du travail présente pour lui de nombreux avantages, elle prépare la richesse des nations et exerce une très grande influence chez les théoriciens de la nouvelle science économique. Pourtant, elle peut aussi avoir des effets négatifs sur les ouvriers abrutis par la répétition de gestes d'une simplicité toujours plus grande.

Avant le XIXe siècle, le thème de l'ouvrier-machine demeure circonscrit et limité à quelques débats savants, la machine elle-même reste une préoccupation secondaire, alors que domine une croissance économique « organique » ou « smithienne ». La technologie des Lumières accorde encore peu de place au grand machinisme, elle reste fondée sur l'agencement des composants et l'habileté des artisans et de leurs gestes (Hilaire-Pérez, 2013 ; Halleux, 2009). Commence pourtant à surgir un brouillage croissant des frontières entre les hommes et les machines au service d'un projet d'expansion industrielle. La diffusion du thème de l'ouvrier-machine est en effet contemporaine de l'avènement de la « croissance schumpétérienne » définie par Patrick Verley comme l'augmentation de la production par un développement autonome du progrès technique, un réinvestissement

---

3 Voir par exemple l'édition très lue chez Guillaumin en 1843, avec des présentations et éclaircissements par J.-B. Say et A. Blanqui.

systématique des profits et une rationalisation inédite du travail (Verley, 1997 : 107). Le thème de l'ouvrier-machine surgit aussi avec le projet de domestication d'une main-d'œuvre jugée turbulente et dont l'insubordination inquiète. Chez les Montgolfier à la fin du XVIIIe siècle, les célèbres papetiers installés à Annonay, comme chez de nombreux autres industriels du siècle suivant, l'objectif est de plus en plus de transformer les ouvriers en dociles automates, en attendant de pouvoir les remplacer par de véritables automates, sous forme de machine à fabriquer le papier (Rosenband, 2000). L'expression « ouvrier-machine » s'impose dans ce contexte chez divers auteurs critiques de l'industrialisme et de la grande industrie du début du XIXe siècle, lorsque s'impose peu à peu le débat sur la question des machines et de ses effets, et lorsque le modèle mécaniste envahit les écrits des économistes, savants et hygiénistes qui entendent transformer le corps de l'ouvrier en rouage docile et en auxiliaire du système productif (Le Roux, 2011 ; Jarrige, 2009a).

Les prophéties de malheur de P.-É. Lemontey et la dénonciation morale de « l'ouvrier-machine »

Si le siècle des Lumières a préparé le terrain à une redéfinition profonde de la mécanique et de l'ouvrier au travail, c'est au XIXe siècle que surgit réellement le thème polémique de « l'ouvrier-machine », en premier lieu sous la plume de publicistes et écrivains dénonçant la déshumanisation qui accompagne la transformation des producteurs en « ouvrier-machine » réduit au rang de « soupape » ou de « levier ». Si l'association de l'ouvrier à une machine devait – au XVIIIe siècle – accompagner le projet de maîtrise du monde, au XIXe siècle elle sert de plus en plus à contester les nouvelles trajectoires perçues comme aliénantes. L'idiome de « l'ouvrier-machine » est l'une des façons de décrire le nouveau monde qui s'invente à l'âge des révolutions, à la fois incertain, ambivalent et terrifiant. Comme l'a souligné le sociologue du travail François Vatin, c'est le publiciste Pierre-Édouard Lemontey (1762-1826), ancien constitutionnel modéré en 1789, membre du Directoire, et grand lecteur d'Adam Smith qu'il cite abondamment, qui est le premier à utiliser puis à diffuser l'expression de « l'ouvrier-machine » au début du XIXe siècle, alors même que les grandes machines productives restent encore embryonnaires (Pillon & Vatin, 2003 : 238 ; Vatin 2006). Lemontey s'appuie sur l'observation de l'exemple britannique, à la fois ennemi politique et modèle industriel, « parce que c'est le pays où la division du travail a jusqu'à ce jour rendu plus sensible son influence générale ». Alors que la décennie révolutionnaire s'achève sous la férule des généraux et l'espoir d'un retour à la paix, Lemontey élabore en 1801 un langage inédit pour décrire l'avènement de « l'ouvrier-machine » – expression qu'il utilise abondamment pour dénoncer l'aliénation produite par la division du travail couplée à la mécanisation. Pour Lemontey, le principe de division du travail devient en effet le grand principe qui s'apprête à transformer toute l'Europe. Pour lui, cette quête d'une organisation rationnelle des tâches productives reflète un projet plus global de la modernité : « L'orgueil de soumettre tout au calcul a jeté dans les institutions une profonde sécheresse ». La division du travail devient l'une des manifestations de ce « matérialisme économique qui nous presse de toutes parts ». Soucieux de morale et de principe, Lemontey entend à l'inverse « soustraire la nature humaine à l'empire des chiffres », préserver ce qui peut l'être du vieux monde sans cesse bouleversé par les velléités révolutionnaires :

> Plus la division du travail sera parfaite, et l'application des machines étendue, plus l'intelligence de l'ouvrier se resserrera. Une minute, une seconde, consommeront tout son savoir ; et la minute, la seconde suivante, verront répéter la même chose. Tel homme est destiné à ne représenter toute sa vie qu'un levier ; tel autre une cheville, ou une manivelle. On voit bien que la nature humaine est de trop dans un pareil instrument, et que le mécanicien n'attend que le moment où son art perfectionné pourra y suppléer par un ressort.

L'ouvrier-machine devient un type intermédiaire, provisoire, en attendant que la mécanique perfectionnée ne parvienne à se passer intégralement de tout travail humain. L'analyse de Lemontey est volontairement excessive et outrancière, elle relève de la mise en garde et de l'alerte en peignant d'emblée « l'Ouvrier-machine » comme victime d'une « dégradation de ses facultés intellectuelles », qui perd même le langage, jusqu'à descendre « à la classe équivoque de ces polypes où l'on n'aperçoit point de tête, et qui semblent ne vivre que par leurs bras ». L'« ouvrier-machine » devient une classe à part de producteur, un spectre et une menace qui pèsent sur le présent. Il s'oppose à ces ouvriers intelligents et libres que sont « le sauvage », le laboureur des champs ou encore l'artisan qualifié, tous types sociaux caractérisés selon Lemontey par « l'amour de l'indépendance » là où « l'ouvrier-machine » a perdu toute autonomie :

> Le sauvage, qui dispute sa vie aux éléments, et subsiste des produits de sa pêche ou de sa chasse, est un composé de force et de ruse, plein de sens et d'imagination. Le laboureur, que la variété des saisons, des sols, des cultures et des valeurs, force à des combinaisons renaissantes, reste un être pensant malgré ses routines et ses débris d'astrologie. Ces classes d'ouvriers, en qui l'emploi des forces musculaires se réunit à quelques notions de dessin, de calcul ou de chimie, formaient une espèce d'hommes très remarquable.

Lemontey annonce à l'inverse que « l'ouvrier-machine sera prodigieusement ignorant, crédule et superstitieux », mais aussi « timide et sédentaire », il sera aussi « pauvre, servile et sans émulation » (Lemontey, [1801] 1816 : 180). Le résultat de cet appauvrissement matériel et moral sera la passivité, car « l'ouvrier-machine » « sera probablement docile, patient, facile à gouverner ; il aura surtout l'esprit de famille, et un attachement d'instinct pour le sol où il végète ». Au-delà de la seule division du travail, ce sont les nouvelles logiques de gouvernement des hommes qui sont condamnées, et la misère croissante qui accompagne les progrès de l'industrie. Outre l'aliénation morale, Lemontey dénonce la paupérisation des travailleurs, l'aggravation des inégalités, la mise au chômage, comme la pression sur les salaires : « Toutes les fois que, dans un atelier, l'action sera parvenue à une telle simplicité qu'un chien puisse y remplacer un homme, soyez sûr que le chien deviendra un ouvrier, et l'homme un mendiant ». Lemontey s'en prend à « la division du travail et l'emploi des machines qui en est la suite », car ils « opèrent une prodigieuse diminution de main-d'œuvre ». Or, demande-t-il, « que deviendront ces bras innombrables que le talent d'un mécanicien aura désoccupés ? ». Contrairement aux affirmations des économistes, l'embauche permise par la « construction des machines » et l'accroissement de la consommation ne permettra pas de compenser le manque. D'ailleurs, ajoute-t-il encore, « voyez l'Angleterre : ses travaux sont immenses [...] nulle part la débauche, le suicide et le gibet, ne font une plus grande consommation d'hommes » (Lemontey, 1816 [1801] : 183 et 185). Au-delà de la dégradation morale des ouvriers victimes d'un travail aliéné, c'est le futur des nations et leur survie qui est en cause.

Les analyses de Lemontey inaugurent une critique morale de la grande industrie récurrente dans la première moitié du XIXe siècle et qui irrigue de nombreux discours[4]. Mais il ne s'agit en aucune façon d'une enquête « sociologique » ou d'un texte prétendant décrire la réalité du travail de l'époque. Lemontey le dit d'ailleurs à plusieurs reprises, il s'agit d'abord d'une fiction, d'un travail de l'imagination : « Je viens de tracer, non pas ce qui existe, mais ce qui est possible », il ajoute d'ailleurs que ni la France ni même l'Angleterre n'ont encore atteint l'état de dégradation qu'il associe à la figure de « l'ouvrier-machine ». Celui-ci est d'abord un spectre, un « avertisseur d'incendie » pour parler comme Benjamin, qui doit conduire à un réveil moral, à une prise de conscience pour éviter la catastrophe. D'ailleurs il reconnaît que la division du travail peut être « féconde et salutaire dans de justes bornes, terrible et destructive dans ses excès », il demande que l'innovation technique soit mise au service de l'amélioration des travaux éprouvant ou malsain plutôt qu'au service de l'accroissement des profits. Pour éviter la réalisation de ses prophéties de malheur, il appelle en bref à de sages régulations pour enrayer le processus.

Cette analyse critique de l'ouvrier-machine aliéné exerce une grande influence avant 1848 et provoque rapidement de nombreuses réfutations et débats. Dès 1821, un ancien sous-préfet membre de plusieurs sociétés savantes critique Lemontey :

> Un écrivain aussi philanthrope qu'ingénieux et savant a craint que l'emploi des machines, n'exigeant des ouvriers qui les font agir, ou dirigent leurs effets, qu'un travail simple, machinal et continuellement le même, n'abrutisse ces mêmes individus, qui, n'ayant plus besoin d'intelligence pour faire exécuter par la mécanique des ouvriers qu'ils ne pouvaient confectionner à la main sans y prêter quelque attention, sont exposés à voir se débiliter leurs facultés intellectuelles, qui, de même que nos facultés physiques, s'oblitèrent si elles ne sont pas exercées (Paris, 1821 : 23).

Charles Dupin le qualifie de son côté « d'auteur ingénieux » en 1826, et autour de 1840 Eugène Buret, Proudhon ou Auguste Comte le citent pour fonder leurs analyses du travail industriel, comme Karl Marx quelques années plus tard. Pour François Vatin, soucieux de retracer la généalogie intellectuelle de la sociologie du travail, le texte de Lemontey témoignerait d'une erreur d'analyse et de perspective qui n'aurait cessé

---

4 Quoique largement oublié et méconnu, la figure de Lemontey a cependant retenu l'attention depuis longtemps. Cf. notamment Cohen, 1966 ; Frobert, 2001.

d'être répétée jusqu'aux sociologies critiques du second XXe siècle, autour de Georges Friedmann et Harry Braverman. La dénonciation de « l'ouvrier-machine » serait le produit d'une pensée conservatrice et réactionnaire idéalisant un monde des métiers artisanal qui aurait été perdu. Les analyses de Lemontey seraient la source d'une rhétorique critique de la « déqualification » récurrente dans la sociologie du travail mais erronée car oublieuse du fait fondamental que le travail n'est jamais « pure exécution », « si exploité, si simplifié soit-il, il exige la mise en œuvre de la volonté du sujet travaillant » (Vatin, 2006).

Contre cette dénonciation critique et morale de « l'ouvrier-machine » aliéné, le sociologue du travail contemporain reprend les analyses de l'économiste Jean-Baptiste Say et des technologues comme Pierre-Joseph Christian ou Claude-Lucien Bergery affirmant qu'il est absurde de considérer que l'homme puisse être réduit au rang d'un rouage mécanique. Quand le travail humain est « machinisé », il est en effet préférable de le remplacer par une authentique machine : « du moment que l'homme n'a plus à faire que la fonction d'une cheville ou d'une manivelle, on le décharge de cette fonction toute mécanique et l'on en charge un moteur », notait Say (Say, 1996 : 49-80, 85 ; Vatin, 2006). Mais l'approche généalogique de Vatin néglige la fonction de cette rhétorique de « l'ouvrier-machine » avant 1848. Elle participe, en effet, aux débats incessants qui entourent les transformations industrielles, et accompagne les tentatives pour les dompter et leur donner du sens. Plus qu'une analyse sociologique et descriptive précise du travail ouvrier et de ses mutations, il s'agit d'un discours performatif visant à mobiliser l'opinion et modeler son regard sur les transformations industrielles qui s'annoncent.

Vers un « misérable petit peuple d'hommes-machines » ?

Peu nombreuses et peu décisives avant 1815, l'arrivée des machines productives s'accroît progressivement durant la première moitié du XIXe siècle, parallèlement à la concentration des ouvriers dans de grandes manufactures concentrées. Elles deviennent plus visibles et suscitent pléthore de discours et de querelles alors que la vapeur devient une source de fierté et de grandeur et ses promoteurs de véritables héros (Berg, 1982 ; MacLeod, 2007). Il faut toutefois rappeler combien, en dehors de quelques régions industrielles anglaises, le système usinier et ses machines restent limités et la division du travail encore très partielle. L'essentiel du travail est toujours réalisé manuellement, en recourant à des outils simples, en bois, fabriqués localement. Les fameuses pompes à feu deviennent les machines à vapeur et s'imposent comme le symbole du grand machinisme. Pourtant, elles tardent à se diffuser et de nombreux travaux ont montré combien la conversion aux bienfaits et avantages du système charbon-vapeur fut lente. Les machines à vapeur furent longtemps concurrencées par la persistance des « moteurs animés », c'est-à-dire le corps des bêtes et des hommes, et surtout les moteurs hydrauliques. En France, ce n'est pas avant 1870 que la puissance des machines à vapeur fixes égale celle des machines hydrauliques. En 1860, celles-ci fournissent encore le double de puissance de la vapeur et l'historien Claude Fohlen avait raison de noter que, sous le Second Empire, « le charbon n'a pas encore gagné la partie » (Leménorel *et al.*, 1993). Même dans un pays aussi précocement industrialisé que la Belgique, la vapeur et son système de machines combinées actionnées par un moteur central ne concerne en 1846 que 1 000 établissements artisanaux et industriels – certes les plus gros – sur les 114 000 que compte alors le pays, alors qu'il existe encore à cette date 2 739 moulins à vent, 2 633 moulins à eau et 1 512 manèges à chevaux en fonctionnement dans le pays (Van Neck, 1979 : 598 *sq.*). Même en Angleterre, l'importance de la vapeur a été relativisée par de nombreux travaux soulignant combien l'essentiel du travail reste manuel et artisanal (Samuel, 1977).

Alors qu'elles sont encore peu nombreuses et assez peu spectaculaires, les machines productives commencent pourtant à pénétrer dans les paysages et les ateliers, notamment dans le secteur textile ou sous la forme de la locomotive, en provoquant leur lot de protestations et de plaintes. Les métiers à tisser et à filer, les mécaniques plus ou moins automatiques pour tondre les draps voient leur nombre s'accroître en suscitant craintes et débats, et même, parfois, de véritables émeutes collectives. Lorsqu'elles sont introduites, les nouvelles machines sont fréquemment désignées comme des « tueuses de bras » ou des « casse-bras ». Les ouvriers, refusant d'abandonner leur corps organique pour devenir des automates mécaniques, les accusent de « couper les bras ». En 1819, dans une pétition adressée au maire de Vienne (Isère), huit maîtres tondeurs dénoncent ainsi « la mécanique plus pernicieuse qu'utile nommée la grande tondeuse » qui annonce, selon eux, « la suppression générale des bras »[5]. À la même époque, des fileurs de coton de Paris rejettent les mécaniques anglaises « qui coupent les bras à tous les ouvriers »[6]. Ces formules auront la vie dure et cela dans des groupes très différents. En 1830, les typographes parisiens voient encore dans les presses mécaniques « des rivales qui viennent nous casser les bras »[7]. Après la révolution de février 1848, les coupeuses de poils de lapin se plaignent à leur tour de la multiplication des mécaniques, « ce qui coupe les bras aux ouvrières »[8]. À Lyon, les ouvriers « ont brisé des métiers de barre qui, disent-ils, leur coupaient souvent les bras »[9]. L'invocation récurrente des « bras » dans les discours populaires renvoie à la perception singulière des formes de la propriété : pour les ouvriers, les bras forment la propriété de base des individus, ils symbolisent à la fois le travail incorporé et les compétences acquises au terme d'un long apprentissage. Alors que les outils du métier étaient le prolongement du corps, les machines de l'ère industrielle deviennent au contraire des éléments d'étrangeté inorganique[10].

C'est dans ce contexte d'intenses querelles que peut se comprendre la circulation du thème de l'ouvrier-machine. Il est utilisé pour dénoncer les recompositions du monde du travail qui accompagnent la grande industrie et les nouvelles formes de domination qu'elle fait naître, et qui s'incarne dans le travail des enfants de plus en en plus condamné et repoussé (Bourdelais, 2005 : 91-109). De riches travaux ont montré comment la machine acquiert alors une présence littéraire importante au cours des années 1830-1840, jusqu'à transformer l'imaginaire du romantisme et susciter une nouvelle représentation du monde selon Paul Laforgue (Laforgue, 2003). Chez des auteurs comme Balzac, Hugo ou Vigny, la machine accompagne la vision mélancolique d'un présent insatisfaisant, inaugurant une « mélancolie

---

5 Archives nationales (AN), F[7] 9786 : Vienne, le 18 janvier 1819 (8 signatures).

6 AN, F[12] 2295 : pétition des fileurs de coton de Paris (13 signatures), s.d.

7 *L'Artisan*, n° 2, 3 octobre 1830.

8 AN, F[12] 4898 : pétition des coupeuses de poils de lapin (13 signatures), Paris, 13 mars 1848.

9 *Le Censeur, Journal de Lyon*, 2 et 3 juin 1848, n° 4201 : 4. En ligne sur *Numelio, bibliothèque numérique de Lyon* (consulté le 12/09/2017) : http://collections.bm-lyon.fr/BML_01PER0030222573?page=4&query[]=barre&withinQuery=parentId:BML_01PER0030222573&hitTotal=3&hitPageSize=10

10 Sur ces conflits et débats, cf. Jarrige, 2009b et 2014.

industrielle » qui irrigue largement les écrits du temps et qui ne se réduit pas à un simple passéisme réactionnaire. On la trouve chez certains penseurs comme l'historien Jules Michelet, qui découvre le gigantisme de l'industrie britannique lors d'un voyage outre-Manche en 1834. Dans les années 1840, il invente le mot « machinisme » auquel il donne d'emblée une signification morale puisqu'il l'utilise pour condamner le système industriel à l'anglaise et les nouveaux rapports sociaux qu'il produit. Dans *Le Peuple* (1846), il consacre tout un chapitre à décrire la « servitude de l'ouvrier dépendant des machines ». Impressionné par les « êtres d'acier » qui asservissent « l'être de sang et de chair », il affirme néanmoins que l'on continuera de préférer aux « fabrications uniformes des machines les produits variés qui portent l'empreinte de la personnalité humaine » (Michelet, 1974 [1846] : 98 ; Viallaneix, 1979). Mais si la machine est indéniablement un « puissant agent du progrès démocratique » en « mettant à la portée des plus pauvres une foule d'objets d'utilité », elle a aussi son revers terrible : elle crée un « misérable petit peuple d'hommes-machines qui vivent à moitié [et] qui n'engendrent que pour la mort ». Chez Michelet, la dénonciation du machinisme passe par la condamnation de ses effets sur les ouvriers, victimes d'ennui et d'abrutissement :

> Le cœur bat-il dans cette foule ? Bien peu, son action est comme suspendue ; il semble, pendant ces longues heures, qu'un autre cœur, commun à tous, ait pris la place, cœur métallique, indifférent, impitoyable, et que ce grand bruit assourdissant dans sa régularité, n'en soit que le battement.

Le nouveau système des fabriques mécanisées est accusé de transformer peu à peu l'homme en machine sans âme, à mille lieux de l'ancien artisan travaillant dans un atelier ou à domicile : « Le travail solitaire du tisserand était bien moins pénible. Pourquoi ? C'est qu'il pouvait rêver. La machine ne comporte aucune rêverie, nulle distraction (Michelet, 1974 [1846] : 98-99).

Cette vision d'un peuple « d'hommes-machines » rejoint la condamnation de Lemontey et divers autres témoignages de l'époque. Dans son récit d'anticipation *Le Monde tel qu'il sera*, publié en 1846 la même année que l'ouvrage de Michelet, Émile Souvestre décrit par exemple un couple rêvant à l'avenir lorsque surgit un personnage étrange – John Progrès – assis sur une locomotive volante qui leur propose de leur révéler l'« avenir si beau ». Les deux jeunes gens acceptent et sont plongés dans une sorte de sommeil avant de se réveiller en l'an 3000. Ils découvrent alors un monde où le progrès a triomphé dans la République des intérêts-Unis. On se déplace désormais en sous-marin ou en fiacres volants. Tout est automatisé et voué au confort individuel, les progrès des techniques ont créé une « civilisation perfectionnée, dans laquelle tout obéit aux lois suprêmes de la mécanique ». Mais dans ce monde, la multitude voit son sort réduit à celui de nouveaux ilotes. Dans les usines où halètent des « mammouths de cuivre et d'acier », le jeune Maurice découvre « des hommes flétris et hagards » esclaves des machines, eux-mêmes devenus machines. Dans ce monde, les enfants sont précocement arrachés à leur mère pour être confiés à une usine d'allaitement à la vapeur, et les humains sont améliorés grâce aux techniques utilisées dans l'élevage et l'horticulture. Souvestre imagine ainsi la création de danseuses aux jambes immenses ou de forgerons aux bras puissants et surdimensionnés, véritables mutants industriels qui disent le spectre d'une réduction de l'homme à sa seule fonction productive. Dans son récit d'anticipation pessimiste, fruit de ses propres désillusions à l'égard des révolutions et des espérances utopistes des années 1830, l'ancien saint-simonien Souvestre semble anéantir toute frontière entre le monde des machines et celui des hommes (Sylvos, 2012)[11].

Dans les années 1830-1840, ce thème de l'ouvrier-machine devient un *topos* des écrits des réformateurs sociaux et des gens de métier effrayés par les crises à répétition et la misère des grandes villes industrielles. Dans sa célèbre et influente enquête sur la « misère des classes laborieuses en Angleterre et en France », Eugène Buret dénonce ainsi la doctrine des économistes libéraux qui assimilent « le travailleur [...] à une chose insensible, à une machine dont on a le droit d'exiger chaque jour plus de précision, plus de travail et plus de produit » ; il condamne la thèse identifiant « l'homme [à] une machine à consommer et à produire ». Le symbole des ravages de cette théorie du « travail-marchandise » apparaît dans la figure particulièrement exploitée de « l'Irlandais qui n'est plus qu'une machine, à laquelle on donne, en guise d'huile, un peu de pommes de terre pour l'entretenir ! » (Buret, 1840, vol. 1 : 10, 31, 32). La division du travail reste au cœur de la critique, c'est elle qui « a pour conséquence

---

11 L'ouvrage est publié en livraisons en 1845, puis en volume ; cf. aussi le prospectus annonçant la publication.

immédiate de réduire l'action de l'ouvrier à celle d'une machine, et de déprécier, de matérialiser le travail » (Buret, 1840, vol. 2 : 152).

Les artisans urbains qualifiés et alphabétisés se font également l'écho de ce monde prétendument merveilleux à long terme, et parfaitement insensé et effrayant au présent. Dans les discours et écrits ouvriers auxquels il est possible d'accéder, l'expression « ouvrier-machine » semble toutefois assez peu présente. Il s'agit surtout d'une catégorie utilisée par les observateurs sociaux et les enquêteurs extérieurs au monde du travail et soucieux de frapper leurs lecteurs. Lorsque des ouvriers l'utilisent, c'est pour la condamner, pour repousser le spectre de l'exploitation qui semble s'accentuer avec la grande industrie capitaliste. Dans son célèbre *Chant des Ouvriers*, également rédigé en 1846, Pierre Dupont affirme ainsi : « Nous ne sommes que des machines ». Évoquant l'arrivée en France d'ouvrières écossaises destinées à une filature mécanique récemment installée, les artisans de *L'Atelier* dénoncent de leur côté la passivité de ces travailleuses exploitées depuis l'enfance, elles ont « l'insouciance et le silence d'une machine qui obéit à un moteur », écrivent-ils. Pour les rédacteurs du journal, dont beaucoup sont imprimeurs-typographes, ces ouvrières-machines préfigurent le projet des « anglomanes » – entendez des industriels copiant le modèle britannique – qui souhaitent « pétrir la nature humaine au point de la réduire à l'état de machine et de l'abaisser au rôle passif d'une brute que l'on commande » (Bensimon, 2011)[12]. Pour ces gens de métier, « l'ouvrier-machine », c'est d'abord et avant tout l'autre, l'étranger aliéné, celui dont il faut se prémunir.

De l'artisan au technicien, l'ouvrier comme pure intelligence mécanique

À côté des analyses et dénonciations morales du machinisme aliénant, qui s'incarnent dans la figure repoussoir de « l'ouvrier-machine », apparaissent aussi des pensées soucieuses de reconquérir le monde mécanique en imaginant l'ouvrier en technicien, et la machine en auxiliaire capable de suppléer le corps fini et fragile du travailleur. Chez les technologues et ingénieurs, les machines deviennent ainsi de nouveaux esclaves d'aciers qui doivent émanciper le travailleur en le libérant des tâches éprouvantes. Pour désamorcer les inquiétudes, et pacifier la relation des hommes aux machines de plus en plus

---

12 *L'Atelier*, novembre 1847 : 32.

dangereuses au quotidien et à l'origine de nombreux accidents, une nouvelle représentation des machines comme prolongement du corps ouvrier se met ainsi en place. Les machines deviennent de quasi-personnes dotées de pouvoirs magiques. Andreas Malm et Alf Hornborg ont récemment examiné comment la machine est devenue un fétiche en Angleterre, une source d'illusions et de myopie sur le monde, nourrie par l'idéologie de la modernité technologique, mais fondée sur de multiples formes de prédations bien réelles à l'égard des milieux naturels et des humains (Hornborg, 2001 ; Malm, 2016). Dans les écrits du chimiste anglais Andrew Ure par exemple, les métiers à filer automatiques et les métiers à tisser mécaniques mus par la vapeur sont conçus comme des quasi-personnes, ils sont dotés de l'élan vital et deviennent des « Hommes d'acier ». L'expression revient également sous la plume de Michelet au début de son histoire inachevée du XIXe siècle, lorsqu'il évoque la manufacture de Watt et Boulton « produisant sans mesure ses ouvriers de fer, de cuivre, par lesquels l'Angleterre eut bientôt la force de quatre cents millions d'hommes » (Michelet, [1898] : préface, 10). Une autre métaphore, encore plus fréquente, fait des machines et des outils de nouveaux esclaves chargés d'assister les hommes et de pallier la faiblesse de leur corps. Lors de l'exposition universelle de 1862 à Londres, l'économiste et ancien saint-simonien Michel Chevalier fait ainsi de la machine le prolongement du corps : « les outils sont pour l'homme des organes supplémentaires par lesquels il peut aborder une infinité d'opérations ». Loin d'abrutir le corps et l'esprit, les machines assistent et accroissent ses capacités, rendant possible son émancipation là où le motif de l'ouvrier-machine insistait sur l'abolition de toute autonomie et de toute liberté (Chevalier dir., 1862, cité par Riot-Sarcey, 2016 : 207).

La question des machines est traversée par un vaste débat sur sa possible réappropriation. Comment transformer la machine qui menace d'absorber l'homme en instrument de son émancipation ? Le projet des réformateurs sociaux qui inventent la « science sociale » après 1830 vise à imaginer une technologie qui favoriserait l'autonomie et accompagnerait la réalisation de l'humanité présente en chacun. Pour les premiers penseurs dits socialistes, l'avenir doit ainsi permettre l'avènement de l'ouvrier-machine émancipé, façonner un pur technicien qui se consacrera aux tâches intellectuelles, laissant les activités machinales aux artefacts, inaugurant ainsi une autre vision du machinisme et de « l'ouvrier-machine ». Loin de rejeter le monde mécanique, il s'agit de tenter de le reconquérir en définissant les caractéristiques d'une « machine romantique » – alternative à celle des ingénieurs et des économistes – capable de réenchanter le monde et la sphère du travail et de produire un ordre plus démocratique (Tresch, 2012)[13].

Ce thème se retrouve sous des formes variables chez Charles Fourier et ses disciples, comme chez Étienne Cabet ou Pierre J. Proudhon. Chez Fourier, c'est la théorie des passions et la distribution passionnelle des travaux qui doit éviter le surgissement de l'ouvrier-machine rivé à une seule tâche aliénante. Grâce à sa « théorie du travail attrayant », Fourier imagine d'accroître les rendements et l'efficacité des travailleurs sans recourir à la parcellisation déshumanisante des tâches ou aux machines, et en assurant l'assouvissement des plaisirs et passions de chacun (Beecher, 1993 : chap. XIV, « Le travail en Harmonie »). Ses disciples retraduiront le langage fouriériste en l'adaptant au cadre de la grande usine, comme dans ce texte de propagande décrivant en détail le quotidien d'un Phalanstère et rédigé peu avant la révolution de Février 1848 par l'ouvrier teinturier Mathieu Briancourt :

> Ici, comme partout, ajouta notre guide en parcourant avec nous le Séristère, les machines font à peu près toute la portion fatigante de la besogne : la machine fournit la force, l'homme l'intelligence et sa tâche se borne, dans l'industrie manufacturière, à surveiller, à diriger, à ajuster. Vous ne devez donc pas être surpris de voir plusieurs dames enrôlées parmi nos tourneurs et nos scieurs de long, dont les métiers si pénibles autrefois étaient abandonnés aux esclaves. Si vous voyez divers systèmes de machines appliqués à des opérations identiques, c'est afin d'entretenir l'émulation parmi les travailleurs dont chaque groupe donne la préférence à une machine différente de celles dont se servent les groupes rivaux (Briancourt, 1848 : 127-128).

Chez le communiste Étienne Cabet, grâce au progrès poussé des machines les ouvriers peuvent également devenir « inventeurs » et « directeurs » de machines. Dans la République icarienne, c'est en effet la collectivité qui est propriétaire des moyens de production. Loin de supprimer l'artisan indépendant, Cabet affirme que c'est la machine qui permet de restaurer l'autonomie artisanale en faisant des ouvriers des « directeurs » de machines. En abolissant la propriété privée, le système communiste doit détruire les relations hiérarchiques incarnées par la figure de l'ingénieur et reconstituer l'autonomie de l'artisan menacée par la

---

[13] Sur les lectures socialistes du machinisme naissant, voir Jarrige dir., 2016.

concentration croissante du capital. La force du discours icarien qui séduit de nombreux travailleurs à l'époque, et son efficacité propagandiste viennent précisément de sa capacité à animer la machine en la dotant d'attributs quasi magiques (Jarrige, 2006).

Mais c'est sans doute Proudhon qui a été le plus loin dans le renversement dialectique du thème de « l'ouvrier-machine ». Là où beaucoup de ses contemporains voyaient dans la division du travail une conséquence inéluctable du machinisme, Proudhon insiste sur l'ambivalence et la complexité du processus. Pour lui, le machinisme permet en effet de rompre avec les effets délétères d'une division excessive du travail en requalifiant le travailleur :

> L'apparition incessante des machines est l'antithèse, la formule inverse de la division du travail ; c'est la protestation du génie industriel contre le travail parcellaire et homicide. Qu'est-ce en effet qu'une machine ? Une manière de réunir diverses particules de travail que la division avait séparée. Toute machine peut être définie : un résumé de plusieurs opérations, une simplification de ressorts, une condensation du travail, une réduction de frais (Proudhon, 1850 : 151).

Dans le même temps, il rejoint pourtant ses contemporains en observant que le changement technique avilit le travail et dégrade le travailleur « en le faisant déchoir du rang d'artisan à celui de manœuvre » (Proudhon, 1850 : 175). Loin de s'enthousiasmer pour le machinisme naissant il explore ses « antinomies » et ambivalences :

> Les machines nous promettaient un surcroît de richesse ; elles nous ont tenu parole, mais en nous dotant du même coup d'un surcroît de misères. Elles nous promettaient la liberté ; je vais prouver qu'elles nous ont apporté l'esclavage (Proudhon, 1850 : 172).

Pour Proudhon, en effet, « le salariat est issu en droite ligne de l'emploi des machines ». Dans le même temps, Proudhon affirme pourtant la vision optimiste de l'accroissement du bien-être général qu'on doit à terme attendre des machines. Pour lui, la machine est « le symbole de la liberté humaine, l'insigne de notre domination sur la nature, l'attribut de notre puissance, l'expression de notre droit, l'emblème de notre personnalité » (Proudhon, 1850 : 155).

Dans les années 1840, les travailleurs adaptent progressivement leurs discours à l'économie politique libérale et socialiste qui tente d'imaginer un machinisme bénéfique à tous :

> [...] nous regardons les machines comme un grand progrès pour l'humanité [écrivent ainsi des travailleurs anonymes dans un périodique éphémère en 1844] ; nous les croyons appelées à régénérer le monde, mais à la condition d'être exploitées au profit de tous et non de quelques-uns. Elles doivent appartenir aux ouvriers, entre les mains intelligentes desquels ce seront des outils plus productifs qu'entre les mains des seuls capitalistes. Pour cela, nous l'avons dit, il faut recourir à l'association[14].

La mention des « mains intelligentes » doit être soulignée, elle révèle combien l'espoir d'approprier les techniques aux savoirs pratiques des artisans demeurait grand à l'époque. En 1848, après les journées de Juin et alors que la répression se déploie contre tous les socialistes et les démocrates soucieux d'émanciper les classes populaires, les rédacteurs de *L'Atelier* énoncent leur définition du socialisme comme libre reconquête des machines par l'association des producteurs :

> Nous voulons que par l'association libre et volontaire, l'ouvrier arrive à la propriété des instruments de travail, à la propriété de ces machines qui font son désespoir et sa ruine, qu'il brise dans ses jours de colère ; de ces machines auxquelles il est attaché et qui le rendent plus misérable que le serf du Moyen Âge attaché à la glèbe nous voulons rendre à l'ouvrier la propriété de lui-même, la propriété la plus sacrée comme l'appelle M. Thiers, dont la misère le dépouille au profit des hauts barons de l'industrie[15].

Pour les ouvriers qui prennent la plume pour dire leur condition, la définition de la machine et de ses impacts demeure longtemps incertaine, et certains tentent de sauver l'objet technique, signe du progrès humain, en montrant comment il peut créer un ouvrier d'élite. Joseph Benoît évoque ainsi les effets positifs produits par la mécanique Jacquard à Lyon : « [...] cette simple machine changea presque subitement les habitudes et le caractère des ouvriers, et en fit des hommes pensant et raisonnant, agissant et discutant leurs intérêts d'abord, et les intérêts généraux ensuite »

14 « Des machines », *L'Écho des ouvriers. Publication destinée à l'exposition des besoins des travailleurs et à l'insertion de leurs réclamations*, 2, juillet 1844, p. 39-43.

15 « Les destructeurs de la famille », *L'Atelier*, juillet 1848, p. 367.

(Joseph, 1855 : 14). Là où l'ancien artisan était un être aliéné, c'est la machine qui a permis de lui redonner une dignité.

La machine, le prolétaire et les mutations du langage du travail

Au fond, le débat sur « l'ouvrier-machine » et l'émergence de cette figure critique tient aux incertitudes et ambivalences qui accompagnent les mutations sociales de la première moitié du XIXe siècle et aux floues de la catégorie même d'ouvrier, tiraillé entre le monde des gens de métier en crise, celui des travailleurs à domicile plus ou moins indépendant et la figure montante du prolétaire rivé à l'usine. L'« ouvrier-machine » apparaît comme l'autre nom du prolétaire, et l'expression vise à conjurer son avènement. L'apparition du discours de l'ouvrier-machine dans la première moitié du XIXe siècle participe de l'émergence d'un nouvel idiome pour décrire le travailleur. Comme la figure de l'ouvrier-machine, le mot « prolétaire » apparaît au tout début du XIXe siècle avec une consonance nettement misérabiliste pour décrire la couche inférieure du peuple, « celle qui ne possède rien et n'a pour vivre que son travail », celle aussi qui est la plus dépendante du fonctionnement des machines. « Mon Dieu, ayez pitié du pauvre prolétaire », se lamente ainsi Lamennais. Pour les écrivains sociaux de l'époque, la condition ouvrière est une malédiction qu'il faut abolir en poursuivant l'œuvre d'émancipation de la Révolution de 1789. Classe résiduelle, produit de l'aveuglement et de l'obscurantisme des classes dirigeantes, le prolétariat peut et doit disparaître dans une évolution heureuse qui donnera à tous cette part de propriété individuelle sans laquelle il n'est pas de citoyenneté. Les socialistes de l'époque romantique, comme les saint-simoniens ou les disciples de Fourier, utilisent plus volontiers le terme de « producteurs », afin de mettre l'accent sur l'aspect positif de la classe ouvrière créatrice de la richesse sociale, alors que le « prolétariat » est synonyme de misère et de frustration. Mais après 1840 le mot prolétaire circule de plus en plus. Le changement de terminologie n'est pas fortuit. Il correspond à l'évolution interne du monde ouvrier et à la crise des anciens « métiers ». Lorsque l'ouvrier typographe et philosophe socialiste Pierre Leroux fonde en 1846 sa *Revue sociale*, il choisit comme sous-titre « Solution pacifique du problème du prolétariat ».

Dans le manifeste communiste, comme dans les *Grundrisse* ou *Le Capital*, Marx est l'héritier de ces débats et contribue à fixer le nouveau langage du travail. En 1848, il reprend d'ailleurs abondamment la rhétorique de l'ouvrier-machine qui circulait dans les années 1840 lorsqu'il écrit qu'avec l'industrie moderne l'ouvrier « n'est plus qu'un accessoire de la machine » et que les masses prolétaires sont « chaque jour et à chaque heure asservis par la machine » (Marx & Engels, 1998 : 82-83). Chez Marx la définition du prolétariat repose sur trois aspects essentiels : il est d'abord le produit de l'organisation industrielle du travail et il n'existe que *dans* et *par* la grande industrie ; mais le prolétariat est aussi le producteur de la plus-value qui permet la reproduction élargie du capital, et à ce titre il est la source de tout le développement économique et technologique ; enfin, la condition prolétarienne se caractérise par l'insécurité fondamentale. Cette insécurité n'est pas liée aux seuls aléas de la conjoncture, mais au mode de production capitaliste lui-même qui a besoin de l'existence d'une armée de réserve industrielle pour fonctionner. Les prolétaires sont donc « la classe des ouvriers modernes qui ne vivent que tant qu'ils trouvent du travail et qui n'en trouvent que tant que leur travail augmente le capital. Ces ouvriers, obligés de se vendre par portions successives, sont une marchandise comme tout autre article du commerce et sont donc exposés de la même manière à tous les aléas de la concurrence, à toutes les fluctuations du marché. L'extension du machinisme et la division du travail ont fait perdre au travail des prolétaires tout caractère indépendant et par suite tout attrait » (Marx et Engels, 1998 : 82).

Comme l'« ouvrier-machine » dont il est l'une des manifestations dans l'ordre productif, le prolétariat est d'abord une catégorie politique et un instrument rhétorique qui accompagne les profondes recompositions du langage du travail durant la première moitié du XIXe siècle (Sewell, 1983). Il recouvre évidemment une réalité sociologique beaucoup plus floue et complexe alors que la classe ouvrière du XIXe siècle demeure plurielle et diverse, sa physionomie variant selon les périodes et les territoires. Les nouveaux prolétaires d'usines que Friedrich Engels observe à Manchester dans les années 1840 demeurent toujours une petite minorité peu représentative (Stedman Jones, 1996). Les statistiques montrent clairement que le prolétariat véritable est numériquement peu important en France jusqu'à la fin du XIXe siècle, et « l'ouvrier-machine » tant dénoncé ne se retrouve évidemment jamais à l'état pur. Une grande partie des ouvriers sont des paysans à mi-temps et la frontière demeure longtemps poreuse entre l'artisan dépendant, le salarié, le petit patron et le chef d'atelier.

Cette brève exploration du langage de l'ouvrier-machine et de ses fonctions à l'aube de l'âge industriel montre combien le thème du brouillage et de l'hybridité homme-machine est consubstantiel au capitalisme industriel dès ses débuts. La figure de l'ouvrier-machine renvoie à une représentation abstraite de l'expérience du travail, il s'agit d'ailleurs d'une expression qui semble peu utilisée par les acteurs du terrain, qu'ils soient ouvriers, fabricants, techniciens, contremaîtres ou autres praticiens de la mécanique. Elle n'aidait en effet pas à décrire la réalité effective du travail et de son organisation, et ce n'était d'ailleurs pas sa fonction. La catégorie de « l'ouvrier-machine » est d'abord un instrument politique dans la grande querelle du machinisme et de l'industrialisme qui naît dans la première moitié du XIXe siècle. Plus qu'une catégorie heuristique, « l'ouvrier-machine » est une figure politico-morale utilisée pour dénoncer les nouveaux rapports sociaux qui s'instituent avec l'industrialisation. Cette figure de « l'ouvrier-machine » aura comme on sait la vie dure jusqu'à devenir une allégorie très fréquente du travail moderne au XXe siècle, sans cesse réactivée à chaque phase nouvelle du processus d'automatisation du travail[16]. L'ouvrier-machine annonce-t-il un homme perfectionné ou au contraire un homme devenu obsolète ? Loin d'apparaître subitement aujourd'hui, ces questions sont contemporaines des débuts de l'industrialisation, avec leur prolifération de procédés mécaniques, de nouvelles médiations techniques et de conflits sociopolitiques. Elles ont également modelé et accompagné les premiers pas des sciences sociales autour de 1830, dont l'une des tâches essentielles a précisément été d'accommoder les bouleversements techniques en vue d'instaurer une société pacifiée et ordonnée, harmonieuse ou émancipée, où les hommes et les machines trouveraient un terrain de réconciliation.

---

[16] Voir les remarques, à partir d'un corpus plus tardif et essentiellement littéraire, d'Isabelle Krzywkowski (Krzywkowski, 2010).

Références bibliographiques

AMONTONS Guillaume, 1699 [3e éd.]. « Moyen de substituer commodément l'action du feu à la force des hommes et des chevaux pour mouvoir les machines », *Histoire et mémoires de l'Académie royale des sciences*, p. 112-126.

BEECHER Jonathan, 1993. *Fourier. Le visionnaire et son monde*, Paris, Fayard.

BENOIT Joseph, 1855. *Souvenirs de la République de 1848. Lyon-Paris*, Genève, Impr. Duchamp et Ce.

BENSIMON Fabrice, 2011. « British workers in France, 1815-1848 », *Past and Present*, 213, p. 147-189.

BERG Maxine, 1982. *The Machinery Question and the Making of Political Economy 1815-1848*, Cambridge, Cambridge University Press.

BOURDELAIS Patrice, 2005. « L'intolérable du travail des enfants. Son émergence et son évolution entre compassion et libéralisme, en Angleterre et en France », *in* D. Fassin & P. Bourdelais (dir.), *Les Constructions de l'intolérable. Études d'anthropologie et d'histoire sur les frontières de l'espace moral*, Paris, La Découverte, p. 91-109.

BRIANCOURT Mathieu, 1848. *Visite au Phalanstère*, Paris, Librairie phalanstérienne.

BURET Eugène, 1840. *De la misère des classes laborieuses en Angleterre et en France. De la* nature *de la misère, de* son existence, *de* ses effets, *de* ses causes, et *de* l'insuffisance *des* remèdes qu'on lui a opposés jusqu'ici : avec l'indication *des* moyens propres à *en* affranchir les sociétés, Paris, Paulin.

CHEVALIER Michel (dir.), 1862. *Exposition universelle de Londres de 1862. Rapports des Membres de la Section française du jury international sur l'ensemble de l'exposition*, Paris, Librairie centrale des chemins de fer.

COHEN David K., 1966. « Lemontey: An early critic of industrialism », *French Historical Studies*, 4 (3), p. 290-314.

DELEYRE Alexandre, BOUCHER D'ARGIS Antoine-Gaspard (dir.), 1751. « Épingle », *in* Diderot & d'Alembert (dir.), *L'Encyclopédie ou Dictionnaire raisonné des sciences, des arts et des métiers*, tome 5, p. 804-808.

FONTENEAU Yannick, 2011. *Développement précoce du concept de travail mécanique (fin XVIIe-début XVIIIe siècles), quantification, optimisation et profit de l'effet des agents producteurs*, Thèse de doctorat, Université Lyon 1.

—, 2014. « "Les ouvriers [...] sont des espèces d'automates montés pour une certaine suite de mouvemens" : fondations d'une représentation mécanique du temps laborieux (1700-1750) », *in* C. Maitte & D. Terrier (dir.), *Les Temps du travail*, Rennes, Presses universitaires de Rennes, p. 309-332.

FROBERT Ludovic, 2001. « Pierre-Édouard Lemontey et la critique de la division du travail », *Économies et Sociétés*, p. 1735-1757.

HALLEUX Robert, 2009. *Le Savoir de la main. Savants et artisans dans l'Europe pré-industrielle*, Paris, Armand Colin.

HAUBTMANN Pierre, 1982. *Pierre-Joseph Proudhon : sa vie et sa pensée, 1809-1849*, Paris Beauschesne (Bibliothèque des Archives de philosophie. Nouvelle série 36).

HILAIRE-PÉREZ Liliane, 2013. *La Pièce et le geste. Artisans, marchands et savoir technique à Londres au XVIIIe siècle*, Paris, Albin Michel.

HORNBORG Alf, 2001. *The Power of the Machine: Global Inequalities of Economy, Technology, and Environment*, Walnut Creek – Lanham – New York – Oxford, AltaMira Press.

JARRIGE François, 2006. « "Des machines à l'infini". Le communisme icarien et l'imaginaire utopique des techniques (1830-1848) », *Hypothèses*, 9 (1), p. 199-208.

—, 2009a. « Le travail discipliné : Genèse d'un projet technologique au XIXe siècle », *Cahiers d'histoire. Revue d'histoire critique*, 110, p. 99-116.

—, 2009b. *Au temps des tueuses de bras. Les bris de machines à l'aube de l'ère industrielle*, Rennes, Presses universitaires de Rennes.

—, 2014. *Technocritiques. Du refus des machines à la contestation des technosciences*, Paris, La Découverte.

— (dir.), 2016. *Dompter Prométhée. Technologies et socialismes à l'âge romantique (1820-1870)*, actes du colloque (Dijon, 2013), Besançon,

Presses universitaires de Franche-Comté (Cahiers de la MSHE Ledoux 24. Archives de l'imaginaire social 2).

KUNZ WESTERHOFF Dominique, ATALLAH Marc (dir.), 2011. *L'Homme-machine et ses avatars. Entre science, philosophie et littérature (XVIIe-XXIe siècles)*, Paris, Vrin.

KANG Minsoo, 2011. *Sublime Dreams of Living Machines: The Automaton in the European Imagination*, Harvard, Harvard University Press.

KRZYWKOWSKI Isabelle, 2010. « L'autre homme-machine. L'ouvrier-machine, entre imaginaire et représentation du travail moderne », *Épistémocritique* [En ligne], 7. Mis en ligne le 10/01/2011 (consulté le 13/09/2017) : http://epistemocritique.org/lautre-homme-machine-louvrier-machine-entre-imaginaire-et-representation-du-travail-moderne/

LAFORGUE Pierre, 2003. « Machinisme et industrialisme, ou romantisme, modernité et mélancolie. Quelques jalons (1840-1870) », *Revue d'histoire littéraire de la France*, 103 (1), p. 63-92.

LEMÉNOREL Alain, DÉSERT Gabriel, DUPRÉ Philippe, LECHERBONNIER Yannick, RÉAL Emmanuelle, 1993. « Hydraulique, vapeur et industrialisation au XIXe siècle : la "voie normande" », *in* G. Désert *et al.* (dir.), « De l'hydraulique à la vapeur, XVIIIe-XIXe siècles », *Cahier des Annales de Normandie*, 25 (1), p. 7-22.

LEMONTEY Pierre-Édouard, 1816 [1801]. « Influence morale de la division du travail », in *Raison folie. Petit cours de morale mis à la portée des vieux enfants*, Paris, Déterville, 1816, p. 154-180. Texte réédité récemment par François Vatin : LEMONTEY Pierre-Édouard, 2006. « Influence morale de la division du travail, considérée sous le rapport de la conservation du gouvernement et de la stabilité des institutions sociales », *Revue du MAUSS*, 27, 1, p. 384-397.

LE ROUX Thomas, 2011. « Les puissances vives soumises aux forces mortes. Hygiénistes, corps ouvriers et machines au XIXe siècle en France (1800-1870) », *in* L. Guignard, P. Raggi & É. Thévenin (dir.), *Corps et machines à l'âge industriel, XIXe-XXe siècles*, Rennes, Presses universitaires de Rennes, p. 259-272.

MACLEOD Christine, 2007. *Heroes of Invention. Technology, Liberalism and British Identity (1750-1914)*, Cambridge – New York, Cambridge University Press.

MALM Andreas, 2016. *Fossil Capital: The Rise of Steam-Power and the Roots of Global Warming*, London, Verso.

MARX Karl, ENGELS Friedrich, 1998. *Le Manifeste du parti communiste*, Paris, Flammarion.

MICHELET Jules, 1974 [1846]. *Le Peuple*, Paris, Flammarion.

—, [1898]. *Œuvre complètes*, vol. 24 : *Histoire du XIXe siècle : Directoire, origine des Bonaparte*, Paris, Flammarion.

PARIS Jean-Joseph, 1821. *Mémoire sur cette question : quelle est, dans l'état actuel de la France et dans ses rapports avec les nations étrangères, l'extension que l'industrie, dirigée vers l'intérêt national, doit donner aux différents genres d'inventions qui suppléent le travail des hommes par le travail des machines ?*, Paris, Huzard.

PEAUCELLE Jean-Louis, 2007. *Adam Smith et la division du travail. La naissance d'une idée fausse*, Paris, L'Harmattan.

PILLON Thierry, VATIN François, 2003. *Traité de sociologie du travail*, Toulouse, Octarès.

PROUDHON Pierre-Joseph, 1850 [1846]. *Système des contradictions économiques ou philosophie de la misère*, t. I, Paris, Garnier Frères.

RIOT-SARCEY Michèle, 2016. *Le Procès de la liberté. Une histoire souterraine du XIXe siècle en France*, Paris, La Découverte.

ROSENBAND Leonard N., 2000. *Papermaking in Eighteenth-Century France. Management, Labor and Revolution at the Montgolfier Mill, 1761-1805*, Baltimore, The Johns Hopkins University Press.
Trad. française : *La Fabrication du papier dans la France des Lumières. Les Montgolfier et leurs ouvriers, 1761-1805*, Rennes, Presses universitaires de Rennes, 2005.

SAMUEL Raphael, 1977. « Workshop of the World: Steam Power and Hand Technology in mid-Victorian Britain », *History Workshop Journal*, 3, p. 6-72.

SAY Jean-Baptiste, 1996. *Cours d'économie politique et autres écrits*, Paris, Flammarion.

SÉRIS Jean-Pierre, 1994. *Qu'est-ce que la division du travail ? Ferguson*, Paris, Librairie philosophique J. Vrin.

SEWELL William H., 1983. *Gens de métier et révolutions. Le langage du travail de l'ancien régime à 1848*, Paris, Aubier Montaigne.

SMITH Adam, 1843 [1776]. *Recherches sur la nature et les causes de la richesse des nations*, trad. du comte G. Garnier ; édité, revu et corrigé par J.-B. Say et A. Blanqui, Paris, Guillaumin.

STEDMAN JONES Gareth, 1996. « Voir sans entendre. Engels, Manchester et l'observation sociale en 1844 », *Genèses*, 22, p. 4-17.

SYLVOS Françoise, 2012. « Émile Souvestre ou la réclame telle qu'elle sera », *Romantisme*, 155 (1), p. 71-89.

TRESCH John, 2012. *The Romantic Machine. Utopian Science and Technology after Napoleon*, Chicago – London, The University of Chicago Press.

VAN NECK Anne, 1979. *Les Débuts de la machine à vapeur dans l'industrie Belge, 1800-1850*, Bruxelles, Académie royale de Belgique (Histoire quantitative et développement de la Belgique II. La révolution industrielle II, 2).

VATIN François, 1993. *Le Travail, économie et physique, 1780-1830*, Paris, PUF.

— 2006. « Pierre-Édouard Lemontey, l'invention de la sociologie du travail et la question salariale », *Revue du MAUSS*, 27 (1), p. 398-420.

VERLEY Patrick, 1997. *L'Échelle du monde. Essai sur l'industrialisation de l'Occident*, Paris, Gallimard.

VIALLANEIX Paul, 1979. « Michelet, machines, machinisme », *Romantisme*, 23 (9), p. 3-15.

Deux ouvriers-machine, avant et après Taylor

Barthélémy DURRIVE
IHRIM[1] (UMR 5317), ENS de Lyon
S2HEP[2] (EA 4148), Université Claude Bernard Lyon 1

Introduction : l'intuition de Lavoisier et son devenir

Six ans après les expérimentations sur le moineau et le cochon d'Inde qui l'avaient amené à conclure : « La respiration est donc une combustion, à la vérité fort lente, mais d'ailleurs parfaitement semblable à celle du charbon » (Lavoisier & Laplace, 1784 [1780] : 406), Lavoisier expérimente sur l'homme afin d'étudier la variation des débits sanguin et respiratoire en fonction de l'activité physique. Il découvre ainsi une loi de proportionnalité stricte entre la « quantité d'effort » fournie par un sujet (en soulevant des poids) et – *d'une part* – la vitesse de son pouls, puis – *d'autre part* – la quantité d'oxygène qu'il absorbe.

> Ces lois [conclut-il] sont même assez constantes pour qu'en appliquant un homme à un exercice pénible, et en observant l'accélération qui résulte dans le cours de la circulation, on puisse en conclure à quel poids, élevé à une hauteur déterminée, répond la somme des efforts qu'il a faits pendant le temps de l'expérience. » (Lavoisier & Seguin, 1793 [1789] : 576)

La mise au jour d'une telle corrélation n'est évidemment pas le fruit du hasard : Lavoisier soupçonne un lien de causalité entre l'augmentation des combustions et l'augmentation du travail. C'est pourquoi, même s'il ne

[1] Institut d'histoire des représentations et des idées dans les modernités ; 15 parvis René Descartes BP 7000 69342 Lyon cedex 07

[2] Sciences, société, historicité, éducation et pratiques ; Bâtiment « La Pagode », Université Claude Bernard Lyon 1, Campus de la DOUA, 38 boulevard Niels Bohr, 69622 Villeurbanne

propose jamais d'analogie entre l'organisme et une machine à vapeur[3], on trouve toutefois sous sa plume l'idée qu'un ouvrier *se consume* littéralement dans son travail :

> Tant que nous n'avons considéré dans la respiration que la seule consommation de l'air, le sort du riche et celui du pauvre était le même ; car l'air appartient également à tous et ne coûte rien à personne : l'homme de peine qui travaille davantage jouit même plus complètement de ce bienfait de la nature. Mais maintenant que l'expérience nous apprend que la respiration est une véritable combustion, *qui consume à chaque instant une portion de la substance de l'individu* ; que cette consommation est d'autant plus grande que la circulation et la respiration sont plus accélérées ; qu'elle augmente à proportion que l'individu mène une vie plus laborieuse et plus active, une foule de considérations morales naissent comme d'elles-mêmes de ces résultats de la physique. Par quelle fatalité arrive-t-il que l'homme pauvre qui vit du travail de ses bras, qui est obligé de déployer pour sa subsistance tout ce que la nature lui a donné de forces, consomme plus que l'homme oisif, tandis que ce dernier a moins besoin de réparer ? (Lavoisier & Seguin, 1793 [1789] : 578)

Tous les physiologistes du XIXe siècle salueront en Lavoisier un « précurseur », du fait précisément de ce qui ne pouvait être alors qu'une « intuition » de sa part : entre la machine et l'homme (l'inerte et le vivant) il ne peut exister qu'une seule physique-chimie – si bien que le problème posé par « l'énergie vitale » se révèle rétrospectivement n'avoir été, depuis toujours, qu'une question de thermodynamique appliquée. C'est que les développements de la thermochimie vont donner un sens de plus en plus littéral à la métaphore de la *combustion* organique, jusqu'à ce que l'élucidation progressive des étapes du métabolisme intermédiaire n'impose (à partir des années 1920) un vrai changement de paradigme[4].

---

3 Machines à vapeur que pourtant il connaît bien, pour en avoir étudié plusieurs – en fonctionnement dans le nord de la France ainsi qu'en Angleterre – à l'occasion d'une mission dont l'avait chargé l'Académie, comme il le raconte dans le mémoire de 1771 (Lavoisier, 1774 [1771]).

4 Déjà Claude Bernard, s'étonnant de la spécificité exclusive du « combustible » biologique (le glycogène), développait l'intuition que *seul ce que l'organisme avait d'abord synthétisé* pouvait être consommé ensuite par lui. La mise au jour (par Otto Meyerhof et Archibald Hill, prix Nobel de physiologie en 1922) des mécanismes de la *glycolyse* ne confirma cette intuition qu'au prix d'une rupture avec le modèle du moteur thermique, puisque cette première étape de la « respiration cellulaire » est paradoxalement anaérobie. Le fonctionnement cyclique de l'ensemble du processus ne fut ensuite reconstitué qu'avec la modélisation (par Hans Krebs et Fritz Lipmann, prix Nobel de physiologie en 1953) du

Nos deux « ouvriers-machine » se situent l'un au début (en 1857) et l'autre à la fin (en 1913) de cette période particulière où la métaphore du « moteur humain » n'est pas simplement à la mode : c'est surtout la période où cette expression prend un *sens littéral* parce que, incarnant un *paradigme* scientifique, elle fonctionne comme un « programme de perception »[5]. Entre Lavoisier et Archibald Hill – c'est-à-dire entre le moment où l'assimilation du corps à un moteur thermique n'est pas encore étayée par des résultats scientifiques et celui où elle ne l'est déjà plus –, l'idée de réunir en un même modèle explicatif les fonctionnements de la machine et de l'opérateur a fait époque. De cette époque, nous aimerions donner ici un aperçu, en comparant deux exemples (les figures 1 et 2) de dispositifs expérimentaux qui *font voir* la machine en l'homme. Notre intention est d'abord de *décrire* – simplement pour documenter ce que l'image d'une « machine humaine » a pu avoir de littéral dans les discours et les pratiques scientifiques –, mais nous tâcherons également de réinscrire ces deux usages (assez différents) d'un même modèle dans leurs contextes respectifs, afin d'interroger leur sens et – autant que possible – leur valeur.

Le « moteur-homme » de Gustave-Adolphe Hirn (Hirn, 1887 : 678)

Ingénieur chimiste de formation, Gustave-Adolphe Hirn (1815-1890) entre à 19 ans comme coloriste[6] dans la filature d'indiennes (étoffes imprimées) en difficulté que possède sa famille au Logelbach (Haut-Rhin). Passé ingénieur en chef une dizaine d'année plus tard, il parvient à réduire de 20 % la consommation des machines en remplaçant l'huile végétale alors utilisée comme lubrifiant par de l'huile minérale que ses compétences en chimie lui permettent de purifier. Cette innovation l'amène alors à fonder sa propre usine de lubrifiants, qui s'avérera prospère. De par ses activités économique, religieuse et artistique, Hirn devient une personnalité locale (entre Colmar et

« cycle de l'acide citrique » – au cours duquel sont synthétisés les métabolites requis pour le stockage (à très court terme) de l'énergie cellulaire –, puis l'élaboration (par Peter Mitchell, prix Nobel de chimie en 1978) de la théorie chimiosmotique pour expliquer comment cette énergie est stockée dans des molécules spécifiques au fil de la chaîne respiratoire dite « chaîne de transport des électrons ».

5 « Toute théorie – le mot le dit [venant du grec *theorein* qui signifie « voir »] – est un programme de perception » (Bourdieu, 1981 : 69).

6 Sur tous ces éléments biographiques, nous paraphrasons Faidra Papanelopoulou (2006).

Mulhouse), mais l'absence de rattachement institutionnel et de cursus académique rendront difficile sa participation à la vie scientifique parisienne. Hirn fait en effet partie de ces savants « amateurs » qui tentent, depuis la province, d'entrer en dialogue avec la science officielle « en train de se faire » plutôt que de se contenter de recevoir la « science faite »[7], car dans sa pratique d'ingénieur, il ne se satisfait pas de l'approximation des formules développées dans les théories physiques en cours. Ainsi, le premier mémoire que cet « outsider » soumet à l'Académie des sciences (Hirn, 1849 : 290) questionne directement les équations de Charles-Augustin Coulomb et Arthur Morin (deux académiciens) sur un sujet qu'il connaît d'expérience puisqu'il s'agit des frottements. Aussi, le texte s'ouvre-t-il sur l'avertissement suivant : « Si à des lois simples j'en substitue d'autres plus compliquées ou d'un usage moins faute, l'analyste et le praticien consciencieux n'y verront qu'un pas de plus vers l'exactitude et la vérité »[8]. La position de franc-tireur de la science s'accompagne chez Hirn d'un *credo* épistémologique on ne peut plus explicite : en tant qu'elle est *expérimentale*, la science est *indissociablement* théorique et pratique, fondamentale et appliquée. Significative à cet égard est une anecdote souvent rapportée : à la fin de sa vie, la reconnaissance internationale étant venue, Hirn reçoit la visite du physicien (professeur à Polytechnique et à l'École normale supérieure) Émile Verdet. Au bout d'un certain temps à parcourir l'usine de son hôte, le visiteur demande à voir le laboratoire où Hirn a réalisé ses célèbres expérimentations, et c'est au beau milieu des machines que celui-ci répond : « C'est dans mon laboratoire qu'actuellement nous nous trouvons » (Donkin, 1893 : 236 ; Papanelopoulou, 2006 : 254).

Une telle unité de l'usine et du laboratoire ne doit pas être comprise, chez Hirn, comme une réduction de la science à la seule recherche-développement. Si l'ingénieur mène en effet des études sur les machines à vapeur – il met au point une technique d'utilisation de la vapeur surchauffée, appelée depuis « cycle de Hirn » –, le savant amateur poursuit

---

7 Classique, cette distinction est empruntée à Latour, 2001 : 12.

8 Gustave-Adolphe HIRN, « Nouvelles recherches », manuscrit cité dans Papanelopoulou, 2006 : 239. Le mémoire de Hirn n'a pas été publié par l'Académie ; en 1884, celle-ci accepte par contre un mémoire de Marcel Deprez dont les conclusions sont suffisamment similaires pour que Hirn puisse faire remarquer qu'il avait déjà obtenu les mêmes résultats trente ans auparavant (Hirn, 1884 : 953).

des travaux de physique fondamentale, au point que Thomas Kuhn le compte au nombre des précurseurs ayant découvert indépendamment le principe d'équivalence entre la chaleur et le travail que présuppose le principe de conservation de l'énergie (Kuhn, 1977 : 67-68). Plus précisément, les études de Hirn portent sur la vérification expérimentale de l'existence d'un unique coefficient de conversion entre forme thermique et forme mécanique de l'énergie : il cherche à déterminer l'équivalent mécanique de la chaleur. Sur cette question, sa contribution spécifique est réelle et elle est reconnue, car sa grande connaissance des machines à vapeur lui permet de poser le problème de la conversion thermodynamique dans le sens « chaleur vers travail », là où Joule – mesurant l'échauffement provoqué dans l'eau par un moulin actionné par un poids – envisageait (en 1843) la relation dans le sens « travail vers chaleur »[9]. Or, c'est précisément dans le cadre de ce programme de recherche que Hirn va réaliser l'innovation scientifique qui nous paraît marquer le *début* de cette ère du « moteur humain » : il est le premier à *construire un dispositif expérimental appliquant la thermodynamique à l'homme*, trois quarts de siècle après que Lavoisier ait formulé sa fameuse intuition.

Pour ne pas mésinterpréter l'origine de ce premier « ouvrier-machine », il faut contextualiser encore son apparition. Savant amateur, Hirn veut apporter une contribution utile à la constitution de la thermodynamique en cours. Il se propose de vérifier expérimentalement que la quantité d'énergie fournie à l'entrée d'un système se retrouve *numériquement identique* à la sortie – quelles que soient les formes dans lesquelles cette énergie se sera convertie entre les mesures initiale et finale –, ce qui suppose d'établir un coefficient d'équivalence entre, par exemple, les unités de chaleur (ici la calorie) et les unités de travail (ici le kilogrammètre). Pour ce faire, la série d'expérimentations[10] qu'il met en œuvre en 1856 et 1857 commence par

---

[9] Ainsi Rudolf Clausius commente-t-il l'expérimentation de Hirn : « L'ensemble de ces résultats me paraît une belle confirmation des travaux de M. Joule, en même temps que le complément essentiel de toutes les observations faites jusqu'ici ; parce que cette détermination de l'équivalent mécanique de la chaleur est la première obtenue à l'aide d'une expérience où l'on ait converti non la force en chaleur, mais la chaleur en force » (Clausius, 1858 : 135).

[10] Ces expériences et leur analyse constituent le mémoire intitulé *Recherches sur l'équivalent mécanique de la chaleur*, soumis à un concours (lancé en janvier 1855 par la Société de physique de Berlin) demandant la détermination la plus précise de

l'étude des frottements – *du travail à la chaleur*, donc – avec (expérience 1), puis sans lubrifiant (expérience 2). À partir de là, Hirn renverse le sens de l'équivalence, puisqu'en étudiant les entrées et sorties d'énergie dans une machine à vapeur (expérience 3), il entend vérifier que la *chaleur fournie* se retrouve intégralement dans le *travail produit* pour peu que l'on parvienne à mesurer toutes les pertes de chaleur intermédiaires, de façon à les faire figurer dans la balance. Or, c'est dans la continuité stricte de cette troisième expérience que Hirn propose, comme quatrième et dernier élément de la série, le dispositif expérimental suivant (fig. 1).

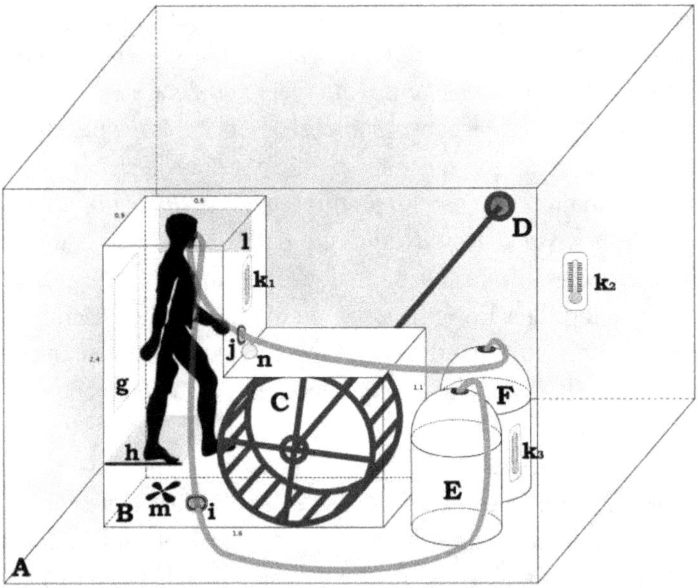

Figure 1 – L'expérimentation dite de la « roue de Hirn » (1857)

Après avoir testé le dispositif sur lui-même (expériences des 9, 13, 21, 23, 25 et 28 avril 1857), Hirn demande à trois de ses employés – un « robuste ouvrier » (Hirn, 1887 : 717) de 47 ans (expériences des 12, 14 et 16 mai) mais aussi un garçon et une fille de 18 ans « ouvriers tous deux » (Hirn, 1887 : 717. Expériences des 29 et 30 avril puis des 1er, 2 et 11 mai

l'équivalent mécanique de la chaleur. Les études sur l'homme – que Hirn dit avoir « faites spécialement pour le concours » (Hirn, 1858 : x, introduction) – font l'objet des chapitres 4 et 7 (Hirn, 1858 : 44-69 ; 95-110).

pour le premier ; expériences du 6 mai pour la seconde) – de se placer dans la structure *B*, hermétiquement fermée, *via* la porte *g* (calfeutrée ensuite) et se tenir assis ou debout (selon les expériences) sur le marchepied *h*. D'un volume total de 2,3 m^3, la guérite de bois (large comme un encadrement de porte) ne laisse pas passer le son, si bien que la communication avec l'expérimentateur se fait visuellement, à travers les panneaux de verre épais *l* situés de part et d'autre de l'opérateur. Aussitôt entré dans cet espace hermétiquement clos, le sujet – pour pouvoir respirer – insère dans ses narines l'extrémité dédoublée du tuyau passant par l'orifice *i* relié au gazomètre[11] *E* rempli d'air atmosphérique. Inspirant par le nez, l'opérateur place dans sa bouche l'extrémité du tuyau passant par l'orifice *j* et expire le contenu de ses poumons dans le gazomètre *F* – la condensation de cet air chaud et humide étant capturée au passage dans la fiole *n*. Arrêtons-nous un instant sur la façon dont Hirn décrit cette sorte d'externalisation des poumons du sujet :

> La personne expérimentée tenait à la bouche un tube en caoutchouc dont l'extrémité communiquait avec un gazomètre. Dans les narines, elle introduisait deux petits bouts de tube également en caoutchouc fixés sur un tube en fer-blanc bifurqué, dont l'extrémité simple portait un autre tuyau de caoutchouc en rapport avec un gazomètre parfaitement égal au premier en section. Elle avait soin d'aspirer l'air par le nez et de l'expulser par la bouche, et agissait entre les deux gazomètres comme une véritable pompe aspirante et foulante. Le gazomètre mis en rapport avec le nez était rempli d'air au commencement et se vidait ainsi à travers les poumons dans le second, qui, d'abord vide, se remplissait de l'air qui avait servi à la respiration. En raison de l'élasticité de la matière employée, la personne mise ainsi en rapport avec les deux gazomètres rendait aisément très hermétique la double communication qui se prêtait à tous ses mouvements et ne gênait aucunement l'action respiratoire : il fallait seulement un peu d'habitude et d'adresse pour que les gazomètres ne fussent réellement en rapport qu'avec les poumons seuls (Hirn, 1858 : 52).

On le voit, le plus important pour Hirn est que « la personne expérimentée » (et l'expression, étonnante mais révélatrice, désigne bien l'ouvrier *objet* de l'expérimentation) respire en circuit fermé, car le but de

---

[11] Le gazomètre à cloche (utilisé ici) est appareil contenant et diffusant régulièrement un gaz de façon à maintenir la pression constante : la cloche s'élève ou s'abaisse pour compenser les entrées ou sorties de matière. Le compteur, dont il est en général pourvu, mesure le volume de gaz libéré ou recueilli.

cette installation un peu complexe est précisément d'*extraire* le corps vivant du milieu ambiant où il est sans cela immergé. Dans la première étape de l'expérience – où l'opérateur reste au repos –, la structure de bois devient littéralement pour lui une seconde peau : frontière matérielle qui vient se glisser dans un interstice artificiellement ouvert entre le corps et son monde, elle représente en effet une *surface d'échanges thermiques* mesurables entre l'organisme et la pièce *A* bien close où se trouve la guérite. Hirn va, en effet, mesurer la quantité de chaleur dégagée par le corps humain en contenant celle-ci à l'intérieur d'une cloison dont il connaît les propriétés d'étanchéité thermique[12] : il lui suffit alors de prendre la température de la cloison d'une part (à l'aide du thermomètre k_1), de la salle d'autre part (à l'aide du thermomètre k_2), puis de calculer la différence en tenant compte des lois de diffusion. En ajoutant à cela la chaleur *exhalée* par le sujet – mesurée à l'aide du thermomètre k_3 en réalité placé le long du tuyau au niveau de l'orifice *j* –, Hirn prétend reconstituer numériquement la totalité de l'énergie qui sort du système constitué par l'organisme au repos.

L'ingéniosité de Hirn ne part pas de rien : cet appareil qu'il a construit n'est, techniquement, qu'une adaptation à l'homme du calorimètre où Lavoisier plaçait le cochon d'Inde déjà cité[13]. Mais toute la différence – qui nous paraît suffire à faire commencer l'ère du moteur humain en 1857 et non en 1783 – réside dans le « voir comme » (dirait Wittgenstein, 1958 : 193, II, § 11) de l'expérimentateur, c'est-à-dire le programme de perception que constitue le prisme théorique à travers lequel il regarde le réel. Car entre Lavoisier et Hirn, le même appareil ne sert pas à répondre à la même question, et pour cause : ce qui était une *métaphore* chez Lavoisier (un homme de peine consume sa propre substance afin de fournir

---

12 « Pour *titrer* cet appareil – pour le rendre apte à faire connaître la quantité de chaleur que développait la personne étudiée –, j'avais commencé par y faire brûler un bec alimenté d'hydrogène pur [...]. On savait ainsi combien de gaz il fallait brûler par heure, et par conséquent combien de chaleur il fallait produire dans l'intérieur de la guérite pour en maintenir la température à 5°, 10°, 15° au-dessus de la température externe. On connaissait par là, en un mot, la *loi de refroidissement* de la guérite. » (Hirn, 1887 : 681, l'auteur souligne).

13 Hirn s'en cache d'ailleurs si peu qu'il utilise le terme « calorimètre » quand il se réfère à son appareil. On consultera le « Mémoire sur la chaleur » pour une description du calorimètre à glace de 1783 (Lavoisier & Laplace, 1784 [1780] : 369-372 ; 408 pour la planche) ainsi que de l'expérience sur le cochon d'Inde (Lavoisier & Laplace, 1784 [1780] : 404-408).

du travail) fonctionne chez Hirn comme un véritable *paradigme*. Lavoisier, dans le passage cité, fait remarquer que le taux de combustion intra-organique est proportionnel à l'effort fourni : en toile de fond d'une telle idée se devine quelque chose comme l'intuition du principe de conservation de l'énergie. Trois quarts de siècle plus tard, Hirn est si convaincu de l'application *universelle* de ce principe que *non seulement* il ne se propose pas ici de vérifier expérimentalement s'il est bien valide pour la vie organique, *mais surtout* il l'utilise dans son raisonnement comme une prémisse évidente pour calculer l'équivalent mécanique de la chaleur. Savoir donc si l'on est en train d'expérimenter sur l'homme ou bien sur la machine à vapeur est, de ce point de vue, absolument indifférent : il n'y a même pas pour Hirn de différence de complexité entre les deux cas – c'est bien la raison pour laquelle il lui vient cette idée si étrange de répondre à une question de physique en expérimentant sur l'humain.

Lavoisier construit un calorimètre pour étayer une intuition, Hirn utilise un calorimètre pour obtenir un point de comparaison : c'est l'unique but de cette première étape de l'expérience. En effet, toujours dans le but de calculer l'équivalent mécanique de la chaleur, Hirn demande à ses ouvriers d'utiliser la roue à palettes *C* comme un escalier infini, en gravissant les marches une à une, pendant une session d'une heure en moyenne[14]. Cette roue n'est pas mue par l'opérateur, mais par un moteur situé hors de la pièce *A* (afin de ne pas y introduire une source de chaleur parasite) et relié à la roue *C* par l'axe *D*. Le mouvement de la roue (allant dans le sens qui va de *C* vers *i*) actionne accessoirement un mélangeur *m* (ventilateur assurant que la température est homogène dans toute la guérite). Connaissant à chaque fois le poids du sujet, le nombre de tours de roue (indiqué par un compteur) et la hauteur d'une marche, Hirn calcule *la quantité de travail mécanique fourni par l'ouvrier* pendant la durée de l'expérience. Mesurant

---

[14] Hirn précise qu'une session de quatre ou cinq heures aurait donné des résultats plus précis, mais l'état de fatigue des ouvriers, au bout d'une heure, ne permettait pas de continuer… et d'ailleurs ils devaient retourner travailler : « Pour faire une expérience correcte sur un moteur quelconque, il faut toujours attendre que la machine soit arrivée à son état de régime permanent, de sorte qu'elle se trouve, quand on cesse l'expérience, dans les mêmes conditions que quand on la commence. En raison du défaut d'habitude et aussi en raison des occupations obligatoires des sujets dont j'ai disposé, cette condition *sine qua non* d'exactitude n'a que rarement, peut-être jamais, été remplie dans mes expériences. » (Hirn, 1887 : 780).

dans le même temps la température de B (rapportée à celle de A suivant les équations idoines) et la chaleur exhalée en F (bien plus importante ici dans l'effort que précédemment au repos), Hirn prétend à nouveau reconstituer numériquement la totalité de l'énergie qui sort du système constitué par l'organisme *en plein effort*, cette fois.

Résumons. À travers ces deux étapes, Hirn a mesuré le plus directement possible la quantité d'énergie *sortante*, au repos puis pendant l'effort. Or, puisque son objectif a consisté dès le départ à calculer l'équivalent mécanique de la chaleur, on peut s'étonner de cette façon de procéder : dans le cas de la machine à vapeur, il avait en effet tout simplement mesuré la chaleur au foyer, calculé les pertes thermiques à travers les parois, et enfin mesuré le travail mécanique rendu pour la machine. Cette balance énergétique (comparant les entrées et les sorties) suffisait à trouver le coefficient par lequel multiplier la quantité de chaleur initiale (moins les pertes) pour obtenir la quantité de travail finale. La différence de méthode entre la troisième et la quatrième expérience de Hirn est donc due à une difficulté expérimentale que l'auteur étonnamment ne commente pas : il ne dispose, en 1857[15], d'aucun moyen pour mesurer la quantité d'énergie *entrante* dans le système vivant qu'il étudie. C'est ici – sur cette difficulté précise – que l'analogie entre le corps humain est une machine thermique va fonctionner comme un *paradigme* (un modèle à partir duquel envisager les problèmes scientifiques) et non plus comme une simple métaphore. En effet, cette impossibilité de quantifier le flux énergétique entrant ne le décourage en rien d'utiliser l'humain pour répondre à une question de pure physique : il va tout simplement appliquer à l'organisme les équations vérifiées sur la machine à vapeur de façon à court-circuiter le problème. Appliquer ainsi des équations de thermodynamique à l'organisme est un geste audacieux, car à l'époque il est très neuf. On attribue généralement à Julius Robert Mayer la première formulation de cette idée, dans son mémoire *Le Mouvement organique dans ses rapports au métabolisme* publié en 1845. Aussi Hirn (qui est bien sûr germanophone) a sans doute emprunté le principe de son raisonnement à ce texte qui a fait date :

---

15 Les choses seront différentes en 1913 dans le cas de notre second « ouvrier-machine ». On pourrait aussi ajouter que Hirn, à la différence d'Amar, n'est pas physiologiste.

> Si, à la quantité de chaleur que dégage le corps d'un animal pendant un certain temps, on ajoute tout le travail mécanique que fournit cet animal pendant ce même temps (travail qui se changera d'ailleurs de lui-même en chaleur à travers les frottements ou tout autre effet dissipatif) on obtiendra alors la quantité exacte de chaleur correspondant aux processus chimiques [*du métabolisme*]. Supposer, d'un côté ou de l'autre, quelque chose de plus ou de moins, ce serait enfreindre le principe de la logique même. Rien ne naît de rien, rien ne mène à rien. L'unique cause de la chaleur animale est un processus chimique, à savoir une oxydation. C'est l'immense mérite de Liebig que d'avoir défendu cette vérité – qui résulte des découvertes de Lavoisier – contre les critiques et les doutes qu'on lui a opposés. (Mayer, 1845 : 46)[16]
>
> Si l'on communique une quantité définie de chaleur **x** à un gaz soumis à une pression constante, une partie de cette chaleur va augmenter la température de ce gaz, et cette partie (que nous appellerons **y**) subsiste comme chaleur « libre ». L'autre partie devient « latente » et rend le gaz capable d'effectuer un travail mécanique **z**. Nous obtenons alors l'équation : $x = y + z$. Si maintenant nous considérons un muscle vivant et que nous appelons **x'** l'intensité du processus d'oxydation qui a lieu dans ses capillaires (ou bien l'intensité de la chaleur correspondante), **y'** la chaleur libre effectivement produite et enfin **z'** la force mécanique associée qui est produite, nous obtenons à nouveau : $x' = y' + z'$. (Mayer, 1845 : 98-99)[17]

Cette dernière formule – qui n'est en fait rien d'autre que la reformulation du principe énoncé au début de la première partie de cet extrait double – vient d'une analogie proposée par Mayer entre la contractilité des muscles et l'élasticité des gaz (vapeur d'eau, par exemple) : dans les deux cas, explique-t-il, un échauffement de la matière se transforme en travail mécanique externe. C'est cette formule qu'il applique pour comparer énergétiquement l'ouvrier et le cheval de trait, du point de vue de la capacité de travail, des pertes en émission de chaleur et de la consommation de carbone (tableau 1) :

---

[16] Nous traduisons (en nous appuyant sur la traduction française de L. Pérard *in* Mayer, 1872 : 45-46, et sur le texte anglais *in* Mayer, 1973 : 105).

[17] Nous traduisons (en nous appuyant sur la traduction française de L. Pérard *in* Mayer, 1872 : 99, et sur le texte anglais *in* Mayer, 1973 : 135-136).

(÷7) ↔ (x7)

		cheval de trait	ouvrier
par jour	Travail mécanique fourni (en une journée de 8h)	2 100 000 kgm	300 000 kgm
	Quantité de carbone contenu dans la ration alimentaire journalière	6,40 kg	563 g
	Quantité totale de carbone effectivement consommé par l'organisme	4,18 kg	540 g
	→ Part consommée au repos pour assurer les fonctions vitales	2,64 kg	255 g
	→ Part supplémentaire consommée pendant l'effort	1,54 kg	285 g
	→ dont part perdue en supplément de chaleur émise	(870 g)	(189,3 g)
	→ dont part utile : convertie en travail mécanique	670 g	95,7 g
par h.	Travail mécanique fourni (par heure)	260 000 kgm	(≈ 37 700 kgm)
	Consommation en carbone pour fournir ce travail (d'une heure)	83,5 g	12 g
par mn.	Travail mécanique fourni (par minute)	4400 kgm	(628 kgm)
	Consommation en carbone pour fournir ce travail (d'une minute)	1,46 g	200 mg

coefficient : la calorification de 1 g de carbone libère une énergie de 8 558 cal. fournissant un travail de 3 140 kgm

Tableau 1 – L'application de la thermodynamique au vivant par Mayer en 1845 (seuls les quatre chiffres entre parenthèses ne figurent pas explicitement dans le texte)

Ces chiffres[18] ne servent à Mayer qu'à établir le principe (« ein Prinzip feststellen ») de son équation « ***x'* = *y'* + *z'*** » : la quantité ***x'*** de carbone consommé par l'organisme libère une énergie suffisante pour produire *à la fois* les réactions chimiques constituant la vie (réactions dont il mesure le déchet sous forme de chaleur perdue ***y'***, au repos et pendant l'effort) et le travail utile ***z'***. Soit 4,18 = (2,64 + 0,870) + 0,670 pour le cheval, et 540 = (255 + 189,3) + 95,7 pour l'homme.

Que retient Hirn d'un tel raisonnement ? Certainement pas la valeur de ***x'*** puisqu'elle repose sur une simplification tout juste suffisante pour établir un principe : Mayer fait en effet comme si l'ouvrier se nourrissait de carbone pur. Or, n'étant pas physiologiste, Hirn va justement utiliser cette équation de Mayer pour contourner la mesure complexe que représente la nutrition. En effet, si la quantité ***x'*** se répartit entre ***y'*** et ***z'*** comme dans des vases communicants, et que ***z'*** est nul lorsque le sujet ne produit aucun travail mécanique, alors (dans ce cas particulier du repos) toute l'énergie libérée par ***x'***

[18] Dont certains sont des mesures : la part du carbone consommé dédiée au métabolisme basal chez l'être humain (ici : 255 g) est ainsi le résultat d'une analyse (par Liebig) de la ration journalière que reçoivent à l'époque les prisonniers de Giessen (Hesse). Puisqu'ils ne se dépensent pas physiquement, restent en vie et ne prennent pas de poids – raisonnent Liebig et Mayer –, c'est que cette alimentation correspond à l'énergie nécessaire pour assurer les fonctions vitales.

est convertie en réactions chimiques internes à l'organisme et – quels que soient les états intermédiaires par lesquels elle passera lors de ces processus chimiques – *in fine* cette énergie se dissipera forcément en chaleur ; elle se retrouvera donc exactement dans **y'**. Il suffit ainsi à Hirn de mesurer **y'** lorsque l'opérateur est au repos (c'est la première étape de son expérience) puis, l'opérateur ayant commencé son ascension, de mesurer **z'** et **y'** pendant l'effort (c'est la seconde étape de l'expérience). Selon Hirn, si $x' = y'_{repos}$ et $x' = y'_{effort} + z'$, alors $y'_{repos} = y'_{effort} + z'$. On le voit, tout son raisonnement repose sur l'idée que la moindre quantité d'énergie qui n'est pas transformée en travail est immédiatement consommée par l'organisme en réactions chimiques *exothermiques* : autrement dit, le corps a *certes* besoin d'énergie pour entretenir l'organisation (recomposer l'ordre viable de ce qu'on appelle encore « l'économie animale »), mais dans le paradigme Hirn *il faut* que cette énergie *finisse par sortir* du système, sous une forme ou une autre. Matière et énergie sont deux choses bien séparées dans leur esprit : la nutrition ne peut dès lors consister qu'à décomposer les aliments (en éléments pour recomposer les tissus) ou bien à les brûler (de façon à en tirer de l'énergie). Nulle part on ne trouve encore l'idée que c'est la liaison chimique qui emmagasine l'énergie parce qu'elle représente elle-même une forme d'énergie potentielle. Si Hirn envisage les stocks énergétiques, ce n'est que comme matière (combustible) : l'énergie requise pour constituer ces stocks (séparer, déplacer, assembler les molécules) doit se dissiper, et c'est bien pourquoi il s'attend à la mesurer.

On sent ici à quel point l'assimilation littérale du corps à une machine *oriente le regard* de l'expérimentateur. Car pour songer à mesurer sur l'être humain l'équivalent mécanique de la chaleur *alors même* que la mesure directe des apports nutritionnels y est inaccessible, il faut être convaincu que tout s'y passera comme dans une machine à vapeur. Or, c'est précisément le cas, explique Hirn, chez l'ouvrier :

> Entre l'homme de vie sédentaire et celui [habitué à la] gymnastique [...], il existe physiquement une différence telle qu'ils constituent presque deux êtres différents et d'autre nature. Une différence moins apparente peut-être mais plus profonde en réalité s'établit entre l'homme (même exercé) qui ne fait pas un usage continu de ses forces et celui qui – dans nos sociétés – a reçu le nom assez triste d'« homme de peine » : le portefaix, le chauffeur de grandes machines à vapeur, ou (dans un autre genre) le montagnard [...]. Chez l'homme de la première catégorie, l'alimentation peut, pendant les périodes de repos, déterminer une sorte d'approvisionnement de matériaux capables de donner de la chaleur quand

l'exercice commence. Cet homme perd alors nécessairement de son poids quand l'exercice se prolonge. [...] Il n'en est plus aucunement ainsi chez les hommes de la seconde catégorie. Chez ceux-là, sans doute, à chaque jour suffit sa peine, mais à chaque jour aussi suffit l'œuvre de réparation, lorsqu'une dure privation n'y met pas d'entraves. Chez ces hommes, il ne peut pas se faire d'accumulation de ce que M. Sanson (par une extension jusqu'ici inusitée en thermodynamique) appelle « *énergie* ». Les aliments, pris en quelque sorte au fur et à mesure des besoins du mécanisme, sont utilisés continuellement à la calorification et à la réparation de ce que le travail mécanique use et fait éliminer de l'organisme. Chez ces hommes, tout est *actuel*, il ne s'opère aucune perte de poids qui ne soit réparée au moment opportun : rien n'est tiré d'un magasin qui puisse s'épuiser à la longue. Il y a, en ce sens, non sans doute similitude mais ressemblance très nette avec nos moteurs, auxquels aussi nous sommes obligés de fournir constamment les matériaux nécessaires à leur fonctionnement normal. Mais là s'arrête la ressemblance : tandis que nos moteurs, si bien bâtis qu'ils soient, *s'usent* par le travail, chez l'homme dit de peine, lorsqu'il n'est pas soumis à des privations ou lorsqu'il ne s'use pas lui-même par des excès, le labeur journalier devient une source puissante de santé physique et morale. Si je m'étends sur de telles considérations, c'est simplement pour faire comprendre quels sont les sujets qui pourront être essayés à titre de moteurs ; ce n'est assurément pas parmi les hommes de cabinet que nous devrons chercher ceux qui, soumis aux expériences calorimétriques et dynamométriques dont j'ai parlé, pourront conduire à des résultats corrects (Hirn, 1887 : 780-781).

L'organisme du chauffeur de machines Woolf (les grandes machines à vapeur utilisées dans l'usine du Logelbach) est plus proche du modèle théorique que l'expérimentateur a en tête : il est en quelque sorte tout désigné pour servir de cobaye à une expérience qui « essaie » l'humain « à titre de moteur ». Est-il dès lors accidentel ou anodin que notre « homme-machine » se trouve ici être un ouvrier-machine ? On pourrait invoquer des raisons accessoires pour expliquer le choix des sujets : disponibilité de la main d'œuvre, autorité de l'employeur[19], informations et suivi à long terme, etc. Il

---

19 Hirn souligne à plusieurs reprises que les sujets sont volontaires et même actifs – « il faut en effet que le sujet [...] soit en quelque sorte expérimentateur lui-même » (Hirn, 1887 : 780) – mais il est aujourd'hui difficile de ne pas s'interroger sur le fait qu'une expérience dont la pénibilité certaine devait faire réfléchir d'éventuels volontaires trouve *in fine* ses sujets chez les employés de l'usine où elle a lieu. En 1879, Hirn commente d'ailleurs un autre épisode de la visite de Verdet : « L'épithète "ennuyeuse" que je viens d'employer [pour qualifier l'expérience de 1857] est trop faible [...]. Je ne puis mieux caractériser ce côté de l'expérience qu'en citant l'impression produite sur notre regretté Verdet par la vue et par la description de mes appareils : "*Votre expérience* – me dit-il, moitié souriant, moitié blâmant – *me rappelle involontairement une des scènes des* Misérables *de Victor*

y a cependant dans l'esprit de Hirn une raison propre car interne aux conditions de l'expérience qui surdétermine ainsi le profil de l'opérateur. Il faut en effet quelqu'un qui fasse « un usage continu de ses forces », et ce qualificatif (repris ensuite comme adverbe : « utilisé continuellement ») prend ici un sens technique tout à fait inédit : l'organisme ouvrier fonctionne à flux tendu, c'est-à-dire que la masse de combustible brûlé est simultanément compensée par un stockage exactement équivalent. Cette conception pourrait paraître gratuite, mais on a vu qu'elle est impliquée nécessairement dans le projet même de terminer par l'humain sa série d'expériences pour calculer l'équivalent mécanique de la chaleur.

Revenons pour finir à la figure 1 et demandons-nous à la lumière de ce qui précède pourquoi on a ici affaire à quelque chose comme un « ouvrier-machine ». On l'a dit, dans la première étape de l'expérience, la raison d'être de cette structure en bois (la roue *C* étant immobile) était de constituer une seconde peau (au sens de surface d'échanges thermiques du corps avec le milieu) de façon à ce que le rayonnement de chaleur soit normalisé pour être conforme aux conditions expérimentales (le ventilateur *m* assure une température homogène dans *B*, Hirn connaît la « loi de refroidissement » du bois et non celle de la peau, etc.). Dans la seconde étape de l'expérience, la guérite sert à ce que l'opérateur ne fasse plus qu'un avec son travail : c'est une machine inutile, puisque le travail est ici perdu – la roue étant mue par un moteur, le travail mécanique fourni par le sujet compense seulement mais exactement (on lui demande de rester à la même hauteur) le mouvement de la roue – mais c'est une machine dont le travail est bien localisé (dans les muscles des jambes du sujet) et mesuré précisément quoiqu'indirectement (c'est le poids du sujet multiplié par le chemin parcouru sur place par la roue). Ce qui rend ici l'ouvrier « machine » – mis à part le fait que, dans une situation expérimentale forcément artificielle, il travaille à compenser le mouvement d'une machine –, c'est le « programme de perception » de l'expérimentateur : l'ouvrier est vu comme un vivant sous perfusion énergétique, car, n'ayant aucun « magasin » (dit Hirn) à disposition, il ne jouit d'aucune autonomie d'énergie, en ce sens qu'il dépend étroitement des apports extérieurs – et Hirn dit bien que, comme à une machine, on est « obligé de lui fournir

Hugo !", et je devinai qu'il ajoutait mentalement : *"Avez-vous le droit de supplicier ainsi vos semblables et vous-mêmes, fût-ce au nom de la Science ?"*. » (Hirn, 1879 : 12).

constamment »[20] le combustible. Or, du point de vue physiologique, c'est là une simplification grave. Au même moment, Claude Bernard développe en effet le concept de « milieu intérieur » (qui donnera, soixante-dix ans plus tard, celui d'« homéostasie ») pour décrire « l'effet tampon » qui permet à l'organisme d'amortir et de lisser les variations brusques de l'environnement et ainsi s'aménager une marge d'indépendance relative vis-à-vis des conditions où il est plongé. De même, donc, que *matériellement* l'opérateur voit en quelque sorte ses poumons externalisés et, respirant en circuit fermé, n'a de contact (autre que visuel) avec un extérieur réduit à deux gazomètres qu'à travers deux orifices, de même – *conceptuellement* – il est « vu comme » un système traversé par un flux d'énergie, le lieu de réactions chimiques qui sont directement fonction des conditions objectives. Manipulé (du fait d'un protocole expérimental par définition artificiel) à la façon d'un végétal hors sol, le corps humain est conçu (du fait du paradigme thermodynamique) à la façon d'un contenu dans un contenant : il est en situation de dépendance immédiate et absolue par rapport à l'extérieur.

Jules Amar et « le rendement de la machine humaine » (Amar, 1909)

Plaçons-nous maintenant sans transition à l'autre borne de notre chronologie pour mesurer le changement de tonalité.

Nous sommes au laboratoire de physique biologique de la Faculté de Médecine de Paris, où Jules Amar (1879-1935) est préparateur depuis 1905 ; c'est la fin de l'année 1912, quelques mois avant qu'Amar ne soit nommé directeur du premier laboratoire de physiologie du travail – créé fin 1913 au Conservatoire national des arts et métiers. Le cliché est pris pendant les huit mois que durent les « recherches mécaniques et physiologiques sur le travail du limeur », une série d'une soixantaine d'expériences menées sur deux sujets (à titre de comparaison) : « A.C., ouvrier mécanicien, 38 ans, poids 74 kg, taille 1 m 72, robuste et bien proportionné, ayant vingt ans d'expérience » et (représenté fig. 2) « X.P., apprenti mécanicien, 16 ans, poids 55 kg, taille 1 m 65, très vif d'allure sans être fort, en apprentissage depuis deux ans » (Amar, 1913 : 68).

---

[20] Sur le plan social, la famille Hirn appartient aux dynasties industrielles qui pratiquent un paternalisme précurseur quoique non dénué d'ambiguïtés (cf. Schwartz, 2001).

Figure 2 – « Travail à la lime d'un apprenti »

Par sessions de 3 minutes 30, le sujet doit limer un tuyau de laiton en tenant la posture (libre ou imposée selon les expériences). Invitant donc un ouvrier à reproduire au laboratoire un travail en tout point identique à celui qu'il accomplit à l'usine, Amar va mesurer tous les paramètres qu'il juge pertinents pour donner une représentation objective de ce travail :

– les *forces* appliquées par l'ouvrier sont mesurées par une « lime ergographique »[21] divisant la poussée en trois composantes : la pression verticale des deux mains pour « faire mordre » la lime sur le métal, l'effort de poussée qu'exerce la main droite sur le manche et celui de traction qu'exerce la main gauche sur le bord antérieur de l'outil ;

- à titre d'indice de la *fatigue*, le rythme et l'amplitude des respirations sont captés par un tambour de Marey relié à une ceinture thoracique souple puis retranscrits sous forme graphique ;
- la *dépense énergétique* est évaluée de façon précise par l'analyse des produits de la respiration : une soupape à double valve (placée dans la bouche du sujet et maintenue à l'aide d'un arc métallique entourant le front) laisse entrer, à l'inspiration, l'air venant d'un tuyau donnant sur l'extérieur, puis laisse sortir, à l'expiration, l'air dans un tuyau relié à un respiromètre où il sera analysé ; le quotient respiratoire (rapport du CO_2 sur l'O_2 expirés) indiquera en effet le taux de combustions intraorganiques ;
- pour modéliser la *posture* (« attitude de l'ouvrier »), la position des pieds, l'angle des bras, la courbure du dos et la distance au plan de travail sont mesurés par l'expérimentateur ;
- le nombre, la vitesse, la régularité (continuité, amplitude) des allers-retours sont retranscrits pour modéliser le *geste* ; un métronome (à droite du cliché) donne la cadence selon les expériences ;
- enfin le poids de limaille – noté – représente le résultat, c'est-à-dire la « quantité d'ouvrage » produit pendant les quelques minutes que dure l'expérience.

---

21 Dans le sillage d'Étienne-Jules Marey, le physiologiste turinois Angelo Mosso (1846-1910) développe vers 1890 une technique (qu'il baptise « ergographie ») permettant de transcrire directement (sur un cylindre noirci) les mouvements d'un doigt ou d'un membre en reliant celui-ci à un stylet mobile. Au tournant du siècle, Armand Imbert (1850-1922) créé à partir de ce modèle un certain nombre « d'outils inscripteurs », ou « ergographiques » : un cabrouet (diable), une pelle ou un sécateur sont ainsi équipés de « tambours de Marey » (poires dont l'air, à la moindre pression, est chassé jusque dans un tuyau pour agiter le stylet le long du cylindre) de façon à ce que chaque contrainte ou choc qu'ils reçoivent soit immédiatement représenté sur le graphique (appelé « ergogramme »). La lime ergographique développée par Amar est ainsi une autre adaptation d'un outil de travail à des fins d'exploration expérimentale.

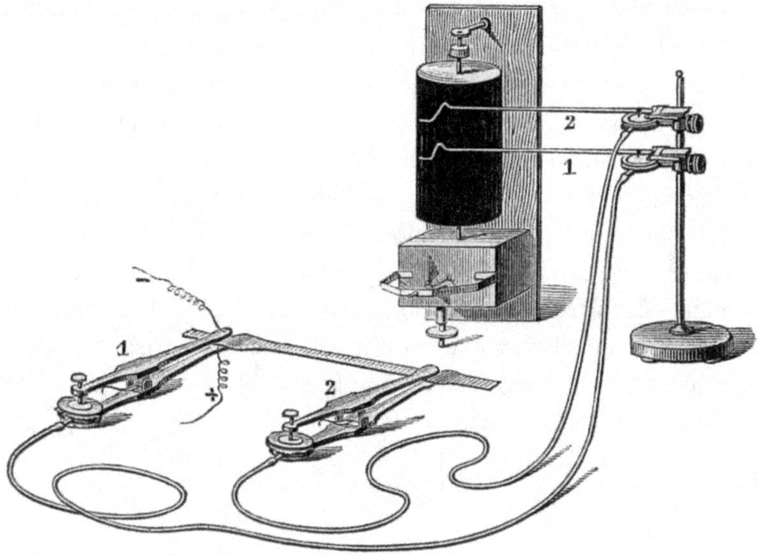

Figure 3 – Un exemple de système « myographique » inventé par Marey. Un faisceau de fibres d'un muscle disséqué est tendu entre deux pinces reliées à des tambours remplis d'air. Quand le faisceau musculaire se contracte sous l'effet d'un courant électrique (passant à travers le fil métallique ici représenté par les bornes – et +), son mouvement est communiqué (par l'air comprimé) aux stylets qui vont donc en tracer l'onde représentative sur le cylindre noirci en rotation.

On le voit, bien des choses ont changé depuis les expérimentations de Hirn, alors même que, au niveau *scientifique*, le principe de l'expérience reste identique : mesurer *simultanément* l'énergie dépensée et le travail mécanique produit par un sujet, de façon à mettre ces deux grandeurs en équation. Les changements les plus évidents concernent le matériel : le sujet n'est plus enfermé[22] ; bien qu'on l'ait installé dans un coin de laboratoire, cet ouvrier est réputé travailler exactement comme à l'usine[23] car, manipulant un

[22] La technique dite de « calorimétrie directe » (utilisée par Lavoisier et Hirn) qui consistait à évaluer la consommation d'énergie à partir d'un relevé direct de la chaleur émise (censée manifester immédiatement la quantité d'énergie en jeu) a été remplacée par une technique de « calorimétrie indirecte » consistant à analyser les gaz expirés de façon à calculer la part d'oxygène utilisé comme comburant par le métabolisme – ce qui donne (à travers cette fois l'équation de la réaction chimique, nécessaire pour la quantifier) une image indirecte, donc, des combustions intra-organiques.

[23] Et de fait, pour donner une idée du bénéfice qu'il y aurait à appliquer ses recherches, Amar va transposer ses résultats à des situations réelles qu'il est allé observer : « L'expérience et l'observation de quelques grandes usines de Paris nous ont appris

outil fonctionnel, il fournit un travail utile – il lime effectivement une pièce de métal – mesuré au déchet produit (le poids de limaille) ; enfin un curieux appareil (placé au premier plan à gauche) enregistre non seulement les mouvements du corps de l'ouvrier, c'est-à-dire non seulement le mouvement de ses membres mais aussi ceux de son thorax.

Ce curieux appareil est donc une adaptation du dispositif inventé par Marey (fig. 3) avec cinq stylets fonctionnant en parallèle de façon à tracer l'« ergogramme » représenté à la figure 6. Le travail de l'ouvrier a en effet d'abord été modélisé par Amar comme un aller-retour périodique où il entre quatre composantes (une horizontale et une verticale, pour chaque main) ; la cinquième ligne corrèle ce tracé du geste professionnel avec la représentation graphique du mouvement respiratoire (mesuré grâce au « pneumographe »

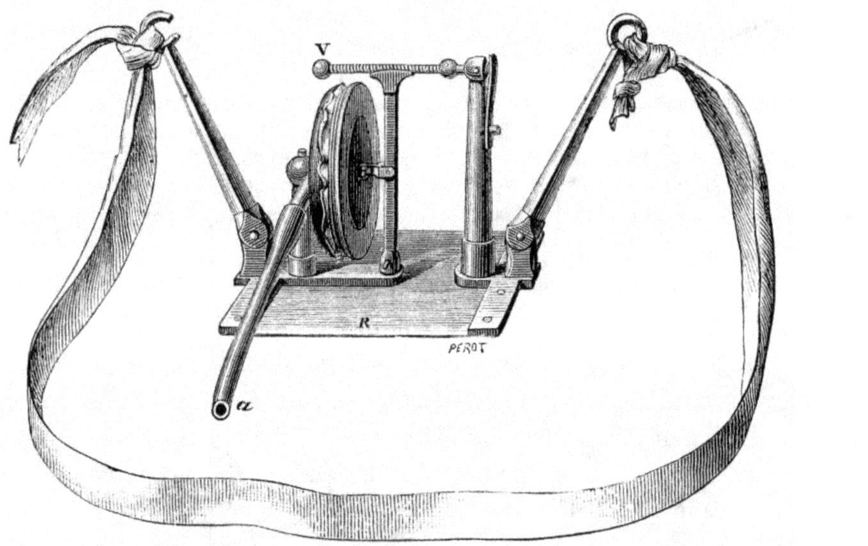

Figure 4 – Le « pneumographe » de Marey. Cette ceinture thoracique transmet les mouvements de la poitrine à un stylet inscripteur (Marey, 1885 : 203).

---

que l'homme peut fournir 8 heures et demie de travail à la lime, soit (8,50 x 5) / 6 = 7 heures de travail effectif et 1 h 30 de repos intermédiaires. À raison de 8 800 kgm par heure [*le rendement qu'il a trouvé expérimentalement*], c'est un travail journalier de 8 800 x 7 = 61 600 kgm avec production de 82 x 7 = 574 g de limaille, et une dépense énergétique de 61 600 x 0,033 = 1 417 calories environ. » (Amar, 1913 : 84).

représenté fig. 4) car il constitue un signe de l'essoufflement ou bien au contraire de la régularité typique – pour Amar – d'un travail accompli sans fatigue[24]. Si la dernière ligne est donc le résultat d'une méthode directement empruntée à Marey, les premières sont dues à la mise au point de la « lime dynamométrique » (représentée fig. 5) dont se flatte Amar.

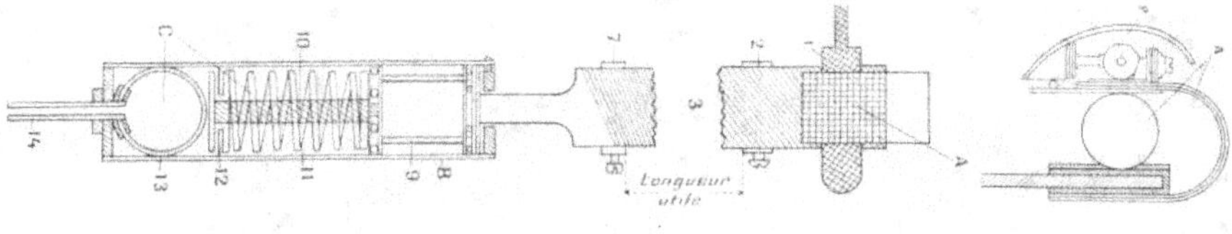

Figure 5 – La « lime dynamographique » (ou « ergographique ») de Jules Amar. À l'intérieur du manche puis de part et d'autre du bord antérieur de la lime sont placés trois ressorts qui chacun transmettent la pression reçue à un tambour de Marey relié aux stylets inscripteurs. Un dernier ressort est placé dans l'étau (Amar, 1913 : 66).

De la même façon que Marey étudiait la marche humaine à partir du tracé des pressions de chaque pied – à l'aide de son célèbre « odographe » – avant de l'étudier par la chronophotographie, Amar étudie un mouvement : le *geste professionnel* caractéristique du limeur. *Associé* au tracé de la respiration – et Marey faisait déjà remarquer que la vraie révolution qu'apportent ses innovations techniques tient aux corrélations qu'ils permettent d'établir lorsque deux tracés sont visiblement covariants –, cette transcription graphique du geste professionnel n'est plus simplement descriptive : elle devient *normative*. C'est ce que montre bien la comparaison que le mémoire d'Amar introduit entre les deux « ergogrammes » de A.C. (ouvrier expérimenté) et X.P. (apprenti limeur) :

---

24 « La marche optimum, à 70 coups de lime [par minute], nécessite des repos d'une minute après 5 minutes de travail. En général les rapports des durées de repos et d'activité est de 1 à 5. Alors on s'assure qu'après une heure de travail l'homme est dans un état normal très voisin de celui du repos ; [...]. Aucune perturbation d'ailleurs dans les fonctions physiologiques de l'organisme. » (Amar, 1913 : 83). Un tel mythe du travail sans fatigue a été analysé par Anson Rabinbach comme une survivance – *dans l'ordre biologique* – du mythe du mouvement perpétuel dont l'impossibilité venait justement d'être prouvée dans l'ordre physique (Rabinbach, 1990 : 58).

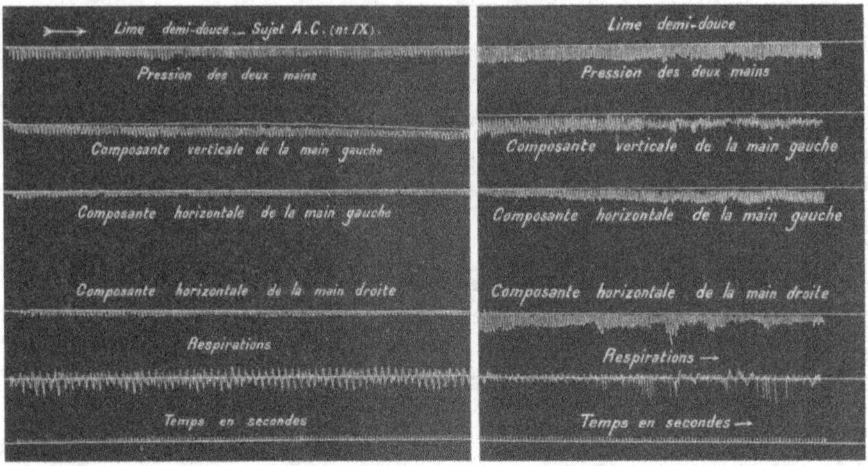

Figure 6 – Deux ergogrammes (à gauche, A.C., et à droite, X.P.) comparés par Amar (Amar, 1913 : 74 et 85 respectivement).

Le tracé ergographique a ici fonction de diagnostic : poussant et appuyant très fort au début, l'apprenti s'épuise vite, si bien que les pressions vont s'amenuisant tandis que l'essoufflement va au contraire croissant. L'irrégularité du tracé est pour Amar d'avantage cause que conséquence. Surtout, il compare l'amplitude des ondes et fait remarquer que l'apprenti met généralement trop de force, là où l'ouvrier expérimenté arrive à un résultat plus grand par des gestes plus économiques. Mais une telle vertu didactique ne saurait évidemment être la seule (ni même la principale) fonction de l'étude entreprise par Amar. En réalité, l'apport original d'Amar consiste à croiser la révolution graphique de Marey avec la tradition issue des expériences de Hirn. C'est que la calorimétrie – troisième paramètre dans notre liste – va permettre de corréler les ergogrammes avec un critère normatif supérieur (pour ne pas dire « absolu ») : le *rendement énergétique normal* d'un être humain au travail.

Si, chez Hirn, il importe au plus haut point que le travail fourni soit *standardisé* – car ce dont il s'agissait, c'était de le quantifier pour vérifier une égalité –, chez Amar, il importe au contraire que le travail mécanique quantifiable (mesuré en kilogrammètres) corresponde le plus exactement possible à la tâche *spécifique* d'un corps de métier bien déterminé. Pour Hirn, l'homme-machine de son expérience était un ouvrier parce que la physiologie ouvrière est (dans son modèle) plus *simple* que la physiologie de l'homme qui vit une existence variée (où les repos lui permettent de constituer des réserves énergétiques). L'ouvrier-machine est donc un *cas* qui révèle de façon particulièrement crue quelque chose d'*universel* dans tout organisme vivant : le fait que leur fonctionnement obéit aux lois de la thermodynamique. Chez Amar, le projet est tout autre : il est à cette époque si évident qu'une calorie vaut 425 kilogrammètres[25] que ce dont il s'agit désormais, c'est de trouver *à quel effet chaque calorie est consacrée* et de vérifier *si cet effet est bien utile.* La double méthode *a)* de l'énergétique (empruntée à Mayer et Hirn) puis *b)* de l'ergographie (empruntée à Marey et Mosso) sert à répondre à cette double question. De « moteur-homme » qu'il était chez Hirn, l'ouvrier-machine est désormais « machine-outil »[26] puisqu'on peut étudier simultanément sa *partie motrice* (l'énergétique) grâce à la calorimétrie, ses *mécanismes de transmission* (par la physiologie de la contraction musculaire) et sa *partie effectrice* (l'optimisation du geste professionnel) grâce à l'ergographie[27].

Pour comprendre une telle différence dans le *cahier des charges* du paradigme de « l'homme machine » – pour comprendre (en d'autres termes) comment une même analogie va *évoluer* sur cette période 1857-1913 du statut d'*évidence théorique* s'imposant à tout esprit scientifique à celui d'une *innovation pratique* présentée comme originale dans son principe et (on va le voir) révolutionnaire dans ses effets – il faut recontextualiser le propos de Jules Amar. Car, comme le décrit bien Marcel Turbiaux (Turbiaux, 2008)[28], l'émergence de telles recherches sur le « travail professionnel » résulte de la rencontre complexe entre une demande institutionnelle – qui se fait jour dès 1903[29] – et quelques

---

25 « *E* est l'équivalent mécanique de la calorie, soit 425 kilogrammètres environ » indique laconiquement une note du premier chapitre de la thèse d'Amar (Amar, 1909 : 9).

26 Selon l'expression marxienne (Marx, 1993 : 418, section IV, chap. 15 « Machinisme et grande industrie »).

27 « Toute machinerie développée se compose de trois parties essentiellement différentes : la machine motrice, le mécanisme de transmission et enfin la machine-outil (ou machine de travail) » (Marx, 1993 : 418).

28 Sur le programme de recherche des « sciences du travail », les analyses d'épistémologie historique critique les plus abouties sont celles menées par Yves Schwartz (notamment dans Schwartz, 1988 [réédité en 2012]) et par François Vatin (notamment dans Vatin, 1999).

29 En 1903, la section « Hygiène industrielle et professionnelle » du 13e Congrès international d'hygiène et de démographie met ainsi à son ordre du jour la question suivante : « Dans quelle mesure peut-on, par des méthodes physiologiques, étudier la fatigue, ses modalités et ses degrés dans les diverses professions ? Quels sont les arguments que les sciences

initiatives individuelles (Armand Imbert, dans le laboratoire de physique biologique de la Faculté de médecine de Montpellier, par exemple). Amar[30], quant à lui, est envoyé en 1906 (soit deux ans après avoir terminé sa double licence de sciences physiques et sciences biologiques) par le récent ministère du Travail en mission de recherche dans les colonies d'Afrique du Nord pour y étudier « les actions physiologiques du soleil sur l'organisme humain » (Amar, 1919 : 4). Or, il va profiter de ce séjour de recherche pour mener (à la prison de Biskra, petite ville du Nord de l'Algérie) l'essentiel des expérimentations qui constitueront sa thèse de sciences – *Le Rendement de la machine humaine* –, soutenue fin 1909. Si donc le laboratoire où il est préparateur s'occupe bien à l'époque d'énergétique humaine[31], changer d'objet de recherche – du « travail musculaire » vers le « travail professionnel » – semble avoir été une initiative personnelle pour Amar, initiative dont la commande ministérielle aurait été l'occasion.

Dans ce contexte – et avant l'ouverture d'un ambitieux programme de recherches au CNAM, toutefois interrompu par la Première Guerre mondiale –, le mémoire de 1913 a essentiellement un but de démonstration : il s'agit de convaincre le lecteur de ce que « les fondements scientifiques du travail professionnel sont aussi ceux du meilleur rendement industriel » (Amar, 1913 : 62). Le mémoire s'ouvre ainsi sur le raisonnement suivant : calculer le rendement maximal d'une machine ordinaire est peut-être chose aisée (il suffit – rappelle l'auteur – de trouver les conditions pour lesquelles le produit de la force, de la vitesse et de la durée du travail mécanique atteigne son maximum), mais dès qu'il s'agit de « la machine vivante », le calcul devient incommensurablement plus complexe – *du fait de son fonctionnement discontinu* dû à l'éternel retour de la fatigue. Si l'on prend en compte ce paramètre nouveau, la question devient alors : « à quelle limite de fatigue le travail peut-il être poussé ? » (Amar, 1913 : 62) – une question (précise l'auteur) que se sont

---

physiologiques et médicales peuvent ou pourraient faire valoir en faveur de tel ou tel mode d'organisation du travail ? » (Congrès international d'hygiène et de démographie, 1903 : 57, t. V, 1re division, section IV, « troisième question »).

30 Sur tous les éléments biographiques, nous paraphrasons : Monod H. & Monod J., 1979.

31 Georges Weiss, son directeur, publie ainsi *Physiologie générale du travail musculaire et la chaleur animale* en 1909 (Weiss, 1909).

posé « de tous temps les ingénieurs » mais à laquelle ils n'ont pu répondre qu'en utilisant des « *ouvriers-étalons* à qui tous les autres étaient comparés » (Amar, 1913 : 62)[32]. Or, *à cette technique toute empirique,* « l'étude scientifique du travail professionnel » peut désormais substituer une méthode rigoureuse pour, dit encore l'auteur, « augmenter la production (c'est-à-dire la quantité d'ouvrage) à fatigue égale » (Amar, 1913 : 6). Autrement dit, la démarche proposée par Amar n'est pas médicale : il ne s'agit *ni* de départager la fatigue « normale » de l'anormale *ni* de décrire les effets nocifs apparaissant à partir d'une certaine charge de travail ; surtout, Amar ne propose pas de traiter la fatigue comme une variable dans un calcul d'optimisation (un paramètre à faire jouer) mais, bien au contraire, *il la fixe comme un donné.* L'objectif du mémoire est dès lors de montrer – sur un cas simple (entendre : à partir du cas d'un travail simple) – que *connaître scientifiquement le rendement énergétique spécifique à la machine humaine* (un autre donné) permet de faire varier tous les autres paramètres du travail (organisation de la production, aménagement du poste, sélection de la main d'œuvre et normalisation de son comportement, etc.) pour que l'*input* énergétique *inchangé* donne un *output* mécanique *augmenté.*

On le voit, la logique du modèle « homme-machine » est ici très différente de ce qu'elle était chez Hirn ou chez Mayer. L'approche de ces derniers étant « fondamentale », leurs raisonnements se contentaient en effet d'une modélisation *en première approximation* : focalisés sur le point commun entre organisme et machine à vapeur (le principe de conservation de l'énergie), ils n'envisageaient la fatigue de l'opérateur que comme une nuisance interférant avec l'exactitude expérimentale – *loin de la faire entrer dans leur modèle* du fonctionnement humain. Le corps y était traité comme une boîte noire : on en mesurait les entrées et les sorties, sans entrer dans la considération des mécanismes par lesquels l'énergie se transforme à l'intérieur. On ne mesurait le travail (d'ailleurs abstrait ou inutile) fourni par le sujet qu'afin de s'assurer que le bilan global (quelles que soient les répartitions intermédiaires) vérifie bien une loi de conservation. Or, avec Amar, le modèle de l'homme-machine devient en quelque sorte dynamique en devenant pratique : la

[32] L'auteur souligne.

conservation de l'énergie étant acquise, l'équivalent mécanique de la chaleur étant connu, ce dont il s'agit désormais, c'est bien de comparer entre eux *différents modes de fonctionnement* (ou régimes) de la machine humaine, du point de vue de leurs rendements à fatigue égale. Désormais, ce qui se conserve – sur le plan pratique –, c'est la fatigue parce que *c'est un certain degré de fatigue* que vend l'ouvrier en signant un contrat de travail. Si elle est convenablement mesurée, la fatigue devient donc l'étalon objectif de « l'honnête journée de travail » qui, sans cela, reste une unité relative[33]. Connaissant donc le rendement moyen d'un opérateur à ce poste, l'employeur éclairé par cette « physiologie professionnelle » serait en mesure de savoir à quelle dépense énergétique exacte correspond le résultat produit.

Le mémoire d'Amar s'en tient à une démonstration de principe – et du reste la totalité de ses recherches resteront à l'état d'ébauche, car des campagnes de diffamation liées à une rivalité de poste l'amènent à renoncer à une carrière universitaire (Monod H. & Monod J., 1979 : 233-235) dès le début des années 1920 – mais le propos y est suffisamment clair pour que l'on voie en quoi le « programme de perception » gouvernant l'expérimentation de la figure 2 constitue un « ouvrier-machine ». En effet, après une sommaire « analyse du travail du limeur » et l'explication de la « technique expérimentale », le plan du mémoire articule trois moments logiques : un exposé des performances maximales obtenues au terme des huit mois d'expériences ; une liste des « paramètres » qui « influencent » la performance de l'ouvrier (c'est-à-dire des « variables » sur lesquelles il faut jouer pour augmenter la performance) ; enfin, un exemple d'application pratique avec le cas de X.P., apprenti « entraîné » à correspondre au « mode de travail économique du limeur ». C'est le détail de la première partie qui nous intéresse ici : pour calculer la performance d'un ouvrier quelconque (et pouvoir ainsi en mesurer l'augmentation obtenue en jouant sur les différentes variables), Amar propose de *calculer son rendement* – opération mieux explicitée dans sa thèse :

---

[33] Une relativité que soulignait déjà Taylor : *When a labor union, under the cloak of the expression* "a fair day's work," *refuses to allow a first-class man to do any more work than a slow or inferior workman can do, its action is quite as absurd as limiting the work of a fine dray horse to that of a donkey would be.* (Frederick W. Taylor, « Shop management » (1903), *in* Taylor, 1964 : 190).

> Le rapport du travail mécanique produit à la consommation de chaleur qu'il exige définit le rendement [net] ρ. [...] Le *rendement industriel* [ρ'] est le rapport du travail utile à la dépense *totale* d'énergie. Tous les déchets s'y confondent, réserve faite des charges d'exploitation.

La machine humaine consomme au repos comme au travail. Elle est le siège d'une incessante destruction d'énergie chimique où le travail – on ne sait de quelle façon – prend sa source. Ainsi, à la dépense *D'* nécessitée par le repos s'ajoutera un supplément convenable pour que la nouvelle dépense *D* suffise au travail *T*. Rigoureusement parlant, c'est le supplément de dépense (soit *D* – *D'*) qui correspondra au travail, le rendement réel sera donc :

> Eu égard à la consommation statique, l'industriel s'occupe exclusivement du rapport : $\rho' = \frac{T}{D}$. (Amar, 1909 : 10-12).

C'est donc cette dernière formule qu'Amar va utiliser dans ses recherches sur le limeur. Mesurant – par la calorimétrie indirecte – le métabolisme basal *D'* (la dépense énergétique au repos), il mesure ensuite la dépense totale en activité *D*. La différence entre ces deux grandeurs constitue la « dépense dynamique nette » qui, rapportée au nombre de kilogrammètres fournis, donne le rendement net ρ qu'il exprime par heure ou par calorie. Mais, comme indiqué dans l'extrait, cette unité n'ayant pas d'application économique directe, c'est le rapport ρ' (« rendement industriel » de l'ouvrier) qu'il va chercher, rapport donc du travail mécanique fourni (exprimé en kilogrammètre) sur la dépense totale (métabolisme basal + dépense dynamique nette). Mais Amar va plus loin : passant à la méthode ergographique, il parvient à calculer ce qu'il appelle le « coefficient d'utilité » de chaque geste de l'ouvrier, c'est-à-dire le rapport entre le travail utile et le travail mécanique total. Seule cette précision de la quantité *T* importe en effet à l'industriel, puisque le « rendement » qui l'intéresse sera le rapport entre la quantité de travail *utile* et la dépense énergétique attendue (fixée, « idéalement », par le contrat de travail, donc). Ce nouveau rapport permet ainsi à Jules Amar de calculer quelle est la performance maximale d'un ouvrier en déterminant le « coût du gramme de limaille » *en calorie*. « Ainsi [chez X.P.] le prix du gramme de limaille et celui du kilogrammètre sont-ils respectivement de 4,90 cal et

0,035 cal en moyenne au lieu de 2,50 cal et 0,025 cal [dans le maximum trouvé] » (Amar, 1909 : 85-86).

Nulle part dans le mémoire l'auteur ne précise à quoi exactement peut servir la mesure du « prix » énergétique du gramme de limaille. Est-ce un moyen possible pour indexer le salaire ? Ce qui paraît par contre sûr, c'est que la mesure de *D* sert à mesurer la fatigue *attendue* parce que fournit d'habitude ou par les autres ouvriers. L'objectif visé par Amar était de maximiser la production « à fatigue égale » : la quantification exacte de la dépense énergétique au cours du travail donne un sens concret et directement utilisable à ce principe. L'employeur peut savoir *combien* exactement l'ouvrier se fatigue et disposer ainsi d'un étalon de mesure de la force de travail que le salarié lui fournit au prix convenu.

Le mémoire de 1913 s'arrête là, mais les mots sur lesquels se termine le dernier chapitre de la thèse d'Amar, ainsi que les premiers mots de la conclusion (qui les suivent immédiatement, donc) suggèrent que les applications pratiques peuvent aller beaucoup plus loin. En effet, là où Hirn (qui n'était pas physiologiste) ne pouvait déterminer le « *x* » de la quantité d'énergie entrant dans le système, Amar connaît par contre très précisément le régime alimentaire des sujets sur lesquels il expérimente, si bien que l'analyse chimique de cette ration lui permet de calculer la quantité d'énergie *disponible* dans l'organisme :

> L'intérêt du bon entretien de la machine est de savoir que les [composés] ternaires[34] forment le combustible préféré du *travail*, et que les [composés] quaternaires[35] sont des aliments de *force*. L'économie du fonctionnement conseille de s'adresser aux premiers. C'est ainsi que, dans le tableau 8, la valeur du quotient respiratoire (en moyenne de 0,88) trahit cette préférence de l'organisme. D'autre part, le tableau 7 accuse une dépense de 4 000 calories environ pour le travail le plus intense de la journée ouvrière. En réalité, la majeure partie de nos travailleurs consomment 3 500 calories et rarement davantage. Quoi qu'il en soit, dans les régions où la main-d'œuvre est nourrie par l'employeur, il est possible d'adopter un régime de nourriture conforme à nos conclusions, et de traduire en argent la dépense alimentaire. On saurait ainsi, exactement, le coût du travail ; on comparerait, industriellement parlant, la machine humaine à une véritable machine usuelle, pour laquelle on établirait un barème spécial.

---

[34] Les « sucres et graisses » (glucides et lipides) dont il a été question au paragraphe précédent.

[35] Les « albuminoïdes », c'est-à-dire les protéines.

> À notre connaissance, certains directeurs-colons, en Algérie, s'étaient déjà posé le problème, et – dans la crainte de n'y pas réussir – n'ont pas essayé de le résoudre. On voit l'inanité de telles appréhensions. (Amar, 1909 : 82)

> La machine humaine se présente donc avec un rendement moyen de 32,5 %. Dans la pratique industrielle (où l'on tient compte de la consommation au repos), cette valeur est seulement de 4,5 %. Mais tous frais d'exploitation compris, les moteurs thermiques rendent sensiblement moins. Et si l'on songe aux travaux où l'homme est nécessaire, où ses forces sont les plus utiles, on voit qu'elles ne sont pas excessivement onéreuses. Et égard, surtout, au problème social que le travail de l'homme pose sous une forme aiguë, pareille conséquence mérite toute l'attention. La nature des aliments qui conviennent à l'emploi du moteur humain, le prix relativement bas des substances grasses et sucrées, sont des questions que n'étudient pas assez ceux qui font travailler des milliers d'hommes dans leurs terres, les colons qui emploient la main-d'œuvre indigène, les officiers qui commandent « l'ordinaire » des troupes, tous ceux qui poursuivent la mise en valeur du travail humain. Ils disposent d'une énergie dont ils ne régularisent méthodiquement ni l'entretien, ni la dépense ; ils la supposent indéfectible.

> Une fois choisie cette alimentation de travail, il faut y faire intervenir l'action si économique des boissons (café, thé, etc.), des condiments généralement préconisés par l'habitude, car ils constituent des aliments d'*épargne* : en restreignant la dépense énergétique, ils favorisent le rendement. (Amar, 1909 : 83)

À notre connaissance, Amar a toujours pris la mesure de la dépense énergétique comme une façon de fixer le *donné* de la fatigue : il n'a jamais traité celle-ci comme une variable sur laquelle on pouvait jouer. Mais – scientifiquement et techniquement parlant – connaître *à la fois* le « rendement énergétique de la machine humaine » *et* la quantité d'énergie fournie à l'ouvrier à travers son rationnement donne à l'employeur aidé du scientifique les moyens de déterminer lui-même la fatigue qui serait « normale » ou exigée en droit, puisqu'il saurait très précisément quelle est la *capacité de travail* actuellement présente dans l'organisme humain. Une telle application relève évidemment de la science-fiction rétrospective, et il serait absurde de faire un procès d'intention à Amar – c'est plutôt à la façon du philanthrope narrateur de la *Modeste proposition* (Swift, 1729) qu'on la propose ici : pour partager un malaise. En effet, dans l'évolution entre Hirn et Amar, un glissement s'opère lorsqu'on passe de l'évidence d'un principe scientifique à l'apparent bon sens d'une pratique censée départager équitablement les conflits du travail[36]. Ni continuité ni rupture : ce *glissement* nous paraît devoir être reconnu pour ce qu'il est, car (nous semble-t-il) on ne comprend pas pourquoi Amar ne voit aucun problème à la solution qu'il propose tant que l'on ne replace pas son « programme de perception » dans la continuité qu'il est persuadé d'entretenir avec la tradition issue de Mayer et Hirn.

Conclusion : de part et d'autre de Taylor

Chacun à une borne de notre périodisation, Gustave-Adolphe Hirn et Jules Amar développent deux visions de l'ouvrier-machine incomparables en de nombreux points. Hirn est un métaphysicien défenseur du libre arbitre, protestant antimatérialiste (promoteur d'une forme de spiritualisme ami de la science) et il pratique dans son entreprise un paternalisme que l'on pourrait dire « scientiste ». Jules Amar se définit avant tout comme un expérimentateur, prétend simultanément ne pas faire de politique et « proposer des solutions efficaces pour lutter contre les intoxications sociales » (Amar, 1919 : 10). Hirn n'a jamais évoqué des applications à ses recherches de « thermodynamique humaine » ; dès 1905 – c'est-à-dire dès l'origine de sa spécialisation dans la physiologie du travail –, Amar émet des recommandations sur la marche des fantassins de l'armée française.

Malgré toutes ces différences, voire ces points d'oppositions, ces deux auteurs ont pour trait commun d'avoir explicité l'analogie entre l'humain et la machine, au-delà donc de l'usage usuel que l'on peut faire de la métaphore « homme-machine ». En cela ils nous semblent intéressants à mettre en regard par rapport au taylorisme et aux écrits de Taylor en particulier, car – si l'on a souvent reproché à l'organisation scientifique du travail de réduire l'homme à une machine – à notre connaissance, le rapprochement ne se trouve jamais sous la plume de Taylor. Ce n'est donc pas le moindre des paradoxes que de lire le jugement suivant émis d'un commun accord par deux promoteurs de Taylor :

---

[36] « C'est méconnaître les lois véritables et profondes de l'organisation sociale que de ne pas mettre chaque homme à la place qui lui convient pour qu'il y donne sa pleine mesure. L'heure est venue d'une conception, scientifique et humaine à la fois, de cette organisation, source de bien-être et de concorde. » (Amar, 1917 : 361).

De nombreux travaux, articles, analyses, ont été publiés sur le Système Amar, pour le comparer – parfois l'opposer à tort – au Système Taylor (voir : *Revue de métallurgie, Génie civil, Technique moderne, Revue scientifique, Scientific American, American Engineer, la Revue économique, l'Actualité scientifique*, etc. de 1913 à aujourd'hui). La grande presse a recueilli les échos des discussions dont le Système français a été l'objet dans les milieux de patrons ou d'ouvriers. En général, on a bien reconnu ses deux avantages essentiels : 1° évaluation rigoureuse et objective du rendement professionnel ; 2° organisation scientifique du travail pour un rendement maximum sans risquer le surmenage. Des graphiques enseignent le moyen de déceler la limite extrême de la fatigue normale.

Il suit de là que – d'après le mot même de Gilbreth, collaborateur et successeur de Taylor – la Méthode Amar a « humanisé » le Système américain, qu'elle ne connaissait pas mais qu'elle ne répudie nullement. (Amar, 1919 : 9-11)

Références bibliographiques

AMAR Jules, 1909. *Le Rendement de la machine humaine*, Paris, J.-B. Baillière.

—, 1913. « Recherches mécaniques et physiologiques sur le travail du limeur », *Journal de physiologie et de pathologie générale*, 15 (1), p. 62-88.

—, 1917. *Organisation physiologique du travail*, Paris, H. Dunod et E. Pinat.

—, 1919. *Titres et travaux scientifiques*, [s.l.], [s.n.].

BOURDIEU Pierre, 1981. « Décrire et prescrire. Note sur les conditions de possibilité et les limites de l'efficacité politique », *Actes de la recherche en sciences sociales*, 38 (1), p. 69-73.

CLAUSIUS Rudolf, 1858. « Rapport lu par M. Clausius à la Société de physique de Berlin, sur le mémoire envoyé au concours et ayant pour titre : Recherches expérimentales sur l'équivalent mécanique de la chaleur », *in* G.-A. Hirn, *Recherches sur l'équivalent mécanique de la chaleur*, Colmar, Bureau de la Revue d'Alsace, p. 126-138.

CONGRÈS INTERNATIONAL D'HYGIÈNE ET DE DÉMOGRAPHIE, 1903. *XIIIe Congrès international d'hygiène et de démographie, tenu à Bruxelles du 2 au 8 septembre 1903 : compte rendu du congrès*, Bruxelles, P. Weissenbruch.

DONKIN Bryan, 1893. « Life and work of Gustave-Adolphe Hirn (1815-1890) », *Cassier's magazine: engineering illustrated*, 4, p. 233-239.

HIRN Gustave-Adolphe, 1849. « Nouvelles recherches sur le frottement des solides », *Comptes rendus hebdomadaires des séances de l'Académie des sciences*, 28, p. 290.

—, 1858. *Recherches sur l'équivalent mécanique de la chaleur*, Colmar, Bureau de la Revue d'Alsace.

—, 1879. *Réflexions critiques sur les expériences concernant la chaleur humaine*, Paris, Gauthier-Villars

—, 1884. « Note sur les lois du frottement », *Comptes rendus hebdomadaires des séances de l'Académie des sciences*, 99, p. 953-955.

—, 1887. « La thermodynamique et le travail chez les êtres vivants », *Revue scientifique*, 24 (22-25), p. 673-684, p. 714-718 et p. 779-783.

KUHN Thomas Samuel, 1977. « Energy conservation as an example of simultaneous discovery », in *The essential tension: selected studies in scientific tradition and change*, Chicago, University of Chicago Press (Phoenix books 831).

LATOUR Bruno, 2001 [2e éd.]. *Le Métier de chercheur*, Paris, INRA, 2001.

LAVOISIER Antoine-Laurent (de), 1774 [1771]. « Calculs et observations sur le projet d'établissement d'une pompe à feu pour fournir de l'eau à la ville de Paris », *Histoire de l'Académie royale des sciences. Avec les mémoires de mathématiques et de physique pour la même année, tirés des registres de cette Académie* [En ligne], Année 1771, Paris, Imprimerie royale, p. 17-44 (consulté le 13/09/2017) : http://gallica.bnf.fr/ark:/12148/bpt6k35697/f184.image

LAVOISIER Antoine-Laurent (de), LAPLACE Pierre-Simon (de), 1784 [1780]. « Mémoire sur la chaleur », *Histoire de l'Académie royale des sciences. Avec les mémoires de mathématiques et de physique pour la même année, tirés des registres de cette Académie* [En ligne], Année 1780, Paris, Imprimerie royale, p. 355-408 (consulté le 13/09/2017) : http://gallica.bnf.fr/ark:/12148/bpt6k3579h/f441.item.r=chaleur

LAVOISIER Antoine-Laurent (de), SEGUIN Armand, 1793 [1789]. « Premier mémoire sur la respiration des animaux », *Histoire de l'Académie royale des sciences. Avec les mémoires de mathématiques et de physique pour la *même année, tirés des registres de cette Académie*, Année 1789, Paris, Imprimerie royale, p. 566-581.

MAREY Étienne-Jules, 1885. *La Méthode graphique dans les sciences expérimentales*, Paris, Masson.

MARX Karl, 1993. *Le Capital. Critique de l'économie politique*, Livre I : *Le Procès de production du capital*, trad. française de J. Roy, publié sous la responsabilité de J.-P. Lefebvre, Paris, PUF (Quadrige 152).

MAYER Julius Robert, 1845. *Die organische Bewegung in ihrem Zusammenhange mit dem Stoffwechsel*, Heilbronn, Carl Drechsler.

—, 1872. *Mémoire sur le mouvement organique dans ses rapports avec la nutrition* [Die organische Bewegung in ihrem Zusammenhange mit dem Stoffwechsel], trad. française de L. Pérard, Paris, G. Masson.

—, 1973. « The motions of organisms and their relation to metabolism », *in* R.B. Lindsay (ed.), *Julius Robert Mayer, prophet of energy*, Oxford – New York – Toronto, Pergamon Press.

MONOD Hugues, MONOD Janine, 1979. « Jules Amar (1879-1935). À propos d'un centenaire », *Histoire des sciences médicales*, 13 (3), p. 227-236.

PAPANELOPOULOU Faidra, 2006. « Gustave-Adolphe Hirn (1815-90): engineering thermodynamics in mid-century France », *British Journal for the History of Science*, 39 (2), p. 231-254.

RABINBACH Anson, 1990. *The human motor. Energy, fatigue and the origins of modernity*, Berkeley, University of California Press.

SCHWARTZ Yves, 1988 [réédité en 2012]. *Expérience et connaissance du travail*, Paris, Messidor – Éditions sociales.

—, 2001. « Pratiques paternalistes et travail industriel à Mulhouse au XIXe siècle », in *Le Paradigme ergologique ou un métier de philosophe*, Toulouse, Octarès, p. 201-253.

SWIFT Jonathan, 1729. A modest proposal for preventing the children of poor people in Ireland from being a burden to their parents or country, and for making them beneficial to the public, Dublin, Harding.

TAYLOR Frederick Winslow, 1964. *Scientific Management. Comprising Shop management, The Principles of Scientific Management, Testimony before the Special House Committee*, New York, Harper & Brothers.

TURBIAUX Marcel, 2008. « La résistible création d'un laboratoire du travail », *Bulletin de psychologie*, 496 (4), p. 341-356.

VATIN François, 1999. *Le Travail, sciences et société. Essais d'épistémologie et de sociologie du travail*, Bruxelles, Éditions de l'Université de Bruxelles.

WEISS Georges, 1909. *Physiologie générale du travail musculaire et la chaleur animale*, Paris, Masson et Cie.

WITTGENSTEIN Ludwig, 1958 [2e éd.]. *Philosophical investigations* [Philosophische Untersuchungen], Oxford, Blackwell, trad. anglaise de G.E.M. Anscombe, Oxford, Blackwell.

« L'homme des machines » de Georges Bernanos

Olivier DARD
SIRICE[1] (UMR 8138), Université Paris-Sorbonne

C'est en juin 1942, alors qu'il est installé au Brésil depuis l'été 1938, qu'en réponse à une « enquête » (Bernanos, 2009 : 129-137). Georges Bernanos (1888-1948) traite pour la première fois, longuement, de ce qu'il appelle « l'homme des machines ». Ce thème est appelé chez lui à prendre une importance croissante que l'on mesure à la lecture de son essai, *La France contre les robots*, rédigé au Brésil, publié en France en février 1947 après le retour de l'écrivain et très largement irrigué par cette thématique. Les textes de Bernanos sur « l'homme des machines » ou « l'homme du machinisme » ont été infiniment moins étudiés que d'autres écrits de l'écrivain catholique et célèbre « dissident » de l'Action française (Sérant, 2016 [1978] ; Labouret, 2012) de Charles Maurras passé au gaullisme[2]. Et pourtant, aujourd'hui, la prose bernanosienne s'inscrit dans les débats les plus brûlants sur un monde qu'il dénonçait il y a soixante-dix ans déjà comme « tout entier voué à l'Efficience et au Rendement » (Bernanos, 2009 : 109). Dès ce moment, Bernanos assimilait la « société moderne » à « un ensemble de problèmes techniques à résoudre » (Bernanos, 2009 : 110) et déplorait de constater que « la civilisation des machines » et leur « multiplication » fabrique des « hommes habitués, dès leur enfance, à ne désirer que ce que les

---

[1] Sorbonne – Identités, relations internationales et civilisations de l'Europe ; 44 rue de l'Amiral Mouchez, 75014 Paris

[2] Voir cependant Gosselin & Milner eds, 1989. Il en est rapidement question dans Albouy, 1980 : 214-217, ou encore dans Estève : 269-270, et surtout *in* Dufay, 2013.

machines peuvent donner ». Trop négligés par rapport à d'autres aspects de son œuvre, les textes que consacre Bernanos à la « civilisation des machines » méritent largement d'être étudiés. Ils font écho à un débat qui fut essentiel durant les années 1930, la « querelle du machinisme » à laquelle Bernanos n'a participé qu'indirectement. Durant les années 1940, Bernanos s'en réapproprie des éléments et l'articule autour de ses propres visions et préoccupations durant le second conflit mondial et au lendemain de celui-ci. Mais, en une décennie, les regards sur la machine ont bien changé et Bernanos se retrouve beaucoup plus isolé que les dénonciateurs du machinisme ne pouvaient l'être alors. Ils se recrutaient aussi bien dans les relèves spiritualistes du temps (de Daniel-Rops à Thierry Maulnier en passant par Nicolas Berdaieff) que chez certains écrivains, de Jean Giono à Henri Pourrat, soucieux d'ancrer leur propos dans leur terroir (Dard, 2002 ; Jarrige, 2014 : 216-218).

Comprendre le propos de Bernanos invite d'abord à resituer sa réflexion sur « l'homme des machines » à la fois dans le contexte de sa rédaction (l'exil et la Seconde Guerre mondiale) et dans le prolongement de son œuvre des années 1930 comme des débats d'alors sur la technique et sa relation à « l'homme nouveau ». De ce point de vue, l'homme revisité par la technique proposée par Jean Coutrot et le transhumanisme naissant est une variante trop négligée si on la met en regard de la masse des études consacrées à l'homme nouveau communiste, fasciste ou nazi. Comprendre Bernanos impose aussi de saisir son mode d'expression. Écrivant sur « l'homme des machines », Bernanos n'entreprend pas de vouloir convaincre son lecteur par un raisonnement construit et mobilisant des concepts. Imprécateur trempant sa plume dans le vitriol et n'ayant aucun souci de ménager son public, il proclame, assène et martèle ses convictions avec des images fortes. L'écrivain est souvent qualifié de pamphlétaire. Soulignons aussi son ton prophétique et apocalyptique. Mais Bernanos fut-il un prophète écouté ? La réponse est en demi-teinte, car si ses textes sont aujourd'hui reconnus et cités, l'examen de la réception contemporaine des écrits de Bernanos, en particulier de *La France contre les robots* montre qu'il n'a pas connu, en son temps, l'écho auquel il aspirait. Sans être ignoré, il fut largement négligé jusqu'à sa redécouverte au début des années 2000.

Aux origines de « L'homme des machines » de Bernanos

Analyser la réflexion de Bernanos sur « l'homme des machines », qui irrigue *La France contre les robots* impose de préciser le statut de cet ouvrage. Il ne saurait être seulement considéré comme un « livre de circonstance » dont « l'histoire [...] est intimement liée à celle du Comité gaulliste au Brésil », ainsi que l'a présenté Albert Béguin (Béguin, 2009 : 235)[3]. Il faut en effet remonter bien en amont de l'exil brésilien. Les premiers éléments d'une réflexion de Bernanos sur ce qu'il appelle « l'homme-robot » ou « l'homme des machines » (Bernanos, 1947, repris dans 1961 : 289) se repèrent dans son essai-pamphlet sur Édouard Drumont, *La Grande Peur des bien-pensants*, paru en 1931. On en retiendra moins le portrait qu'il dresse de l'auteur de *La France juive* (1886) ou sa violente charge contre les conservateurs et la bourgeoisie libérale que « l'instinct » et le « pressentiment » qu'il prête au fondateur de *La Libre Parole* d'avoir anticipé « cette solitude qui menace les derniers hommes libres » et que le jeune Bernanos formule avec les références de son temps. Nourri des controverses sur le « machinisme » ou « l'Amérique » qui irrigue certains essais emblématiques des relèves des années 1930 – de la Jeune droite maurrassienne à l'Ordre nouveau (Aron & Dandieu, 1931 ; Dard, 2008 : 121-141)[4] en passant par la prose de Nicolas Berdiaeff (Gagnebin, 1994 : 140 *sq.*) –, l'auteur de *Sous le soleil de Satan*, qui appuie alors la jeune revue *Réaction*, prend des positions nettes :

> L'activité bestiale dont l'Amérique nous fournit le modèle, et qui tend déjà si grossièrement à uniformiser les mœurs, aura pour conséquence dernière de tenir chaque génération en haleine au point de rendre impossible toute espèce de tradition. N'importe quel voyou, entre ses dynamos et ses piles, coiffé du casque écouteur, prétendra faussement être à lui-même son propre passé, et nos arrières-petits-fils risquent d'y perdre jusqu'à leurs aïeux. (Bernanos, 1969 [1931] : 43-44)

---

[3] Ce qui ne saurait signifier de minorer l'importance de cet exil brésilien. Voir en particulier sur ce point Milner dir., 2004.

[4] Pour les premiers, il faut songer à Thierry Maulnier et à Jean-Pierre Maxence. De leur côté, Robert Aron et Arnaud Dandieu sont les auteurs d'un essai emblématique intitulé *Le Cancer américain* paru en 1931.

La conclusion du pamphlet voit dans le « Progrès », un « moderne Messianisme », un « paradis des ingénieurs nu et lisse comme un laboratoire » et dénonce « la société actuelle, société de transition, de compromis dite moderne » qui « n'a aucun plan, ne se propose aucun but déterminé, sinon celui de durer le plus longtemps possible grâce à la méthode qui l'a servie jusqu'ici, celle d'un dégoûtant empirisme. » (Bernanos, 1969 [1931] : 381, 384). Le monde à naître pour Bernanos, « l'Usine universelle, l'Usine intégrale » (Bernanos, 1969 [1931] : 407), va s'édifier sur « l'accord chaque jour plus intime du Capital et de la Science, du Ploutocrate et de l'Ingénieur, d'où va sortir une sorte de déterminisme économique, une Loi d'airain seule capable de remettre la multitude à genoux » (Bernanos, 1969 [1931] : 387). Loin d'être libératrice, la science est à ses yeux implacablement oppressive :

> Il serait fou d'imaginer un équipement planétaire arrivé au dernier degré de la perfection, et resté néanmoins sous le contrôle de la multitude. L'aristocratie polytechnicienne, à laquelle seront finalement remis les destins de notre minuscule univers, apparaîtra bientôt ce qu'elle est réellement, la plus inhumaine de toutes, la plus fermée. (Bernanos, 1969 [1931] : 390)

Les Grands Cimetières sous la lune, essai paru en 1938, est un ouvrage qui a, la guerre d'Espagne pour toile de fond ; et plus précisément le récit de la répression conduite par le camp « national » à Palma de Majorque. Mais ce volume est aussi l'occasion pour Bernanos de prolonger sa réflexion sur la « machine ». Il cible en particulier ceux qu'il appelle « les imbéciles », qu'il considère comme des êtres « d'habitude et de parti pris ». Le terme vaut que l'on s'y arrête, car il est très fréquent sous la plume de Bernanos qui l'a repris et défini dans les dernières pages de *La France contre les robots*.

> Ceux qui m'ont déjà fait l'honneur de me lire, savent que je n'ai pas l'habitude de désigner sous le nom d'imbéciles les ignorants ou les simples. Bien au contraire. L'expérience m'a depuis longtemps démontré que l'imbécile n'est jamais simple et très rarement ignorant. L'intellectuel devrait donc nous être, par définition, suspect ? Certainement. Je dis l'intellectuel […] Je ne parle évidemment pas du savant, de l'artiste, ou de l'écrivain dont la vocation est de créer […]. (Bernanos, 2009 : 103)

Ces hommes symbolisent « la vie moderne [qui] les brasse avec une sorte de fureur. La gigantesque machine, tournant à pleine puissance, les engouffre par milliers, les sème à travers le monde au gré de ses énormes caprices.

Aucune autre société que la nôtre n'a fait une si prodigieuse consommation de ces malheureux. » (Bernanos, 2014 [1931] : 16). Des « malheureux » qui peuvent cependant se transformer en « hommes de guerre » :

> Ils aimeront mieux tuer que penser, voilà le malheur ! Et justement vous les fournissez de mécaniques ! La mécanique est faite pour eux. En attendant la machine à penser qu'ils attendent, qu'ils exigent, qui va venir, ils se contenteront très bien de la machine à tuer, elle leur va même comme un gant. Nous avons industrialisé la guerre pour la mettre à leur portée. Elle est à leur portée, en effet. (Bernanos, 2014 [1931] : 22)

La France contre les robots : statut et contenu

Prolongeant ses réflexions sur la technique et sur l'industrialisation de la guerre, Bernanos dessine le portrait d'un monde horrifique, tant pour le temps de la guerre que pour celui de la paix :

> [...] les régimes jadis opposés par l'idéologie sont maintenant unis par la technique. Le dernier des imbéciles peut comprendre en effet que les techniques des gouvernements en guerre ne diffèrent que par de négligeables particularités, justifiées par les habitudes, les mœurs. Il s'agit toujours d'assurer la mobilisation totale pour la guerre totale, en attendant la mobilisation totale pour la paix totale. Un monde gagné pour la technique est perdu pour la Liberté. (Bernanos, 2009 : 27)

L'opposition première entre technique et liberté se double d'une seconde, entre technique et progrès. Bernanos refuse de voir dans le développement de la technique une quelconque marque de « progrès », mot qu'il n'accepte pas de voir « prostitue [r] » :

> Jamais un système n'a été plus fermé que celui-ci, n'a offert moins de perspectives de transformations, de changements [...] Qu'il s'intitule capitaliste ou socialiste, ce monde s'est fondé sur une certaine conception de l'homme commune aux économistes anglais du XVIIIe siècle, comme à Marx ou à Lénine.

Et Bernanos d'enfoncer le clou : « Le progrès n'est plus dans l'homme, il est dans la technique, dans le perfectionnement des méthodes capables de permettre une utilisation chaque jour plus efficace du matériel humain. » (Bernanos, 2009 : 27-28). L'heure est donc celle de « la guerre totale » mais pour l'auteur de *La France contre les robots*, « La guerre totale est la société moderne elle-même. » (Bernanos, 2009 : 72).

Le vrai procès instruit par Bernanos est celui de la modernité qui s'incarne à ses yeux par la guerre totale (rendue possible par la conscription et la technique) et la croissance de l'État matérialisée par la fiscalité et les contrôles en tous genres – à commencer par la généralisation du passeport (Bernanos, 2009 : 39). Le résultat du processus est « la formation en série d'une humanité docile, de plus en plus docile, à mesure que l'organisation économique, les concurrences et les guerres exigent une réglementation plus minutieuse. » (Bernanos, 2009 : 39). Le propos est instructif et invite à dresser un parallèle entre la prose bernanosienne et ce que souligne Bertrand de Jouvenel dans son ouvrage *Du Pouvoir*, rédigé pendant la guerre et publié au sortir de celle-ci : si Bernanos n'a sans doute pas lu ce livre où Jouvenel campe la « chambre des machines » du « Minotaure », le parallèle n'en est pas moins significatif[5].

Il reste cependant à Bernanos à expliquer à ses contemporains comment ils en sont arrivés là. Le propos est net et met en cause « l'invasion de la Machine » (Bernanos, 2009 : 80). Bernanos livre donc à son lecteur une vision de l'histoire ainsi campée :

> Supposez qu'on eût posé à un homme cultivé du XIIIe, du XVe et du XVIIe siècle la question suivante : « Quelle idée vous faites-vous de la société future ? » il aurait pensé aussitôt à une civilisation pacifique, à la fois près de la nature et prodigieusement raffinée. C'est du moins à cette civilisation que la France s'est préparée tout au long de son histoire. Des millions d'esprits dans le monde s'y préparaient avec elle. […] L'invasion de la machine a pris cette société par surprise, elle s'est effondrée brusquement, sous son poids, d'une manière surprenante […] l'invasion de la machine était pour elle un phénomène entièrement nouveau.

---

5 La chose est d'autant plus piquante que, dans *Les Grands Cimetières sous la lune*, Bernanos s'en prend à Jouvenel, qualifié de « gentilhomme après Nietzsche », et à son livre sur *Le Réveil de l'Europe* (Bernanos, 2014 [1938] : 303). L'ancien « réaliste » proche des Jeunes Turcs du parti radical est alors engagé au Parti populaire français de Jacques Doriot avant de s'imposer, au lendemain de la guerre, en particulier dans le monde anglo-saxon, comme une figure majeure du « néolibéralisme ». La « chambre des machines » renvoie chez Jouvenel à « l'appareil d'État » et le « Minotaure » figure le Pouvoir, dont il s'inquiète de la croissance, croissance qui s'inscrit selon lui dans une durée pluriséculaire marquée par le développement de l'État moderne et qu'il dissocie des formes constitutionnelles prises par ce dernier, démocraties ou dictatures (Jouvenel, 1972 : 36-37 ; Dard, 2008 : 214 *sq.*).

Après avoir rappelé les premières phases de l'histoire du machinisme et les bris de machines, Bernanos s'emploie à ironiser sur le système d'enseignement français et sur les « pions » qui « s'efforçaient de nous faire rire de ces naïfs ennemis du progrès ». L'écrivain catholique refuse d'être assimilé à cette caricature. Il explique en effet qu'il n'est « nullement "passéiste" »[6] et relie ce constat à son analyse du machinisme :

> Je n'ai jamais pensé que la question de la Machinerie fût un simple épisode de la querelle des Anciens et des Modernes. Entre le Français du XVIIe et un Athénien de l'époque de Périclès ou un Romain du temps d'Auguste, il y a mille traits communs au lieu que la Machine nous prépare un type d'homme… (Bernanos, 2009 : 81)

On touche là au cœur de l'argumentation bernanosienne. Reprenant ses diatribes contre les « imbéciles » et sans se faire d'illusion sur son aptitude à les faire changer d'avis, Bernanos martèle : « Trente, soixante, cent millions de morts ne vous détourneraient pas de votre idée fixe : "Aller plus vite, par n'importe quel moyen". Aller vite ? Mais aller où ? Comme cela vous importe peu imbéciles ! » Ce procès du règne de la vitesse inutile et de l'inconsistance de l'éphémère, Bernanos l'instruit avec des images fortes et prémonitoires :

> « Le café au lait à Paris, l'apéritif à Chandernagor et le dîner à San Francisco », vous vous rendez compte !... Oh dans la prochaine guerre, les tanks lance-flammes pourront cracher leur jet à deux mille mètres au lieu de cinquante, le visage de vos fils bouillir instantanément et leurs yeux sauter hors de l'orbite, chiens que vous êtes ! La paix venue vous recommencerez à vous féliciter du progrès mécanique.

La sentence tombe quelques lignes plus loin : « On ne comprend rien à la civilisation moderne si l'on n'admet pas d'abord qu'elle est une conspiration universelle contre toute espèce de vie intérieure. » (Bernanos, 2009 : 82).

---

6 On ne saurait se contenter de relier cette affirmation au rejet par Bernanos de la Révolution nationale pétainiste. Des années plus tard, Bernanos a trouvé en Pierre Hervé un défenseur qui ne l'aurait jamais été au temps de son engagement communiste : « Réactionnaire ? C'est possible. […] Dira-t-on que Bernanos était anachronique et qu'il parlait un langage inintelligible quand il s'obstinait à invoquer l'esprit chevaleresque, l'honneur, la fidélité, le mépris de l'argent, le respect de la parole donnée ? Dira-t-on que ce sont là des valeurs issues d'une autre société et qui n'ont plus d'application possible en la nôtre ? » (Hervé, 1998 [1962] : 47).

Bernanos n'entend pas cependant que ce constat alarmiste dressé soit assimilable à un constat universel. Dans le prolongement de son œuvre antérieure, l'auteur de *La Grande Peur des biens pensants*, qui n'a rien renié de son antiaméricanisme, est catégorique : la civilisation des « robots » est l'antithèse de la France et le triomphe du monde anglo-saxon dont l'avènement lui est insupportable. À la fois parce qu'il est synonyme de l'avènement de la « civilisation des machines » en même temps qu'il est considéré comme mortifère pour une langue française qui n'y a pas sa place :

> […] la civilisation des machines n'a nullement besoin de notre langue, notre langue est précisément la fleur et le fruit d'une civilisation absolument différente de la civilisation des Machines. Il est inutile de déranger Rabelais, Montaigne et Pascal, pour exprimer une conception sommaire de la vie, dont le caractère sommaire fait précisément toute l'efficience. La langue française est une œuvre d'art, et la civilisation des machines n'a besoin pour ses hommes d'affaires, comme pour ses diplomates, que d'un outil, rien davantage. Je dis des hommes d'affaires et des diplomates, faute, évidemment, de pouvoir toujours nettement distinguer entre eux. (Bernanos, 2009 : 101)

C'est donc bien contre la « Civilisation des Machines » et ses hommes que s'est dressé Bernanos. L'une ne va pas sans les autres. Civilisation des « imbéciles », la civilisation des machines est réputée exclure ceux que « l'imbécile […] appelle haineusement les "originaux" et les "inconformistes". » Elle s'incarne pour sa part dans les « techniciens » qui dominent cette « civilisation de la quantité opposée à celle de la qualité. » (Bernanos, 2009 : 103)[7]. Elle est donc « la tyrannie abjecte du Nombre » qui débouche sur « une société d'êtres non pas égaux mais pareils » (Bernanos, 2009 : 103-104). L'avenir de cette société au plan politique serait déjà tracé :

> Il est fou de confier au Nombre la garde de la Liberté. Il est fou d'opposer le Nombre à l'argent, car l'argent a toujours raison du Nombre, puisqu'il est plus facile et moins coûteux d'acheter en gros qu'au détail. Or, l'électeur s'achète en gros […].

---

[7] Pour Bernanos, le technicien s'oppose au savant ainsi qu'il l'explique à André Bourin (le futur rédacteur en chef des *Nouvelles littéraires*) lorsque ce dernier, alors collaborateur de la revue *Paru*, publie à la sortie du livre son article-entretien intitulé : « Bernanos contre les robots » : « Aujourd'hui, le technicien remplace le savant ; et de cela peuvent s'ensuivre de terribles catastrophes. Car le savant, dans son laboratoire, demeurait toujours un homme. Le technicien, lui, est un être sans conscience. » (Dufay, 2013 : 221).

C'est sur un mode très pessimiste que Bernanos envisage un avenir politique gangrené par la corruption :

> Pour se délivrer de l'Argent – ou du moins pour se donner l'illusion de cette délivrance – les masses se choisissent un chef [...] Encore ose-t-on à peine écrire ce mot de chef. Le dictateur n'est pas un chef. C'est une émanation, une création des masses. C'est la Masse incarnée, la Masse à son plus haut degré de malfaisance, à son plus haut pouvoir de destruction. (Bernanos, 2009 : 104)

Appliqué à Hitler, nommément cité, le propos est important. Il témoigne d'une convergence repérable entre les analyses que proposent sur le national-socialisme aussi bien le maurrassisme que le néolibéralisme en y voyant non une mise à mort de la démocratie mais son aboutissement le plus détestable. Le récit d'un entretien en 1947 avec Jean de Fabrègues, éphémère secrétaire de Maurras au tournant des années 1930 et alors rédacteur en chef de *La France catholique* met plus crûment les choses au point :

> J'entrai [Fabrègues], Bernanos vint à moi, mains tendues, avec un grand rire : « Mon pauvre petit, je vous présente (il se montrait) le dernier défenseur des démocraties en péril. » Soudain le ton changea, les yeux brûlèrent, le vocabulaire devint violent : « Mais je n'ai pas changé, c'est la démocratie qui nous a assassinés. Les totalitarismes sont les fils de la démocratie. J'emm... la démocratie. » (Fabrègues, 1998 [1962] : 51).

Mais si Bernanos inscrit le nazisme et plus largement les totalitarismes dans un prolongement de la démocratie, il se singularise cependant en insistant sur l'importance de la technique. Il considère en effet que « le Monde moderne a déjà résolu, au seul avantage de la Technique, le problème de la Démocratie » et qu'en cette matière les totalitarismes ont été pionniers : « les États totalitaires, enfants terribles et trop précoces de la Civilisation des Machines, ont tenté de résoudre ce problème brutalement, d'un seul coup. » (Bernanos, 2009 : 111). Bernanos rejoint ici le pessimisme jouvenelien sur le Pouvoir : « On peut être sûr que c'est parmi leurs anciens adversaires, dont elles apprécient l'esprit de discipline, qu'elles [les démocraties] recruteront leurs principaux collaborateurs. » (Bernanos, 2009 : 111-112). Il n'y a pas seulement ici qu'un enjeu institutionnel ou bureaucratique mais une conception de l'homme radicalement nouvelle et imposée par « l'État technique » considéré comme n'ayant « demain qu'un seul ennemi » : « "l'homme qui ne fait pas comme tout le monde" ou encore "l'homme qui a du temps à perdre" ou plus simplement […] "l'homme qui croit à autre chose qu'à la Technique". » (Bernanos, 2009 : 112). C'est bien cet homme-là qui est menacé par la « civilisation des machines ». Menacé moins par des « machines à tuer », même si Bernanos s'insurge contre la « guerre des machines » (Bernanos, 2009 : 118) symbolisée par l'aviateur bombardier que par « la machine à bourrer les crânes, à liquéfier les cerveaux », qui élimine de l'homme « la vie intérieure » en privilégiant chez lui « la primauté de l'action » (Bernanos, 2009 : 115-116). Le résultat se résume en « deux mots magiques », « Obéissance et irresponsabilité » qui « ouvriront demain le Paradis de la Civilisation des Machines ». À cette dernière, Bernanos oppose « la civilisation française, héritière de la tradition hellénique » qui « a travaillé pendant des siècles pour former des hommes libres, c'est-à-dire pleinement responsables de leurs actes ». La conclusion de Bernanos se veut catégorique : « la France refuse d'entrer dans le Paradis des Robots. » (Bernanos, 2009 : 122).

Mounier *versus* Bernanos

L'ouvrage de Bernanos, au moment de sa publication, n'a pas reçu l'écho que celui-ci en attendait. Ajoutons encore qu'il est décédé peu après ce qui lui a interdit de participer aux débats de la fin des années 1940 sur les espoirs mis dans la technique revisitée par la productivité et les écrits de Jean Fourastié. Ce dernier est emblématique. Non seulement parce que ses essais se vendent et consacrent une réputation montante d'essayiste qui joue sur double registre d'expert et de vulgarisateur : en mai 1951, Fourastié a vendu 78 000 exemplaires de ses livres parus depuis 1945 et *Le Grand Espoir du* XX*e siècle* a été retiré à différentes reprises (on en est à 9 000 ; Boulat, 2008 : 348)[8]. Mais aussi parce que Fourastié (1907-1990), élève brillant du célèbre collège oratorien de Juilly, incarne une figure reconnue d'intellectuel catholique : il participe aux Semaines sociales de France ou au Centre catholique des intellectuels français (Toupin-Guyot, 2002 : 127-128). Or, Fourastié ne cite jamais Bernanos et *La France contre les robots*. Que ce soit dans la première édition du *Grand Espoir du* XX*e siècle*, sous-titrée

[8] Fourastié note au début des années 1960 que *Le Grand Espoir du* XX*e siècle* « est réimprimé chaque année » et qu'il n'a « à en modifier le texte que pour ajouter aux tableaux statistiques les chiffres les plus récents, qui confirment à toute outrance, les thèmes fondamentaux du livre » (Fourastié, 1972 [1965] : 17).

« Progrès technique, Progrès économique, Progrès social », parue en 1949 et préfacée par André Siegfried ou, deux ans plus tard, dans *Machinisme et bien être*. Si Bernanos n'est pas mentionné, on peut cependant forger l'hypothèse qu'il a été lu par Fourastié. En effet, ce dernier partage un constat formulé par Bernanos dès 1931, celui de vivre dans une « période transitoire, profondément démoralisante pour l'homme, parce qu'elle fait apparaître comme caduques les traditions des ancêtres, sans marquer une stabilité nouvelle propre à imposer de nouvelles règles de vie. » Mais au pessimisme de Bernanos, Fourastié oppose un optimisme raisonné :

> […] l'analyse du progrès technique, cause du bouleversement, permet maintenant de reconnaître l'avènement d'une nouvelle période de stabilité relative, et de dégager quelques-uns des caractères fondamentaux de cette future civilisation, que j'ai appelé *La Civilisation de 1960*[9].

Tandis que Bernanos inscrit son discours dans le registre du chaos, Fourastié se veut un prophète de temps nouveaux et radieux : « L'aube de cette nouvelle civilisation se lève et sa clarté permet déjà de distinguer la structure fondamentale des terres promises. »[10]

C'est Emmanuel Mounier qui s'est chargé de la réponse à Bernanos et comme l'a souligné Fourastié lui-même, le titre de son ouvrage a « une source anecdotique », celui d'un livre de son « ami » Emmanuel Mounier, le patron d'*Esprit*, intitulé *La Petite Peur du XXe siècle*, un recueil de conférences prononcées entre 1946 et 1948 (Mounier, 1994 : 79). Le choix du titre est beaucoup moins « anecdotique » qu'il y paraît dans la mesure où le rejet, explicite ou implicite, de Bernanos, marque fortement le débat sur la technique tel qu'il s'articule alors (pour un panorama général, Ramunni, 2003). Pour le dire abruptement, Mounier choisit alors clairement de faire les louanges de Georges Friedmann et de « son beau livre », *Problèmes humains du machinisme industriel*, paru en 1946 (Mounier, 1948 : 51) contre la prose bernanosienne – Georges Friedmann, que Fourastié, en compagnie de Mounier, a côtoyé en juin 1948 à l'occasion

---

9 Fourastié fait ici référence à son « Que sais-je ? » intitulé *La Civilisation de 1960* qui est paru en 1947.

10 Les citations qui précèdent sont tirées de Fourastié, 1949 : XXI-XXII.

de la première semaine sociologique organisée en juin 1958 par le Centre d'étude sociologique et l'EPHE (Boulat, 2008 : 217).

Le propos du directeur d'*Esprit* vis-à-vis de Bernanos se veut emprunté et un peu gêné : « On me permettra de douter que son dernier pamphlet contre le machinisme ajoute beaucoup à l'affection littéraire et à la reconnaissance spirituelle que nous lui devons tous » (Mounier, 1948 : 102). Mounier ne choisit pas seulement de déprécier le genre même de l'ouvrage en l'assimilant à un « pamphlet ». Il marque aussi clairement la distance qui le sépare dorénavant de Bernanos, même si, dans une correspondance privée, Mounier a marqué sa dette auprès de Bernanos, dette contractée après sa mort[11]. La prose publiée par Mounier n'en traduit pas moins une divergence de fond, mais aussi de positionnement à l'heure où lui-même et *Esprit* entendent incarner le progressisme chrétien et se rapprochent du marxisme et du communisme. Bernanos le leur avait violemment reproché dès 1946 en ironisant sur « les petits cancres d'*Esprit* » (Winock, 1975 : 354 ; Albouy, 1980 : 209). À la fin des années 1940 et à l'heure de la guerre froide, il s'agit, pour Mounier, d'arrimer le « christianisme » à la « notion de progrès ». Il n'hésite pas pour cela à repartir de Maurras, qui fut, comme on le sait, le maître à penser de Bernanos :

> Il est paradoxal de citer Maurras aux origines d'un courant de pensée chrétienne mais on sait combien il a marqué la génération de 1918. Plus que tout autre, il a contribué à consolider le mythe des trois R. : Renaissance, Réforme, Révolution[12].

Un « mythe qui ne soulève quelques vérités qu'en brutalisant l'histoire. » Une fois ce constat opéré, Mounier emboîte, pour ne pas dire amalgame, un certain nombre d'auteurs chez lesquels il déclare « retrouv [er] » ce « mythe ». On relève parmi eux le premier Maritain, celui *d'Antimoderne* ; le philosophe belge maurrassien Marcel de Corte, Vichy, son « masochisme vertueux » et ses « nombreux "retours" à la terre, à l'artisanat [...] » ; Gustave Thibon et son traditionalisme pourfendeur du « monde moderne »

[11] Lettre de Mounier à l'abbé Pézerit, écrite à l'occasion du premier anniversaire de la mort de Bernanos : « Je suis allé dire à Bernanos hier matin que je suis tout de même un ami [...] Peut-être même notre amitié a-t-elle commencé le 5 juin de l'an dernier : je lui dois beaucoup plus depuis sa mort que tout le temps auparavant. » (lettre reproduite *in* Bernanos, 1971 : 685).

[12] Pour cette citation et les suivantes, voir Mounier, 1948 : 101-102.

assimilé par Mounier à un « autre mythe, abstrait, pour les besoins d'une thèse » ; René Guénon (dont il évoque « le règne de la quantité ») ou encore Gabriel Marcel, réputé donner « dans ce concert une note, il est vrai pédalée ». Mounier arrive enfin à l'auteur de *La France contre les robots* : « Bernanos y entre à sa manière, prophétique, cavalière et tumultueuse ». Ici, les qualificatifs comptent moins que les références qui précèdent et qui ont comme fonction de ranger Bernanos dans la catégorie des réactionnaires et des traditionalistes, réputés promoteurs d'un « esprit apocalyptique » et chantres d'un « prophétisme morose ».

Pourfendeur de l'antimachinisme, assimilé à un « mythe sociologique » (Mounier, 1948 : 47), dont le « le mythe du robot » (Mounier, 1948 : 78) ne serait qu'une des variantes, Mounier en arrive au cœur de son accusation dont les termes portent la marque de son contexte d'énonciation. Mounier explique ainsi que l'antimachinisme s'est « constitué comme mythe bourgeois », « mythe » auquel « le mouvement ouvrier, après quelques secousses au début de la révolution industrielle, [...] est resté massivement étranger » (Mounier, 1948 : 47-48). Mounier instruit donc le procès de la bourgeoisie, ce qui n'a rien de nouveau sous sa plume si on songe aux propos qu'il a tenus à son sujet au moment de la crise de Munich[13]. Il lui faut cependant y rattacher Bernanos dont on a rappelé l'ampleur des critiques contre la bourgeoisie et le capitalisme et, pourrait-on ajouter, leur virulence et leur antériorité par rapport à celles de Mounier. Ce dernier, là encore par un jeu de citations emboîtées, invite implicitement le lecteur à ranger l'auteur de *La Grande Peur des bien-pensants* dans le camp de la « bourgeoisie », même s'il relève davantage d'une seconde catégorie de « critiques » mentionnés :

> Cette manière d'enfermer le destin du machinisme dans certains aspects contingents de son premier développement n'est pas seulement sollicité [*sic*] par les orientations qu'il reçoit du dehors, du régime économique dominant. Certains critiques l'enchaînent de la même façon à des dangers réels, qu'il porte en lui dans la phase historique présente par suite de son développement trop rapide dans une humanité qui n'a pas pu s'y adapter ou la maîtriser au même rythme. (Mounier, 1948 : 50)

---

[13] En particulier dans son célèbre texte « Lendemain d'une trahison », paru dans le numéro 73 d'*Esprit* daté du 1er octobre 1938 (Mounier, 1938). Ce texte a été réédité *in* Benkorich éd., 2008.

Par ces propos, Mounier s'inscrit dans le sillage de figures bien connues des années 1930, en particulier de Jean Coutrot (Dard, 1999) : le moment « du désarroi » ressenti à l'égard de la machine n'est nullement le prélude à une « catastrophe ». En cela, Mounier est aux antipodes de ce que proclame Bernanos, auquel il oppose Friedmann :

> Quand je regarde à travers le beau livre de Friedmann, le patient effort amorcé déjà dans les pays du monde entier, sous les régimes les plus opposés, pour humaniser les forces inhumaines du paléomachinisme, je reconnais le visage habituel, la démarche éternelle de l'humanité, plus que les gesticulations lyriques de nos prêcheurs de catastrophe.

Plus encore, l'optimisme de Mounier se conjugue avec une conviction que le développement du machinisme va connaître une « limite » : « Déjà on atteint des paliers, l'imprimerie en noir, le téléphone ne sont plus perfectionnables » On pourrait sourire de ces prophéties hasardeuses mais l'essentiel est ailleurs. Mounier souligne que « le machinisme et ses effets portent sans doute en eux-mêmes les germes de leur limitation » (Mounier, 1948 : 51-52). Bernanos pense rigoureusement le contraire. Mais son refus appuyé de « l'homme des machines » ne trouve cependant pas d'écho dans la France des Trente Glorieuses naissantes, même si l'ouvrage a été réédité en 1955 au Club français du livre.

Cette généralité trouve cependant deux exceptions. La première renvoie à l'histoire de l'Action française et à ses dissidences. L'une des plus importantes de l'après-guerre est celle de Pierre Boutang et du journal *La Nation française* (1955-1967). L'empreinte de Bernanos sur Boutang a été rappelée dans une biographie récente consacrée à ce dernier (Giocanti, 2016 : 168, 341). Mais derrière cette affirmation générale, pleinement recevable, on observe sous la plume du philosophe une reprise des thématiques de *La France contre les robots* dont il fait siens le ton et le vocabulaire en prophétisant dans l'hebdomadaire *Aspects de la France* (26 mars 1954) qu'un jour « les carcasses des robots seront peut-être en train de rouiller sur les bas-côtés de l'histoire » (Giocanti, 2016 : 184). C'est aussi au nom de Bernanos (dont il cite *Scandale de la vérité*) que Michel Mourre proclame dans *La Nation française* que « la société moderne est à refaire. » (Louis, 1994 : 87). Ces préoccupations se retrouvent chez Boutang lorsqu'il en appelle en octobre 1956, dans *La Parisienne*, à la reconstruction d'une nouvelle droite autour de « valeurs d'héritage », de « valeurs religieuses », mais aussi de « valeurs liées à un certain bonheur humain, exigeant la prudence technique, une confiance mesurée dans ses progrès, l'attention aux sentiments imprévisibles que chacun de ces progrès peut faire naître dans une société. [...] attention [qui] suppose que l'on ne croie pas à "la fin de l'histoire", que l'on ne soit pas disposé à sacrifier des générations à une amélioration future et radicale. » (Giocanti, 2016 : 88).

L'empreinte bernanosienne s'observe aussi chez ceux que Christian Roy qualifie de « cadets de Gascogne » de Bernanos et de « francs-tireurs d'une croisade contre les robots » (Roy, 2013 : 289), à savoir les Bordelais, anciens d'*Esprit*, Jacques Ellul et Bernard Charbonneau. L'universitaire québécois pointe, citations à l'appui, des convergences repérables entre Charbonneau et Bernanos lorsque le premier dénonce en 1956 dans *Réforme* la menace d'engloutissement dans « l'"universalisme de la technique" ». L'ouvrage bien connu de Jacques Ellul, *La Technique ou l'enjeu du siècle*, écrit en 1950 mais paru seulement en 1954, et dont l'écho fut très minime à sa sortie (Roy, 2013 : 291, 293)[14], mentionne également *La France contre les robots* dans sa bibliographie. Cependant, la lecture du livre montre qu'il n'est pas utilisé. En résumé, si, comme le relève Christian Roy, « Ellul et ses disciples reprenaient souvent un langage bernanosien » et s'ils faisaient leur son idée que « les régimes jadis opposés par l'idéologie sont maintenant étroitement unis par la technique », deux divergences seraient marquantes entre Bernanos et le duo Ellul/Charbonneau. Religieuse tout d'abord, car le protestant Ellul ne peut suivre Bernanos dans son catholicisme. Politique également, car Charbonneau ne partage nullement le point de vue de Bernanos quant à son exaltation de la France et du rôle particulier que les Français devraient tenir dans le combat à entreprendre contre « la civilisation des machines » : « aussi est-ce à des personnes que je m'adresse et non à des Français » souligne-t-il (encore dans *Réforme*) en 1958 (Roy, 2013 : 291).

---

[14] L'ouvrage eut du mal à trouver un éditeur. Avec *Le Monde* (par la plume de Maurice Duverger alors directeur de l'IEP de Bordeaux), *Réforme* est le seul organe à lui consacrer une recension dans un dossier montrant l'être humain transformé en « joyeux robot ».

Conclusion : une éclipse et son sens

En 1974, Henri Guillemin consacrait une de ses nombreuses conférences publiques à Bernanos – un homme qu'il avait connu, en particulier en 1946 et 1947, et sur lequel il allait publier un ouvrage deux ans plus tard (Guillemin, 1976). Dans cette conférence d'1 heure 23 minutes intitulée « Bernanos, témoin de notre temps », Guillemin le présentait d'entrée comme un auteur « partiellement oublié ». S'il insistait longuement sur son itinéraire et évoquait ensuite quelques traits majeurs de son œuvre littéraire, il ne manquait pas de mentionner, à la fin de son propos, la question des « machines » en faisant de l'auteur de *La France contre les robots* un détracteur précoce de la société de consommation[15]. Mais Guillemin insistait sur la solitude et l'isolement de Bernanos durant les dernières années de sa vie. En attestaient à ses dires les conditions de son enterrement parisien à Saint-Séverin, marquées par des absences très nombreuses tant du monde catholique (hiérarchie, personnel politique, intellectuels) que de celui de la littérature. Les relations sont ainsi difficiles avec l'éminence grise de la *Nouvelle Revue française*, Jean Paulhan, qui trouvait ainsi Nous-autres Français « tapageur et creux » et questionnait abruptement Marcel Arland : « Te sens-tu toujours aussi sûr de Bernanos ? » (Paulhan & Arland, 2000 : 143 [lettre du 17 septembre 1939])[16]. Les décennies suivantes n'ont guère modifié cet état de choses et lorsque Bernanos est apprécié, c'est d'abord pour sa littérature ainsi que le souligne Jacques Chardonne à Roger Nimier, voyant dans *Dialogues des carmélites* une « œuvre de génie » (Chardonne & Nimier, 1984 : 63 [Lettre de Jacques Chardonne à Roger Nimier, 6 juin 1952])[17] ou le décrivant à Paul Morand comme « une grande plume » mais avec « une petite tête » (Morand & Chardonne, 2013 : 427) [lettre de Jacques Chardonne à Paul Morand, 23 janvier 1958]). Morand est plus laudatif, mais c'est d'abord le Bernanos romancier qu'il apprécie : « J'ai fini hier soir *Un*

---

15 Cette conférence est accessible sur YouTube. Le passage sur les machines intervient au bout d'1 heure et 16 minutes. URL : www.youtube.com/watch?v=Cb3EP4DbleE

16 Paulhan a d'ailleurs refusé de participer au Cahier de l'Herne, écrivant à son promoteur : « […] À l'hommage à Bernanos, non, je ne vois pas le moyen de prendre part. » (Roux dir., 1998 [1962] : 157).

17 Nimier est aussi un admirateur de Bernanos. Le 16 mars 1953, il, écrit à Chardonne : « Je n'ai aimé que des écrivains sérieux : Bernanos, Chardonne, Sartre. » (Chardonne & Nimier, 1984 : 95). On rappellera que *Le Grand d'Espagne* s'ouvre sur une évocation de Bernanos.

mauvais rêve de Bernanos. Quel romancier, quelle fougue, quelles belles colères ! Et ce n'est pas un de ses meilleurs livres. Il les écrase tous, Green et Mauriac. » (Morand & Chardonne, 2013 : 559 [lettre du 25 août 1958]). À le lire, le style de ce dernier ne souffre pas la comparaison : « Cela pourrait être de n'importe qui (jamais Bernanos). » (Morand & Chardonne, 2013 : 560 [lettre du 9 février 1959]). Toutes ces sources, auxquelles il faut ajouter le « Cahier de l'Herne » publié sous la direction de Dominique de Roux en 1962, mettent en avant les textes littéraires de Bernanos ou l'importance de son catholicisme mais rares sont alors ceux qui s'intéressent à ses écrits sur la technique. Une exception existe cependant à travers la figure de Thomas Molnar, Hongrois émigré aux États-Unis et professeur à l'université de New York, contributeur au Cahier de l'Herne (Molnar, 1998 [1962] : 89-92) et qui a publié en 1960 une étude sur la pensée politique et prophétique de Bernanos dans laquelle il évoque les préoccupations de Bernanos quant à ce qu'il appelle « The Machine Paradise » (Molnar, 1960 : 175 *sq.*)[18].

Le début des années 1970 aurait pu être l'occasion d'une redécouverte du Bernanos de *La France contre les robots*. Mais force est de constater qu'il ne figure pas parmi les références d'auteurs qui l'ont connu, à l'instar par exemple de Denis de Rougemont, qui l'a croisé après la guerre dans différentes rencontre internationales (Stenger, 2015 : 71) et qui relance dans un essai paru en 1977 et largement diffusé, *L'Avenir est notre affaire*, le thème de la dénonciation de la technique. Il en va de même chez Charbonneau qui n'en dit mot dans *Le Feu vert* (où il est davantage question de nature que de technique ; Charbonneau, 2009 [1980]) ou chez Ellul : Bernanos est absent de l'avertissement comme des références de son ouvrage *Le Bluff technologique*, ou encore des personnes qu'il cite dans ses ouvrages d'entretiens[19]. Il a donc fallu attendre les années 2000 et la réédition de *La France contre les robots* pour voir Bernanos, « beau spécimen d'antimoderne » (Compagnon, 2005 : 446), rencontrer un certain écho, en particulier dans des milieux catholiques inquiets du développement de la technique (Borgal, 1998 ; Giroud, 2016) et soucieux d'écologie, comme ceux réunis autour de la revue *Limite*. Sans oublier, enfin, l'écho donné à Bernanos

---

[18] Ce livre n'a jamais été traduit en français, contrairement à d'autres ouvrages du même auteur.

[19] On remarquera que Jacques Ellul ne cite pas Bernanos dans « l'Avertissement » qui ouvre *Le Bluff technologique* paru chez Hachette en 1988 (Ellul, 1988).

dans des écrits consacrés à la décroissance qui font de lui un de ces « penseurs » et de ces « précurseurs » (Biagini, Murray & Thiesset dir., 2017).

Références bibliographiques

ALBOUY Serge, 1980. *Bernanos et la politique. La société et la droite française de 1900 à 1950*, préface de Paul Ourliac, Toulouse, Privat.

ARON Robert, DANDIEU Arnaud, 1931. *Le Cancer américain*, Paris, Rieder.

BÉGUIN Albert, 2009. « Postface », *in* G. Bernanos, *La France contre les robots*, Bordeaux, Le Castor Astral.

BENKORICH Nora (éd.), 2008. *La Trahison de Munich. Emmanuel Mounier et la grande débâcle des intellectuels*, présenté par M. Winock, Paris, CNRS Éditions.

BERNANOS Georges, 1947. « Dans un monde malade où triomphe l'homme-robot, la France donnera-t-elle le signal de l'insurrection de l'esprit ? », *Carrefour*, 13 février 1947.

—, 1961. *Français si vous saviez (1945-1948)*, Paris, Gallimard.

—, 1969 [1931]. *La Grande Peur des bien-pensants, Édouard Drumont*, postface de M. Estève suivie de trois textes de Georges Bernanos, Paris, Le Livre de poche (Le Livre de poche 2240).

—, 1971. *Correspondance*, recueillie par A. Béguin ; choisie et présentée par Sœur J. Murray, O.P. ; éditée par J.-L. Bernanos, t. II : *1934-1948*, Paris, Plon (Correspondance inédite 2).

—, 2009. *La France contre les robots*, préface de Pierre-Louis Basse, Bordeaux, Le Castor Astral.

—, 2014 [1938]. *Les Grands Cimetières sous la lune*, préface de M. del Castillo, Paris, Points (P91).

BIAGINI Cédric, MURRAY David, THIESSET Patrick (dir.), 2017. *Aux origines de la décroissance. Cinquante penseurs*, Paris, L'Échappée – Vierzon, Le Pas de côté – Québec, Écosociété.

BORGAL Clément, 1998. *Les Prophéties de Bernanos*, Paris, Nouvelles éditions latines.

BOULAT Régis, 2008. *Jean Fourastié, un expert en productivité. La modernisation de la France (années trente-années cinquante)*, Besançon, Presses universitaires de Franche-Comté.

CHARBONNEAU Bernard, 2009 [1980]. *Le Feu vert. Auto-critique du mouvement écologique*, préface de D. Cérézuelle, Lyon, Parangon.

CHARDONNE Jacques, NIMIER Roger, 1984. *Correspondance, 1950-1962*, choix présenté, établi et annoté par M. Dambre, Paris, Gallimard.

COMPAGNON Antoine, 2005. *Les Antimodernes. De Joseph de Maistre à Roland Barthes*, Paris, Gallimard (Folio 618).

DARD Olivier, 1999. *Jean Coutrot, de l'ingénieur au prophète*, Besançon, Presses universitaires franc-comtoises (Annales littéraires de l'Université de Besançon. Série « Historiques » 15).

—, 2002. *Le Rendez-vous manqué des relèves des années 30*, Paris, PUF.

—, 2008. *Bertrand de Jouvenel*, Paris, Perrin.

—, 2008. « Le cancer américain : un titre phare de l'antiaméricanisme de l'entre-deux-guerres », *in* O. Dard & H.-J. Lüsebrink (dir.), *Américanisations et anti-américanismes comparés*, actes du colloque international (Metz-Sarrebruck, 17-18 décembre 2004), Villeneuve-d'Asq, Presses universitaires du Septentrion (Histoire et civilisations 1089).

DUFAY Philippe, 2013. *Bernanos*, Paris, Perrin.

ELLUL Jacques, 1988. *Le Bluff technologique*, Paris, Hachette littératures.

ESTÈVE Michel, 1981. *Bernanos. Un triple itinéraire*, Paris, Hachette.

FABRÈGUES Jean de, 1998 [1962]. « Bernanos n'avait pas changé… », *in* D. de Roux (dir.), *Georges Bernanos*, Paris, Fayard (Les Cahiers de l'Herne 2), p. 49-56.

FOURASTIÉ Jean, 1949. *Le Grand Espoir du XXe siècle. Progrès technique, progrès économique, progrès social*, Paris, PUF.

—, 1972 [1965]. *Les 40 000 heures*, Paris, Denoël-Gonthier (Bibliothèque médiations 102).

GAGNEBIN Laurent, 1994. *Nicolas Berdiaeff ou de la destination créatrice de l'homme. Essai sur sa pensée*, Lausanne, L'Âge d'Homme.

GIOCANTI Stéphane, 2016. *Pierre Boutang*, Paris, Flammarion.

GIROUD Matthieu, 2016. « La France contre les robots : une apologie de la vie intérieure », *PHILITT. Revue de philosophie et de littérature* [En ligne]. Mis en ligne le 11/01/2016 (consulté le 26/09/2017) : https://philitt.fr/2016/01/11/la-france-contre-les-robots-de-bernanos-une-apologie-de-la-vie-interieure/

GOSSELIN Monique, MILNER Max (dir.), 1989. *Bernanos et le monde moderne,* Lille, Presses universitaires de Lille.

GUILLEMIN Henri, 1976. *Regards sur Bernanos*, Paris, Gallimard (Voies ouvertes 21).

HERVÉ Pierre, 1998 [1962]. « Bernanos était-il un anachronisme ? », *in* D. de Roux (dir.), *Georges Bernanos*, Paris, Fayard (Les Cahiers de l'Herne 2), p. 46-48.

JARRIGE François, 2014. *Technocritiques. Du refus des machines à la contestation des technosciences*, Paris, La Découverte.

JOUVENEL Bertrand de, 1972. *Du Pouvoir. Histoire naturelle de sa croissance*, Paris, Hachette (Pluriel 8302).

LABOURET Denis, 2012. « Georges Bernanos et l'Action française : histoire d'un malentendu », *in* M. Leymarie, O. Dard & J. Guérin (dir.), *L'Action française. Culture, société, politique,* vol. 4 : *Maurrassisme et littérature*, actes du colloque « Maurrassisme et littérature » (Paris, 20-22 octobre 2011), Villeneuve-d'Asq, Presses universitaires du Septentrion, p. 135-146.

LOUIS Patrick, 1994. *Histoire des royalistes. De la Libération à nos jours*, Paris, Jacques Grancher.

MILNER Max (dir.), 2004. *Exil, errance et marginalité dans l'œuvre de Georges Bernanos*, Paris, Presses Sorbonne nouvelle.

MOLNAR Thomas, 1960. *Bernanos. His political Thought and Prophecy*, New York, Sheed & Ward.

—, 1998 [1962]. « Bernanos prophète », *in* D. de Roux (dir.), *Georges Bernanos*, Paris, Fayard (Les Cahiers de l'Herne 2), p. 89-92.

MORAND Paul, CHARDONNE Jacques, 2013. *Correspondance*, vol. I : *1949-1960*, édition établie et annotée par Ph. Delpuech, préface de M. Déon, Paris, Gallimard.

MOUNIER Emmanuel, 1938. « Lendemain d'une trahison », *Esprit*, 73.

—, 1948. *La Petite Peur du XX*e *siècle*, Neuchâtel, Éditions de la Baconnière – Paris, Éditions du Seuil (Les Cahiers du Rhône 76).

—, 1994. *Jean Fourastié entre deux mondes. Mémoires en forme de dialogue avec sa fille Jacqueline*, Paris, Beauchesne (Valeurs et politique 3).

PAULHAN Jean, ARLAND Marcel, 2000. *Correspondance, 1936-1945*, éd. établie et annotée par J.-J. Didier, Paris, Gallimard (Cahiers de la NRF. Cahiers Jean Paulhan 10).

RAMUNNI Girolamo, 2003. « Penser la technique ou l'enjeu du siècle », *MEFRIM*, 115 (2), p. 625-641.

ROUX Dominique (de, dir.), 1998 [1962]. *Georges Bernanos*, Paris, Fayard (Les Cahiers de l'Herne 2).

ROY Christian, 2013. « Charbonneau et Ellul, dissidents du “progrès” : critiquer la technique face à un milieu chrétien gagné à la modernité », *in* C. Pessis, S. Topçu & Ch. Bonneuil (dir.), *Une autre histoire des « Trente glorieuses ». Modernisation, contestations et pollutions dans la France d'après-guerre*, Paris, La Découverte.

SÉRANT Paul, 2016 [1978]. *Les Dissidents de l'Action française*, préface d'Olivier Dard, Paris, Pierre-Guillaume de Roux.

STENGER Nicolas, 2015. *Denis de Rougemont. Les intellectuels et l'Europe au XX*e *siècle*, Rennes, Presses universitaires de Rennes.

TOUPIN-GUYOT Claire, 2002. Les Intellectuels catholiques dans la société française. Le Centre catholique des intellectuels français (1941-1976), préface de R. Rémond, Rennes, Presses universitaires de Rennes.

WINOCK Michel, 1975. *Histoire politique de la revue* Esprit : *1930-1950*, Paris, Éditions du Seuil (L'Univers historique 13).

Vocabulaire et controverses autour de la cybernétique et du transhumain, années 1960-1970

Alexandre MOATTI
Université Paris-Diderot, SPHERE (UMR 7219)

En 2014, la philosophe Cynthia Fleury s'inquiétait, dans le journal *La Croix*, d'« un nouveau dogme émergeant : le probabilisme, règne sans partage de la probabilité comme seule source de décision pertinente » (Fleury, 2014). Et en 1948, « année cybernétique » (Segal, 2003), le R.P. Dominique Dubarle évoquait déjà, dans un article du *Monde*, écrit sur un ton moins alarmiste, « le processus de la pensée probabiliste » destiné à remplacer « les schémas exacts de la pensée déterministe » (Dubarle, 1948). L'époque et le contexte de ces deux propos sont différents, mais leur similitude est frappante : de fait, la pensée de la machine a une histoire longue, où souvent propos et arguments analogues reviennent, même s'ils ne s'appliquent pas aux mêmes objets techniques.

En sus de la recherche de ces filiations historiques, l'analyse comparée, à une époque donnée, des discours de critique de la technique et des discours d'exaltation de celle-ci s'avère elle aussi fructueuse : nous pensons que ces deux types de discours sont les deux faces d'une même réalité – la projetant chacune à sa manière comme les deux faces d'un prisme –, et sont à étudier en tant que telles (Moatti, 2016). C'est dans cet esprit que nous souhaitons évoquer ici certains discours médiatiques sur le thème de « l'homme et la machine » au cours des années 1960-1970[1].

[1] Nous entendons par là les deux décennies de 1960 à 1979.

Ce panorama – non exhaustif – se fera suivant trois critères. Le premier est celui de la mise en évidence de réseaux, soit dans la pensée critique, soit dans la pensée d'exaltation : réseaux d'auteurs animés du même projet « modernisateur » et militant par leurs écrits dans ce même objectif (par exemple Jean Fourastié ou Louis Armand) – mais aussi réseaux de réponses et d'interpellations d'un camp à l'autre (ainsi Vaneigem, dans le camp critique, se gaussant d'Armand ou de Moles). L'étude de ces divers discours fait apparaître à quel point les uns et les autres s'étayent ou se répondent – ce qui est d'ailleurs corollaire de l'idée d'un prisme biface de la réalité. Notre deuxième critère d'intérêt sera celui du caractère *médiatique* : difficile à apprécier rétrospectivement, il peut être cerné par certains indices – succès d'un livre, reconnaissance sociale, mais aussi critiques soulevées. Ainsi, par exemple, Bourdieu, en fin analyste du « camp modernisateur », saura en 1976 désigner ces auteurs à succès pour les qualifier de « producteurs de l'idéologie dominante » (Bourdieu & Boltanski, 1976)[2] ; son choix même d'auteurs nous indique ceux qui furent médiatiques. Notre troisième centre d'intérêt sera celui de la terminologie utilisée par le discours sur « l'homme et la machine ». Si nous avons pu mettre en évidence que le mot *transhumanisme* a une histoire, notamment en France (Dard & Moatti, 2016), nous relevons ici divers vocables autour de l'homme-machine dans les années 1960-1970 : le *robot* bien sûr, la *cybernétique*[3] comme science des organisations, le *cybernanthrope* (chez H. Lefebvre), adaptation francophone du fameux cyborg (*cybernetic organism*), mais aussi l'*ultra-humain* (chez Teilhard) ou le *surhumain* (chez Rostand) ; sans oublier certaines locutions dignes d'intérêt comme le « surréalisme biologique » (chez Rostand), ou les « chiens de garde du futur », admirable vocable sous lequel Vaneigem désigne toute la « canaille cybernéticienne ».

---

2 Ce document original (y compris dans sa forme) est à notre connaissance un des seuls efforts d'analyse des écrits de certains « penseurs » de la modernité, comme le polytechnicien Louis Armand (mais aussi, dans un registre différent, l'homme politique Michel Poniatowski).

3 Le terme est un peu oublié de nos jours, mais très présent dans les débats d'alors. Pour une histoire de la science cybernétique et de son développement en France notamment, on peut consulter avec profit Segal, 2003 ; Triclot, 2008 ; Mounier-Kuhn, 2010.

Critique *vs* exaltation

Voici le décor planté pour y placer les acteurs : présentons ceux que nous avons choisi d'étudier dans ce panorama. Nous considérerons successivement trois pôles – les deux premiers constituant des réseaux au sens évoqué plus haut.

Le premier pôle est celui de la critique du robot, de l'homme-machine, de la cybernétique. Le surréalisme vivant sa fin dans la période considérée (à partir de 1960) – Breton meurt en 1966 –, le situationnisme nous est apparu comme un pôle de critique fort, avec notamment Henri Lefebvre (1901-1991) et Raoul Vaneigem (né en 1934)[4]. Le premier est le seul ici à ne pas entrer dans le critère « médiatique » : c'est un philosophe et sociologue reconnu de son temps, mais qui n'évolue pas au contact du grand public – il est progressivement redécouvert de nos jours[5]. Son intérêt pour notre propos réside dans son concept de *cybernanthrope*, face à l'*anthrope*, l'homme resté authentique. La même année paraît un livre culte du mouvement situationniste, destiné à un succès aussi large qu'inattendu : le *Traité de savoir-vivre* de Vaneigem (1967).

C'est justement cet ouvrage qui nous met sur la piste des adversaires qu'il désigne, « la canaille cybernéticienne », « les Armand, Berger, Moles ». Ils constituent notre deuxième pôle d'étude, ceux qui se voient – parmi d'autres – comme des « visionnaires de la modernité ». Nous nous attarderons plus spécifiquement sur la figure de Louis Armand (1905-1971), polytechnicien, ingénieur du Corps des mines, grand commis de l'État, responsable d'entreprises publiques puis essayiste et académicien à partir de 1960 – son essai de cette année-là est aussi abondamment cité dans le *Dictionnaire des idées reçues* (*in* Bourdieu & Boltanski, 1976).

Notre troisième pôle d'étude est constitué par deux scientifiques extrêmement médiatiques, et figures de référence obligée – figures tutélaires du débat sur la science dans cette période. L'un est le R.P. jésuite Pierre Teilhard de Chardin (1881-1955), théologien et paléontologue ; l'autre est le biologiste Jean Rostand (1894-1977). Le cas de Teilhard est particulier,

---

4 C'est d'ailleurs Lefebvre qui présente Vaneigem à Guy Debord (cf. Vaneigem, 2008 : 51).

5 Henri Lefebvre a été très influent pour *L'Homme et la Société*, qui lui a d'ailleurs consacré son numéro 185-186 (2012/3-4) intitulé « Henri Lefebvre. Une pensée devenue monde ? » [NDLR].

puisqu'il est mort avant notre période d'étude : mais il conserve une forte influence tout au long de la période – il y est souvent cité[6], par exemple chez Armand. Si Teilhard peut être rattaché au pôle d'exaltation de la technique, le cas de Jean Rostand est plus complexe. Dans sa carrière scientifique et la première partie de sa vie, il peut être vu comme un défenseur exalté de la science – ô combien ! –, puisqu'il restait l'un des rares à évoquer des idées eugénistes dans les années 1960 ; il prend néanmoins un certain recul à partir de cette période à propos de certaines applications biologiques de la science – et notamment la possibilité de l'homme augmenté.

Contre la cybernétique et le cybernanthrope

Abordons donc notre premier pôle, celui de la critique de la technique, et plus particulièrement sur ce qui la focalise, à savoir la critique d'une nouvelle science englobante, des mathématiques et de l'informatique à la sociologie des organisations : la cybernétique. Venue d'outre-Atlantique, celle-ci rencontre des réserves chez les scientifiques français eux-mêmes. Du côté des sciences humaines, la critique marxiste semble en être peu développée : c'est sans doute lié au fait que dans ce courant de pensée, jusque dans les années 1980, la machine continue à être vue comme libérant le travail de l'ouvrier[7]. Cette absence laisse une certaine place à d'autres mouvements (qui d'ailleurs sont aussi critiques d'un marxisme très présent à cette époque), comme le surréalisme ou le situationnisme. Ainsi, un tract de 1958 du mouvement surréaliste (quelle fut sa diffusion ?) s'en prend, à propos du nucléaire (uniquement militaire à l'époque) aux « maître-chanteurs de la "pensée" scientifique »[8].

Mais c'est le mouvement situationniste qui prend le relais, dans les années 1960, en appliquant la critique à la cybernétique. Raoul Vaneigem, dans son *Traité de savoir-vivre à l'usage des jeunes générations* (1967),

---

6 Comme nous le rappelions dans Dard & Moatti, 2016, Teilhard est déjà « constamment évoqué et invoqué » avant-guerre, par exemple aux Entretiens de Pontigny en mai 1939 (y apparaît le terme *transhumanisme*), où Jean Coutrot souligne « l'incroyable coïncidence des parallélismes » entre la vision de l'assemblée et celle de Teilhard.

7 Les quelques critiques marxistes de la cybernétique semblent avoir été peu étudiées : on trouve néanmoins chez Mounier-Kuhn (2010) une analyse de l'article de l'article d'André Lentin (1953).

8 « Démasquez les physiciens, videz les laboratoires », Tract du Comité de Lutte antinucléaire, Paris, 18 février 1958.

évoque la « canaille cybernéticienne » (Vaneigem, 1967 : 174), la « grande machine kafkaïenne de la cybernétique » (Vaneigem, 1967 : 218), le « projet d'État cybernétisé » (Vaneigem, 1967 : 248), s'élevant là contre la technique au service d'une emprise toujours plus grande de l'État – au sens propre, une *technocratie*. Et Vaneigem de tracer la dégradation du sentiment humain chez « l'oppresseur » à travers l'histoire : l'inhumanité du seigneur[9] était une « humanité qui se cherche » ; celle de « l'exploiteur » (le chef d'entreprise capitaliste) une inhumanité qui « tente de se dédouaner » en répandant le progrès technique, le confort et la santé ; tandis que « l'inhumanité du cybernéticien est une inhumanité qui s'accepte » (Vaneigem, 1967 : 217)[10].

Vaneigem nomme par antonomase ces ennemis cybernéticiens, « les Fourastié, Berger, Armand, Moles, et autres chiens de garde du futur » (Vaneigem, 1967 : 68). L'expression est remarquable, faisant référence aux Chiens de garde (Nizan, 1932), ces penseurs conservateurs de l'ordre moral et socioéconomique de la bourgeoisie. Les « chiens de garde du futur », eux, veulent l'avenir comme une conservation de l'ordre présent[11] : ils sont ces technoprophètes qui promeuvent avec enthousiasme le progrès par la technique, par l'organisation rationnelle de l'humanité – en un mot, par la cybernétique. Et Vaneigem renforce son idée : « Le culte du passé et le culte du futur sont également réactionnaires. » (Vaneigem, 1967 : 118). Les noms qu'il cite sont eux-mêmes révélateurs : Jean Fourastié, ingénieur centralien, est l'économiste phare de la période, médiatique et “en gloire”, inventeur *a posteriori* du concept des Trente Glorieuses (Fourastié, 1979) ; Gaston Berger (1896-1960) est un philosophe impliqué dans la politique universitaire de la IVe République (il fut directeur de l'Enseignement supérieur), et surtout considéré comme le père de la prospective en France ;

---

9 On comprend mal les références faites fréquemment par Vaneigem (1967) au Moyen Âge et à l'aristocratie chevaleresque féodale – et souvent de manière empathique – si l'on ignore qu'il a fait des études de philologie romane à l'ULB. Ce point pourrait d'ailleurs être étudié plus avant dans une analyse de l'œuvre du philosophe situationniste.

10 Suit une phrase que nous préférons mettre en note – elle relève de l'excès situationniste : « Et quel lyrisme encore dans les massacres d'Auschwitz quand on les compare aux mains glacées du conditionnement généralisé que tend vers la société l'organisation technocratique des cybernéticiens. »

11 Cette même idée de Vaneigem (1967) apparaît plus tard dans un écrit d'inspiration situationniste (Tiqqun, 2001).

Louis Armand est un polytechnicien, dirigeant d'entreprises publiques, coauteur du rapport Armand-Rueff (1960) ; Abraham Moles (1920-1992), aujourd'hui le moins connu dans cette énumération.

Moles était universitaire, professeur en sciences de l'information ; il fut président de la Société française de cybernétique. C'était un homme moins médiatique que les hommes que nous venons de citer (Devèze, 2004), mais un chercheur plutôt prolifique (une vingtaine d'ouvrages et de très nombreux articles scientifiques). C'est lui qui adresse le 16 décembre 1963 une « Lettre ouverte au Groupe Situationniste »[12] : il était entré en contact avec ce groupe « par l'intermédiaire de [s]on ami et collègue Henri Lefebvre » ; tous deux étaient professeurs à l'université de Strasbourg – notons cette proximité géographique et professionnelle de ces acteurs aux conceptions antagonistes. La lettre de Moles est d'une confondante naïveté, à la fois par le contact direct qu'il cherche à engager, et par ses arguments, faisant office de chiffon rouge pour ses destinataires. Il tente en effet de rationaliser la notion de *situation* – il faut bien convenir que les situationnistes, en bons utopistes, ont peu précisé leur concept clef – et imagine des nouvelles « situations » (au sens banal du terme) créées par « un changement technique » (vivre en apesanteur, habiter sous l'eau). Pire, il estime, en bon cybernéticien de son côté, que « la mesure de la valeur de nouveauté d'une situation [lui] paraît un critère indispensable »… ! Il n'est pas étonnant, dans ces conditions, que Moles reçût une réponse cinglante de Guy Debord : « Petite tête, il était bien inutile de nous écrire. On avait déjà constaté, comme toute le monde, que l'ambition qui t'incite à sortir de ton usage fonctionnel immédiat est toujours malheureuse, puisque la capacité de penser n'entre pas dans ta programmation. » (Debord, 2006 : 673 [Lettre du 26 décembre 1963]).

Outre Vaneigem, le philosophe Henri Lefebvre (1901-1991) est une figure importante du mouvement situationniste. Il est, à notre avis, l'un des premiers à structurer une réelle critique de la cybernétique et de l'Homme augmenté : « Une espèce nouvelle naît autour de nous […] Serait-ce le Surhomme espéré, ou le sous-homme tant craint ? Nous le nommons, c'est le CYBERNANTHROPE. » (Lefebvre, 1967 : 220).

---

[12] Les conditions dans lesquelles cette lettre ouverte est rendue publique ne me sont pas connues (la publication, en tout cas, semble contredire le fait que Moles fuyait la médiatisation, cf. note *supra*).

Celui-ci fait partie de l'espèce humaine, ce n'est pas le robot : il admire la supériorité des machines, des robots qu'il a créés. Il déplore la faiblesse humaine et veut y remédier. Il se défie des « saveurs ou odeurs trop fortes », ainsi que des émotions : il veut un monde aseptisé, il a le « culte de l'Équilibre », car il sait que tout déséquilibre compromet la stabilité du système – on peut voir là une allusion de Lefebvre à la notion de « régulation » fort prisée par la cybernétique et le discours scientifique et sociétal qui s'y rattache. D'ailleurs, le cybernanthrope est le fruit de la science mise au service du monde capitaliste, « [il] se gère avec une rationalité technicienne qui découle d'une double origine : la science physique, la science de l'entreprise. C'est une parodie d'auto-gestion. » (Lefebvre, 1967 : 217). Il convient là de voir le terme autogestion au sens positif que lui donnent les mouvements anarchiste ou situationniste en ces années-là : organiser sa vie sans État, sans puissance autocratique. C'est ce détournement de la notion (le cybernanthrope organise lui-même sa vie, mais selon des règles et des normes fixées par une rationalité extérieure) que dénonce Lefebvre. Cependant, sa description du cybernanthrope ne relève pas de la dialectique ou d'une philosophie désincarnée : en sociologue de la vie quotidienne[13], il voit les manifestations du cybernanthrope dans diverses tendances sociologiques profondes, des « séries »[14], comme l'omniprésence des effets de mode, l'obsession de la communication sans contenu, la multiplication de divers milieux ou réseaux institutionnels bureaucratiques (de fait, insiste-t-il, « les sociologues le savent : c'est par le désordre que l'ordre règne »).

Mais le plus intéressant dans l'analyse de cette nouvelle espèce humaine est le combat que Lefebvre met en scène entre celle-ci et l'homme résiduel, le non-mutant, qu'il qualifie non plus d'*humain* mais d'*Anthrope* (Lefebvre, 1967 : 221)[15], par opposition au cybernanthrope. Il dramatise ce combat, un peu comme s'il s'agissait d'envahisseurs : « les apparences peuvent être

---

[13] Il est notamment l'auteur d'une *Critique de la vie quotidienne* en deux tomes (1958 et 1961).

[14] On est tenté de rapprocher cet emploi répété du mot *série*, assez inusité dans ce sens-là de nos jours, de l'usage immodéré qu'en fait Charles Fourier cent-trente ans auparavant. Il en va de même du terme *résidu* (au départ : d'une *série* mathématique), cf. Lefebvre, 1967 : 205.

[15] Par la suite, le mot figure sans majuscule. On lit aussi l'appellation « non-cybernanthrope » (Lefèvre, 1967 : 229).

trompeuses », tel bon vivant qu'on qualifierait volontiers d'anthrope a en fait une vie réglée et instituée – c'est un cybernanthrope. Ce combat sera long et difficile, mais les anthropes ont pour eux « l'imprévisible », « l'irréductible », ainsi que « l'ironie », « le sens du cocasse » – cocasse que l'anthrope perçoit chez le cybernanthrope, trop sérieux, trop engoncé dans « la raison, la science, le plan, le programme, la cybernétique » (Lefebvre, 1967 : 228). Et Lefebvre d'imaginer le dénouement de ce combat en concluant son ouvrage par une note finalement optimiste : « L'anthrope devra savoir qu'il prescrit une manière de vivre plus qu'une théorie philosophico-scientifique [...] Il vaincra par le Style. » (Lefebvre, 1967 : 230).

Prospectivisme cybernétique

Passons maintenant à l'autre pôle – celui de l'exaltation de la cybernétique, en nous intéressant à l'un des « chiens de garde du futur » cités par Vaneigem, Louis Armand (1905-1971). X-Mines, Compagnon de la Libération à la suite de son action dans le réseau NAP-fer au sein de la SNCF, c'est une personnalité oubliée, peu étudiée[16], mais qui, par ses responsabilités de grand patron d'entreprise publique (SNCF, puis Euratom) puis d'auteur d'ouvrages (académicien en 1963) et d'acteur politique (le plan Armand-Rueff, 1960), occupe un important espace médiatique – c'est aussi pour cette raison que Vaneigem (et plus tard Bourdieu) s'attaque à lui.

Il convient aussi de situer Armand dans une tradition de « prospectivistes » au sein du Corps des mines, à l'instar de figures comme Jacques Lesourne (qui travaille avec Armand), Philippe d'Iribarne ou Thierry Gaudin – il est dans les années 1960 la figure médiatique de proue, côté ingénieurs, de ces « futuristes ». C'est à la fois par goût de la prospective et passion du ferroviaire qu'Armand en vient à s'intéresser à la cybernétique. Elle est pour lui l'outil rêvé pour remettre le rail au premier plan, face à ses concurrents que sont l'avion et l'automobile : « Grâce à la cybernétique, le rail [...] est en passe de devenir l'un des principaux artisans du relais de l'homme par la machine. » (Armand, 1970a : cité dans Ribeill, 2011). Le rail devait devenir, par boucle de rétroaction cybernétique, l'outil de guidage du

---

16 On relève un ouvrage qui lui est consacré : Teissier du Cros, 1987. Cet ouvrage non académique, écrit par le fils d'un camarade de promotion d'Armand (polytechnicien lui-même, et ami de la famille), est de lecture plaisante et intéressante. Mais comme le montre son titre, il a un certain caractère hagiographique.

train lui-même : « les ordinateurs […] allégeront […] le cerveau soucieux des agents ; ceux-ci n'auront plus à intervenir que dans les situations inattendues […] » (Armand, 1970a : cité dans Ribeill, 2011)[17].

Mais au-delà de son utopie d'un chemin de fer cybernétisé, il faut voir en Louis Armand l'homme public, écrivant sur les sujets les plus divers – à partir de 1960 où sa carrière de grand patron prend fin[18], à 55 ans, et où il consacre plus de temps à l'activité médiatique[19]. Il est l'ingénieur-auteur de référence, celui qui, comme l'officier général de référence, est reçu à l'Académie française, en 1963 – il n'avait alors pourtant qu'un seul ouvrage à son actif –, peu saillant d'un point de vue académique ou littéraire, et écrit en collaboration. Mais sur la décennie qui lui reste à vivre, il produit une demi-douzaine d'ouvrages. C'est justement l'un d'eux, avec une trentaine d'autres auteurs (dont Fourastié ou d'Iribarne, mais aussi le ministre de l'intérieur de l'époque, Michel Poniatowski), que Bourdieu et Boltanski épinglent dans une « encyclopédie des idées reçues et des lieux communs » (Bourdieu & Boltanski, 1976) – il est abondamment cité dans cet abécédaire, présenté par ses auteurs comme une étude des modes de « production de l'idéologie dominante ».

C'est ce qui nous intéresse ici chez Armand : cette pensée (si on peut l'appeler ainsi) à la fois « futuriste » et « bourgeoise » – dualité que Vaneigem avait bien vue avec sa formule lapidaire ; une pensée se présentant comme nouvelle mais émanant de l'ordre établi, un « conservatisme reconverti […], progressiste », jugent Bourdieu et

---

17 Ribeill parle joliment d'« utopie ferroviaire » à propos de la vision prospective d'Armand.

18 Bien qu'il fût l'un de « ses » Compagnons de la Libération, l'arrivée du général de Gaulle au pouvoir semble n'avoir guère profité à Armand, en termes de responsabilités, au-delà du rapport Armand-Rueff de 1960. Plusieurs hypothèses peuvent être faites à ce propos : Armand, comme un certain nombre de Compagnons (Bourgès-Maunoury, …), était plutôt de tendance MRP que gaulliste (d'ailleurs certains imaginaient qu'il pouvait se présenter contre de Gaulle à la Présidentielle de 1965). On peut aussi supposer qu'il avait eu son bâton de maréchal avec la présidence de la SNCF jusqu'à 53 ans (1958), et qu'à partir de 1960 il préfère un magistère « intellectuel » et politique – il est néanmoins secrétaire général de l'UIC (Union internationale des Chemins de fer), poste qui lui laisse plus de temps, ne serait-ce que pour exercer ce magistère et écrire.

19 À titre d'exemple, il se tient le 19 décembre 1968 un débat chez Publicis, avenue des Champs-Élysées, entre Louis Armand et Valéry Giscard d'Estaing (qui n'est plus à l'époque ministre des Finances, mais simple député du Puy-de-Dôme), « Quel avenir pour l'Europe ? » (cité dans Bourdieu & Boltanski, 1976).

Boltanski. Avec eux, faisons un florilège de la *Weltanschauung* d'Armand[20] : « Les cloisonnements entre les classes sont en train de se dissoudre » et, de manière liée, « toutes les idéologies sont périmées, comme les deux structures économico-politiques dont elles sont contemporaines », « le socialisme et le libéralisme : il faut dépasser cette antinomie » – c'était un mythe répandu dans les années 1960 que celui de la fin des idéologies et des classes sociales. Elles disparaîtront, car « elles ont été établies avant la deuxième phase de la révolution industrielle, celle qui ouvre l'ère de l'abondance et de la planétisation ». D'ailleurs « tout se complexifie et se planétarise, [...] c'est l'âge des structures en mouvement qui commence ». Dans ces conditions, « on ne dira jamais assez combien il est dangereux de faire grise mine devant le progrès ». Et enfin, émanation des utopies d'ingénieur d'organisation rationnelle de la société (d'où leur attirance pour la cybernétique), « l'organisation et l'information dégageront l'homme politique de discussions politiques [*sic*] inutiles et épuisantes. Il ne doit pas avoir à démontrer, par application d'idéologies, des obligations qui découlent de véritables théorèmes ».

Le dernier opus (Armand, 1970b) de la décennie d'auteur d'Armand est plus directement lié au thème de la cybernétique. Il s'y revendique clairement de la « futurologie » (Armand, 1970b : 15), non sans certaines intuitions : « Les sociétés [entreprises] transnationales seront favorisées par la cybernétique grâce au télétraitement des informations. » Il y défend un « néolibéralisme »[21] planétisé et « cybernétisé » : la cybernétique donnerait de la « souplesse », elle permettrait d'« humaniser notre libéralisme ». Et surtout – première irruption du postmodernisme dans le discours managérial ? – l'entreprise doit « réfléchir à la forme qu'elle adoptera dans sa phase postcybernétique ». En tout état de cause, la cybernétique apparaît comme un lieu commun du discours managérial des années 1970, au même titre que le sont aujourd'hui le numérique, le digital, et les diverses transformations ou révolutions qui leur sont associées.

---

20 Toutes citations issues de Bourdieu & Boltanski, 1976, citant Armand & Drancourt, 1961.

21 Il est intéressant de trouver une occurrence de ce terme en 1971, ici pour l'exalter.

Permanence d'un discours managérial

La figure du père Teilhard de Chardin (1881-1955), paléontologue et théologien, marque une bonne partie du XXe siècle quant à notre sujet. Mais ce qui retient notre attention ici est l'utilisation qu'en fait Armand. Il le cite en tant que chrétien lui-même, lui sachant gré « d'avoir accéléré la confluence de la science et de la religion ». De manière plus intéressante et sans doute liée, il ajoute : « Nous sommes redevables de cette éclosion de la foi dans l'avenir au père Teilhard de Chardin qui, dans ce domaine également, s'est montré un précurseur. » (Armand, 1968 : 295).

Armand voit dans « *l'impetus* de la pensée teilhardienne », son rayonnement « dans de nombreux pays, dans des milieux fort divers », la « preuve de l'émergence de la planétisation sous une forme "néguentropique" » : cette pensée, selon Armand, se développe « auprès des communautés qui ont atteint la pleine maturité », auprès de ce nombre toujours plus grand d'hommes qui portent un intérêt de plus en plus vif à l'avenir. Teilhard n'est certes pas le père de la prospective, mais « on est en présence d'une même famille de pensée », note Armand. C'est bien « l'importance accordée aux interactions des différentes activités des hommes […], assurant une cohésion beaucoup plus grande à la société de demain », qui correspond à « une évolution dans le sens teilhardien ». Qu'on ne s'y trompe pas : c'est sa *foi dans l'avenir* et dans une société mieux organisée (par la cybernétique) qu'Armand assied sur la pensée teilhardienne.

On voit se dessiner là chez lui (comme chez l'ingénieur Coutrot 30 ans auparavant) la matrice d'un discours managérial toujours actuel qui mêle évolution scientifique et évolution des entreprises et de la société – Darwin, plus « laïque », plus « mondialisé » (ou « planétisé », pour parler comme Armand), ayant de nos jours remplacé Teilhard dans cette vulgate. La référence à Teilhard reste cependant présente dans certains milieux contemporains proches du transhumanisme (et du christianisme ; par ex. Steinhart, 2008)[22].

---

[22] Ce type d'article, qui commence et se conclut par une exhortation (*There are several specific reasons for transhumanists to study Teilhard's work* […] *It's my hope the dialogue between liberal Christians and transhumanists can enrich and strengthen transhumanism*), est à prendre avec précaution, compte tenu des liens affichés par l'auteur aussi bien avec la religion qu'avec le mouvement transhumaniste. Dans le cas des liens avec la religion, ceci pourrait s'inscrire dans ce que le sociologue Yves Gingras (Gingras, 2016) a pointé comme

Mais l'invocation de Teilhard par Armand est aussi à interpréter dans son contexte. En dehors de correspondre à sa foi chrétienne (qu'il n'explicite pas – ce qui relativise l'intérêt de sa mention), Teilhard joue un rôle de légitimation scientifique pour la pensée managériale d'Armand[23]. Ce besoin de légitimation par la science va de pair avec une fascination pour celle-ci chez des ingénieurs de haute formation scientifique – à nouveau : comme Coutrot[24]. Une interprétation complémentaire, plus politique, peut être donnée : les années 1960 sont le théâtre d'un combat – oublié aujourd'hui – entre une pensée chrétienne et une pensée marxiste (cf. par ex. Cardonnel *et al.*, 1964). Le grand récit teilhardien venait bien évidemment à l'appui politique de la première – et la pensée d'Armand, si elle ne peut être de but en blanc rattachée à la pensée chrétienne[25], n'est certainement pas marxiste ! Sans exagérer ce point en surestimant l'importance de la politique dans la pensée de Teilhard, on peut relever ses coups de griffe contre « la solution collectiviste » (Teilhard, 2001 [1959] : 319) ou contre « certains symptômes morbides comme l'existentialisme sartrien » (Teilhard, 2001 [1959] : 342).

Teilhard et l'ultra-humain

Terminons en étudiant le discours de deux figures tutélaires de la science à cette époque, à l'occasion ferraillant entre elles : Teilhard donc, et Jean Rostand – l'un chrétien, l'autre athée, ou agnostique. C'est là un autre plan discursif : les débats étudiés jusqu'à présent relèvent plus d'une pensée sur la société (la sociologie chez Lefebvre, la pensée managériale chez Armand), ainsi que sur la technique. Ils se sont focalisés autour d'un terme, celui de *cybernétique* – comme si cette science de l'organisation en arrivait

la fabrication indue d'un dialogue factice entre science et religion. Dans le cas des liens avec le transhumanisme, on ne peut être qu'étonné de la proximité de nombre d'universitaires anglo-saxons avec le transhumanisme, et l'importance de la diffusion de leur écrits (tel le philosophe suédois Nick Bostrom, université d'Oxford).

23 On peut émettre l'idée qu'à l'inverse Teilhard joue aussi un rôle de légitimation religieuse ou théologique pour la « foi en l'avenir » d'Armand.

24 Notons toutefois que Coutrot ne fait pas mention d'une foi chrétienne le concernant. Mais, comme nous l'avons souligné, la mention de sa propre foi chez Armand ne paraît pas essentielle dans l'analyse de son propos.

25 Quoique l'invocation dans les années 1960 par Armand ou par des grands scientifiques (comme Louis Leprince-Ringuet) de leur foi chrétienne justifierait une étude plus approfondie sur l'articulation entre leurs écrits et ce courant de « pensée chrétienne ».

elle-même à organiser le débat. Nous évoquons à présent des pensées ressortissant à la science fondamentale et à l'homme lui-même ; ces auteurs – qui ne participent pas au débat sur la cybernétique – ont d'ailleurs leur propre vocable (l'*ultra-humain* chez Teilhard, le *surhumain* et d'autres locutions chez Rostand).

Il y a bien sûr recouvrement partiel entre ces deux plans discursifs. Mais ils constituent deux niveaux d'approche du sujet que l'on retrouve assez bien de nos jours : la controverse sur la cybernétique (cf. *supra*), portant sur la société du futur, peut être comparée aux controverses actuelles sur le « big data » ou sur la « transformation numérique des entreprises » ; les discours portant sur l'avenir et l'éthique de la science ou sur l'avenir de l'homme, chez Teilhard et Rostand, peuvent, quant à eux, être comparés aux débats actuels sur le transhumanisme.

Teilhard, d'abord. Ses écrits n'ayant pas tous été rendus publics de son vivant à cause d'une opposition de son ordre et de l'Église, ils le sont après sa mort dans une certaine théâtralité : en 1959 est publié au Seuil un recueil de textes, *L'Avenir de l'homme* (Teilhard, 2001 [1959]), « sous le patronage I. d'un Comité scientifique, II. d'un Comité général ». On relève les noms de Louis Leprince-Ringuet et de Louis Armand dans ces comités[26], qui marquent un type de publication plus mondain que scientifique, et montrent bien l'importance de la pensée de Teilhard dans la société française et ses classes dirigeantes des années 1950-1960. En décembre 1965 est organisé à l'UNESCO un colloque *Science et synthèse* à l'occasion du 10e anniversaire conjoint de la mort de Teilhard et d'Einstein[27]– mise en association

---

26 Parmi les 32 membres du Comité scientifique : Roger Heim, Julian Huxley, Charles Jacob, Louis Leprince-Ringuet, André Leroi-Gourhan, Théodore Monod, Robert Oppenheimer, Sir Arnold Toynbee. Parmi ceux du Comité général, outre la famille Teilhard, Louis Armand, Robert Aron, Georges Duhamel, Henri Gouhier, Georges Gusdorf, Jacques Madaule, André Malraux, Henri-Irénée Marrou, François Perroux, Jacques Rueff, Léopold Sedar Senghor. Les 4 pages de composition de ces comités figurent en exergue (premières pages, 7 à 10) des rééditions récentes Points Seuil de l'ouvrage – marquant ainsi leur importance.

27 Voir fiche documentaire UNESCO : http://unesdoc.unesco.org/Ulis/cgi-bin/ulis.pl?catno=243407&set=0056C912ED_0_24&gp=0&lin=1&ll=4
Allocution de M. René Maheu, Directeur général de l'UNESCO, à l'ouverture du Colloque Science et synthèse organisé à l'occasion du dixième anniversaire de la mort d'Albert Einstein et de Pierre Teilhard de Chardin (Paris, le 13 décembre 1965). En septembre 1981, un autre colloque de deux jours à l'UNESCO célèbre le centenaire de

difficilement concevable aujourd'hui. Et encore de nos jours, ses deux ouvrages Points Seuil sont régulièrement réédités et figurent en bonne place dans les rayons « philosophie » ou « religion » des librairies.

Dans ce contexte, Teilhard a été largement étudié et commenté, dans de nombreux milieux : il développe en effet une forme de transhumanisme à finalité chrétienne. Ce qui nous intéresse ici est l'appellation qu'il choisit, celle d'« ultra-humain »[28]. Selon lui, nous n'allons pas « nous déshumaniser par mécanisation mais [...] nous sur-humaniser par intensification de nos puissances de comprendre et d'aimer » ; c'est « la montée implacable, à notre horizon, d'un véritable Ultra-humain[29] ». Et, sans toujours définir précisément cet état – c'est la caractéristique d'une utopie que le manque de définitions précises :

> Nous nous imaginions peut-être que l'espèce humaine, déjà mûre, était en train de plafonner. La voici qui se découvre à nous comme encore embryonnaire. En avant de l'Humain que nous connaissons, sur des centaines de mille (ou plus probablement sur des millions) d'années, s'étend désormais, au regard de notre science, une frange profonde, quoiqu'encore obscure, d'« Ultra-Humain » (Teilhard de Chardin, 1951 ; repris dans Teilhard de Chardin, 1959 : 340).

On peine à imaginer, de nos jours, que sa fresque, « Du pré-humain à l'ultra-humain », fut publiée en 1951 dans une revue de vulgarisation scientifique, *Almanach des Sciences*. Et le sous-titre de son autre article, « réflexions d'un biologiste », fait écho aux *Pensées d'un biologiste* de Jean Rostand (1939) – comme une réponse revendiquée aux propos du savant et vulgarisateur athée, et se présentant médiatiquement comme tel : Teilhard, lui aussi, prétend parler au nom de la science et de l'évolution, et, lui aussi, est présenté comme scientifique (paléontologue) sa vie durant, et

---

la naissance de Teilhard. Signalons aussi qu'Armand consacre un chapitre à « Einstein et Teilhard de Chardin » (Armand, 1968 : 288-297).

28 Dans Dard & Moatti, 2016, nous citons une occurrence de 1949 de *transhumain* chez Teilhard et émettons l'idée que par la suite Teilhard ait voulu se démarquer – notamment parce que sa propre finalité était différente – du terme *transhumain* déjà « préempté » par Coutrot avant-guerre. Une autre hypothèse pourrait être celle d'une gradation entre les deux termes, le Transhumain venant couronner l'Ultra-Humain : « non pas une fin de l'Ultrahumain, mais son accession à quelque Transhumain, au cœur même des choses » (dernière phrase de Teilhard, 1951).

29 « Sur l'existence probable, en avant de nous, d'un "Ultra-Humain" (réflexions d'un biologiste) », daté de 1950 (Teilhard, 2001 [1959] : 317).

même après sa mort. Cependant, il réinterprète à son profit la théorie darwinienne : jusqu'à l'Homme, c'est la sélection naturelle qui était à l'œuvre, à partir de l'Homme, « les forces d'*invention* ont commencé à prendre en mains les rênes de l'Évolution » (Teilhard, 2001, [1959] : 339)[30]. Il en appelle à une *anthropogénèse* : l'Homme, « conscient de son état d'inachèvement », a maintenant les moyens de mettre en œuvre un monde « organiquement et psychiquement *convergent* » (Teilhard, 2001 [1959] : 318)[31], et son propre dépassement sera la rencontre de Dieu.

Inquiétudes d'un biologiste

Quant à Rostand, il est aujourd'hui bien oublié, sauf peut-être par les élèves des 175 collèges et lycées de France qui portent son nom[32]. Sa spécificité est de nous rappeler la place de la biologie dans la vision de l'homme augmenté : de nos jours, le transhumanisme est une convergence NBIC (Nanotech, biotech, informatique et sciences cognitives), même si la partie *informatique* et *cognitive* du transhumanisme est plus visible médiatiquement.

Cet aspect de l'homme augmenté lié à la biologie nous est donné par une vision inattendue – aujourd'hui complètement oubliée, voire maudite : celle de l'eugénisme. Elle transparaît à travers la notion de « sous-homme » (déjà mentionnée par Lefebvre) : ainsi Rostand, mettant en balance les opportunités et les dangers de la modification de l'ADN, évoque-t-il la possibilité de « créer des surhommes, ou des sous-hommes[33] ». Cette dernière notion, issue de la « théorie » de la dégénérescence du XIXe siècle et de l'eugénisme

---

30 On retrouve des idées similaires dans la revue *Planète*, qui elle aussi cite positivement Teilhard (sans toutefois adopter sa vision chrétienne).

31 C'est l'utilisation de termes comme *anthropogenèse* (très – trop – proche de la Genèse divine), parmi bien d'autres idées, qui ont valu à Teilhard de sérieux démêlés avec sa hiérarchie jésuite et avec l'Église en général, et souvent la non-publication de certains de ses articles. Ce qui pouvait apporter un surcroît de prestige au personnage, tel un Galilée obligé à taire certaines vérités…

32 On relève parallèlement 35 collèges et lycées portant le nom de Louis Armand (une curieuse page du site *Le Monde* permet de faire ce genre de statistiques : http://www.lemonde.fr/les-decodeurs/article/2015/04/18/de-jules-ferry-a-pierre-perret-l-etonnant-palmares-des-noms-d-ecoles-de-colleges-et-de-lycees-en-france_4613091_4355770.html)

33 Nombreuses occurrences de ce terme chez Rostand. Ici, émission de télévision du 28 décembre 1962 : « Jean Rostand : vers la création d'un surhomme ou d'un sous-homme » [En ligne], *ina.fr* (consultée le 8 décembre 2016) : http://www.ina.fr/video/I05174370

scientifique comme interprétations de la théorie darwinienne, est encore fort présente dans les années 1960. L'eugénisme avait de nombreux partisans dans la biologie d'avant-guerre (Julian Huxley, J.B.S. Haldane, Alexis Carrel) : si la Seconde Guerre mondiale conduit à un déclin en fait très progressif de l'eugénisme, il en reste des traces non dans la science, mais dans le discours sur la science, comme chez Rostand au début des années 1960[34]. De fait, celui-ci pose le débat plus en vulgarisateur ou en philosophe qu'en biologiste : l'évolution darwinienne ultérieure de l'homme se fera soit suivant la nature (comme elle s'est faite selon lui jusqu'à une époque récente – avant le milieu du XIXe siècle), soit suivant l'homme, qui en sera lui-même le moteur. Que l'Homme ait déjà pris la main sur sa propre évolution, c'est l'analyse eugéniste, de 1870 à 1970 : l'homme a altéré le rôle de la sélection naturelle par la médecine moderne ou les médicaments (jusqu'à ce risque de « sous-homme », par absence de sélection naturelle). Rostand insiste, dans sa conférence « La défense de l'espèce », en février 1962, devant l'Institut de la vie[35], n'hésitant pas à rappeler « l'épuration génétique […] assurée par l'éviction des moins aptes » (Rostand, 2012)[36]. Le médecin cultive la maladie, ce qui fait qu'« en vertu d'une sorte d'entropie génétique, l'espèce se dégrade automatiquement ». Et, dans sa critique du nucléaire (surtout militaire), le quasi unique argument de Rostand est celui du risque de mutations génétiques néfastes induites par la radioactivité sur les survivants d'une explosion atomique, et donc sur le patrimoine génétique de l'humanité…

Cependant Rostand reste un homme partagé, entre l'homme de la science triomphante de la IIIe République qu'il est par son âge, sa formation et sa carrière, et le philosophe et vulgarisateur effrayé par les développements de

---

34 Encore dans l'immense succès du biologiste Jacques Monod (*Le Hasard et la nécessité*, 1970), on peut trouver des passages de nature eugéniste (« agir sur le patrimoine héréditaire pour l'enrichir de traits nouveaux » (Monod, 1970 : 206-207).

35 Cet « Institut de la vie », créé en juillet 1961 par le biologiste Maurice Marois (1922-2004), avec la présidence de Jean Rostand, mériterait une étude en lui-même ; voir par exemple ses programmes initiaux sur la préservation de la vie sur le site internet à caractère mémoriel qui lui est consacré, lié à ses descendants : *Maurice Marois. De quel poids pèse l'aventure d'un passant* ? (consulté le 29/09/2017) : http://www.mauricemarois.fr/quest-linstitut-de-vie/?st=genese_ce-quest.

36 Voir à ce propos notre bref billet (Moatti, 2015). Comme le note Pierre Franchet en commentaire, « c'est l'homme Rostand qui est modéré, et non son eugénisme, qui ne l'est pas ».

la science qu'il devient progressivement après-guerre[37] ; ce qui explique peut-être un discours ambigu, entre fascination et rejet. Ainsi, les mêmes causes qui aboutissent à la disparition de la sélection naturelle pourraient produire l'effet inverse : l'apparition d'un « surhomme par la chimie » (Rostand, 1967 : 26), cette dernière étant susceptible d'abolir « la fatigue, la douleur, le chagrin ». Et Rostand se pose un certain nombre de questions sur les avancées de la biologie : « Faut-il admettre la parthénogenèse, l'androgenèse, la polyembrionie, la transformation des sexes, la modification des gènes par le D.N.A. ? » Avec la chimie et la biologie, c'est l'homme lui-même, et non la nature, qui provoquera « la venue de SAPIENTIOR, apte à lui succéder » (Rostand, 1967 : 47)[38]. Non sans une certaine grandiloquence souvent présente chez lui, il voit cette espèce humaine remplacer l'espèce courante : « Ainsi, [l'Homme] se serait, de ses propres mains, donné un héritier, et par cet « autogénocide », il aurait noblement témoigné qu'il préfère à soi un plus que soi. » (Rostand, 1967 : 47).

Balançant, on l'a dit, entre exaltation et crainte, c'est plutôt vers cette dernière que Rostand penche – en tout cas lorsqu'il cite Teilhard qui va plus loin que lui vers le surhumain : « Dût-on frémir, c'est éminemment sur ce terrain de la modification de l'homme par l'homme qu'il nous faut tout essayer, jusqu'au bout ». Rostand lui réplique, en une phrase qui résume bien l'approche teilhardienne : « N'est-ce pas là normal chez un sujet qui voit dans la science une opération divine et pour qui le sens de la biologie se confond avec le sens d'une évolution conduite par le Créateur ? » (Rostand, 1967 : 47)[39].

Et, de manière cohérente avec ce qui précède, ce n'est que timidement qu'il évoque le « surhomme », le « surhumain » ; hors le titre, le terme n'apparaît pas dans son ouvrage (Rostand, 1962)… Dans *Pensées d'un*

---

37 Comme le confirme la 4e de couverture de J. Rostand, *Peut-on modifier l'homme* ?, (Paris, Gallimard, 1956), « ouvrage où l'enthousiasme de l'homme de science laisse la place à l'inquiétude du moraliste ». On peut aussi interpréter ainsi les titres successifs de deux de ses ouvrages, *Pensées d'un biologiste* (1939) et *Inquiétudes d'un biologiste* (1967).

38 *Sapientior* (lat.) est le comparatif (« plus intelligent ») associé à *sapiens* (« intelligent », in *Homo Sapiens*). La phrase quasi identique figure déjà dans une conférence donnée par Rostand en 1963, « Le destin biologique de l'homme ».

39 Rostand sous-entend là que, quelle que soit l'ampleur des modifications faites par l'homme sur l'homme, celui-ci ne saurait se tromper selon Teilhard, sa main étant guidée par Dieu.

biologiste, il avait pourtant évoqué la fin de l'espèce humaine dans l'Univers, en indiquant que rien ne subsistera de « toute la civilisation humaine ou surhumaine » (Rostand 1954 [1939] : 72). De manière peut-être plus significative, Rostand fait référence en 1962 au « surréalisme biologique » (Rostand, 1962 : 29), au moment où ce mouvement vit ses dernières années : « Ici, encore, devant ces “absurdités” voulues, comment ne pas songer à certaines fantaisies de l'art surréaliste ! » (Rostand, 1962 : 23).

Ce surréalisme biologique émane de « la biologie créatrice » (Rostand, 1962 : 24, 25 et 28). Et Rostand, à ses heures aussi historien de la biologie, de tracer l'histoire de cette « biologie créatrice », rappelant, de Bacon à Claude Bernard, « qu'elle s'est manifestée en biologie bien avant le vingtième siècle » (Rostand, 1962 : 25). Après avoir donné divers exemples de biologie créatrice sur les fruits, sur les animaux, Rostand pose la question à l'homme lui-même :

> La grande question qui vient inévitablement à l'esprit est celle de savoir si, à force de « surréaliser » la nature, à force de traiter en artiste les phénomènes de vie, à force de jouer avec la matière animée, l'Homme ne va pas se trouver amené à jouer avec sa propre nature et à se « surréaliser » lui-même à l'excès. (Rostand, 1962 : 23)

Car « toucher à la nature biologique de l'homme est autrement plus grave que substituer la peinture informelle à la figurative [...] fantaisies que nous proposent les Picasso du laboratoire ». Finalement, Rostand semble vouloir préserver un « académisme vital » (*i.e.* certains canons en matière de biologie) ou, dit autrement : « l'hominité de Papa ».

De nos jours, une différence de nature ?

Il resterait bien évidemment dans les années 1960-1970 d'autres pensées, d'autres controverses, d'autres vocables sur l'homme-machine à étudier ici. Dans le camp critique, l'œuvre de Jacques Ellul (qui tenta de se rapprocher du mouvement situationniste au début des années 1960) est bien évidemment présente : elle est cependant moins tournée vers l'homme-machine que vers le rapport entre l'homme et la technique. Citant à plusieurs reprises « le kibert »[40] (mis pour *cyborg*), il ne développe pas cette notion, au contraire de

[40] Par exemple « l'homme machine, le *kibert* » (Ellul, 2012a [1977] : 41) ; « Écartons tout de suite le kibert, l'homme-ordinateur » (Ellul, 2012b [1988] : 714). Ellul (en 1988)

ce que fait Lefebvre. Sa pensée sur la technique n'entre pas dans cette spécificité-là – à cet égard, elle reste plus proche de la pensée personnaliste des années 1930, à laquelle il avait contribué. Dans le camp d'exaltation de la technique, il faut citer la revue à succès *Planète*, créée en 1960 par Louis Pauwels et Jacques Bergier. Ce dernier avait, dès 1948, écrit un article (Bergier, 1948) portant comme sous-titre : « Nés des poupées automates, des mathématiques pures et de la physique corpusculaire, les robots prendront bientôt la relève des travailleurs ». Dans divers articles de *Planète*, il poursuit dans l'exaltation de la cybernétique, avec cette touche de « réalisme fantastique » propre à la revue : « On peut définir le traitement informatique comme un moyen de réaliser l'impossible » (Bergier, 1948)[41]. Il existe cependant dans *Planète*, revue protéiforme (ce qui faisait son succès « attrape-tout »), une tendance plus circonspecte, voire nostalgique, émanant de littéraires – ainsi l'homme de lettres André Amar écrit-il que « l'homme déshumanisé ne serait plus qu'une chose parmi les choses » (Amar, 1966).

Finalement, que peut-on mettre en évidence *via* ce panorama des années 1960-1970 ? D'abord, l'existence de termes clivants autour desquels s'organise le débat. On pourrait ainsi parler rétrospectivement, dans ces années-là, d'une « querelle de la cybernétique », comme on a pu parler dans les années 1930 d'une « querelle du machinisme » qu'elle prolongerait – et comme on pourrait parler de nos jours d'une querelle du « big data » ou du transhumanisme. Ensuite, par rapport à aujourd'hui, on peut constater que les mêmes ingrédients sont en place : un discours intellectuel critique de la technique, et un discours dominant (aux deux sens : majoritaire, et émanant des classes dirigeantes) d'exaltation de celle-ci – notamment un discours de dirigeants d'entreprises, qui, dans sa grande banalité, ressemble beaucoup aux discours contemporains d'exaltation de la « révolution numérique et du big data », qui émanent de dirigeants de start-ups ou de gourous technoprophétiques, voire d'hommes politiques. Enfin, on pourra mettre en parallèle la crainte actuelle d'un surhomme, d'un transhumain, et la crainte issue de la science eugéniste (et rémanente dans les années 1960) d'un sous-homme par excès de soins.

---

semble être plus sensible aux dangers du génie génétique qu'à l'informatique – comme Rostand ; c'est à rapprocher chez lui de sa foi chrétienne.

41 Jean-Noël Lafargue a fait, en 2010, sur son blog *hyperbate.fr*, une utile recension des articles de *Planète* consacrés à la cybernétique.

On peut cependant considérer deux différences notoires entre la période décrite et notre époque, qui marquent les limites d'une analyse temporelle comparée et d'une supposée permanence. La première est, nous semble-t-il, une plus grande faiblesse contemporaine de la critique : en comparaison d'un Henri Lefebvre (ou d'un Ellul), voire d'un Rostand, on peine de nos jours à trouver – dans le monde francophone mais pas seulement – des universitaires et intellectuels portant un discours critique de qualité équivalente. La seconde, c'est la résonance du discours managérial et capitaliste sur le sujet : ce qui était porté par certains prospectivistes isolés – même médiatiques – fait partie intégrante de la stratégie d'entreprises mondialisées à la puissance financière et sociale immense, telles Google[42]. Et l'on observerait même, dans certains de ces milieux technoprophétiques, la résurgence (comme celle d'un fleuve souterrain) d'un type d'eugénisme, non défensif mais offensif, sous forme d'une biocratie (à la Carrel).

Ainsi, si l'histoire des idées établit sur le sujet certains invariants argumentaires entre différentes époques, il est possible que de nos jours la façon dont ces idées sont véhiculées marque non une différence de degré mais de nature. Cependant, la nature de l'homme a-t-elle réellement changé entre 1967 et 2017 ? Est-elle susceptible de le faire dans les 50 ans qui viennent, marquant quelque espèce de « singularité » en permanence annoncée ? Le cybernanthrope est-il déjà parmi nous ? Sinon le sera-t-il bientôt ? Le sera-t-il un jour ? Ces questions restent posées.

Références bibliographiques

AMAR André, 1966. « Machines, publicités, drogues… L'homme artificiel cède la place à l'homme naturel », *Planète*, 31, p. 182-183.

ARMAND Louis, 1968. *Simples propos*, Paris, Fayard.

—, 1970a. *Propos ferroviaires*, Paris, Fayard.

—, 1970b. *in* L. Armand *et al.*, *L'Entreprise de demain. De la cybernétique à l'intéressement*, Paris, Marabout (Service 140).

---

42 Et, par surcroît, l'équivalent contemporain des prospectivistes est intégré à ces entreprises, tel Ray Kurzweil le mondialement connu auteur à succès et directeur de l'ingénierie de Google depuis 2012.

ARMAND Louis, DRANCOURT Michel, 1961. *Plaidoyer pour l'avenir*, Paris, Calmann-Lévy.

BERGIER Jacques, 1948. « Un plan général d'automatisation des industries : nés des poupées automates, des mathématiques pures et de la physique corpusculaire, les robots prendront bientôt la relève des travailleurs », *Les Lettres françaises*, 15 avril 1948.

—, 1963. « Où en est-on avec les cerveaux artificiels ? », *Planète*, 9, p. 90-101.

BOURDIEU Pierre, Boltanski Luc, 1976. « La production de l'idéologie dominante », *Actes de la recherche en sciences sociales* [En ligne sur Persée], 2 (2), p. 3-73 (consulté le 28/09/2017) : http://www.persee.fr/doc/arss_0335-5322_1976_num_2_2_3443

CARDONNEL Jean *et al.*, 1964. *L'Homme chrétien et l'homme marxiste*, Paris – Genève, La Palatine.

DARD Olivier, MOATTI Alexandre, 2016. « Aux origines du mot "transhumanisme" », *Futuribles*, 413, p. 85-94.

DEBORD Guy, 2006. *Œuvres*, éd. établie et annotée par J.-L. Rançon ; en collab. avec A. Debord ; préface et introductions de V. Kaufmann, Paris, Gallimard.

DEVÈZE Jean, 2004. « Abraham moles, un exceptionnel passeur transdisciplinaire », *Hermès*, 9, p. 188-200.

DUBARLE Dominique, 1948. « Vers la machine à gouverner ? », *Le Monde*, 28 décembre 1948.

ELLUL Jacques, 2012a [1977]. *Le Système technicien*, Paris, Le Cherche Midi.

—, 2012b [1988]. *Le Bluff technologique*, Paris, Hachette Littératures (Pluriel 1982).

L'Entreprise de demain. De la cybernétique à l'intéressement, ouvrage collectif, Verviers, Marabout (Marabout Service 140).

FLEURY Cynthia, 2014. « On va liquider la pensée en s'en remettant à une machine », *La Croix*, 31 mars 2014.

FOURASTIÉ Jean, 1979. *Les Trente Glorieuses ou la révolution invisible de 1946 à 1975*, Paris, Fayard, 1979.

GINGRAS Yves, 2016. L'Impossible dialogue. Science et religion, Paris, PUF.

LEFEBVRE Henri, 1958 [2e éd.]. *Critique de la vie quotidienne*, vol. I : *Introduction*, Paris, L'Arche.

—, 1961. Critique de la vie quotidienne, vol. I : Fondements d'une sociologie de la quotidienneté, Paris, L'Arche.

—, 1967. *Position : contre les technocrates. En finir avec l'humanité-fiction*, Éd. Gonthier.

LENTIN André, 1953. « La cybernétique : problèmes réels et mystifications », *La Pensée*, 47, p. 47-61.

MOATTI Alexandre, 2016. « Pour une critique raisonnée de la technique et d'internet », *Commentaire*, 152 (2), p. 398-400.

—, 2015. « Jean Rostand et l'eugénisme », *Pour la science, Blogs*. [En ligne]. Mis en ligne le 16/04/2015 (consulté le 29/09/2017) : http://www.scilogs.fr/alterscience/rostand/

MONOD Jacques, 1970. *Le Hasard et la nécessité. Essai sur la philosophie naturelle de la biologie moderne*, Paris, Seuil (Points. Série Essais 43).

MOUNIER-KUHN Pierre-Éric, 2010. *L'Informatique en France de la Seconde Guerre mondiale au Plan Calcul. L'émergence d'une science*, Paris, Presses de l'Université Paris-Sorbonne, 2010.

RIBEILL Georges, 2011. « Des modèles roue-rail en chambre aux circuits et trains d'essais : une mise en perspective des chemins de fer français (XIXe-XXe siècles) », *Documents pour l'histoire des techniques* [En ligne], 20 (2), p. 71-83 (consulté le 28/09/2017) : http://dht.revues.org/1659.

ROSTAND Jean, 1954 [1939]. *Pensées d'un biologiste*, Paris, Stock.

—, 1962. *Aux frontières du surhumain*, Paris, Union générale d'éditions (Le Monde en 10-18 8).

—, 1963. « Le destin biologique de l'homme », *Tiers-Monde*, 4 (13), p. 6-23.

—, 1967. *Inquiétudes d'un biologiste*, Paris, Stock.

—, 2012. *Un biologiste contre le nucléaire*, textes choisis et commentés par A. Dubois, préface de J. Testart, Paris, Berge.

SEGAL Jérôme, 2003. *Le Zéro et le Un. Histoire de la notion scientifique d'information au 20e siècle*, Paris, Syllepse.

STEINHART Eric, 2008. « Teilhard de Chardin and Transhumanism », *Journal of Evolution and Technology* [En ligne], 20 (1), p. 1-22 (consulté le 28/10/2017) : http://jetpress.org/v20/steinhart.htm

TEILHARD DE CHARDIN Pierre, 1951. « Du pré-humain à l'ultra-humain ou "Les phases d'une planète vivante" », *Almanach des Sciences*.

—, 2001 [1959]. *L'Avenir de l'homme*, Paris, Seuil (Points. Sagesses 160).

TEISSIER DU CROS Henri, 1987. *Louis Armand : visionnaire de la modernité*, Paris, Odile Jacob.

TIQQUN, 2001. « L'hypothèse cybernétique », *Tiqqun*, 2, p. 223-339.

TRICLOT Mathieu, 2008. *Le Moment cybernétique. La constitution de la notion d'information*, Seyssel, Champ Vallon.

VANEIGEM Raoul, 1967. Traité de savoir-vivre à l'usage des jeunes générations, Paris, Gallimard.

—, 2008. Entre le deuil du monde et la joie de vivre. Les situationnistes et la mutation des comportements, Paris, Gallimard.

L'enfant-machine

Note sur la fabrique et la machinerie dans *Le Capital*

Claude DIDRY
CMH[1] (UMR 8097), ENS, CNRS

La machine occupe une place cruciale dans le développement du capitalisme que présente le Livre 1 du *Capital*, mais moins sous sa forme individuelle que dans sa dimension collective. C'est ainsi que, dans le chapitre 13 « La machinerie et la grande industrie », Marx envisage le « système des machines » et prend la « machinerie » comme élément déterminant d'une forme nouvelle d'organisation du travail : la *fabrique*. On est alors tenté, en suivant la présentation de Marx, de voir la fabrique comme l'aboutissement d'un développement qui part de l'artisanat dispersé en métiers, pour passer à la manufacture fondée sur une organisation méthodique du travail systématisant la division traditionnelle du travail esquissée par l'artisanat. La croissance des forces productives suggère ici un déterminisme technologique conduisant à une discipline croissante dans le travail, dont le rythme est déterminé, dans la fabrique, par celui des machines.

Or, en simplifiant le travail tant dans sa complexité que dans la force requise, la machine porte à un niveau inédit l'engagement des femmes et plus encore des enfants dans le travail. Comme le proclame Marx : « Les premiers mots de l'emploi capitaliste de la machine furent donc pour le travail des femmes et des enfants ! » (Marx, 1993 [1867] : 443). Il en résulte qu' « [o]n abuse de la machinerie pour transformer l'ouvrier, dès son enfance, en partie d'une machine. » (Marx, 1993 [1867] : 473). Malgré les législations sur les fabriques limitant en Angleterre le travail des femmes et des enfants dans les

---

1 Centre Maurice Halbwachs ; 48 boulevard Jourdan, 75014 Paris

branches mécanisées depuis le début du XIXe siècle, « il y a encore au moins 2 000 jeunes garçons en Grande-Bretagne qui sont vendus par leurs propres parents comme machines vivantes à ramoner les cheminées (bien qu'il existe des machines pour les remplacer). » (Marx, 1993 [1867] : 496).

Dans la fabrique, l'homme-machine est préalablement un enfant-machine réduit à une situation d'esclavage tant à l'égard de ses parents qui tirent de son travail un revenu nécessaire à la subsistance de la famille qu'à celui du capitaliste dans une usine qui se rapproche du bagne. De ce point de vue, la mécanisation prolonge la misère ouvrière créée par la manufacture, en privant les ouvriers de la maîtrise d'un métier et en soumettant les plus âgés à la concurrence des plus jeunes. La déstructuration de la famille ouvrière atteint des sommets, entraînant une mortalité accrue des enfants et leur asservissement dès le plus jeune âge à des travaux si parcellaires qu'ils ne leur laissent que peu d'espoir d'en sortir, s'ils y survivent. On se trouve ici au cœur de cette « question sociale » que la législation de fabrique limitée aux seules branches mécanisées peine à endiguer, en poussant les parents à la « vente » des enfants issus de familles ouvrières dans les secteurs encore artisanaux.

Mais alors que reste-t-il de cette émancipation de la classe ouvrière, dont le premier article des statuts de l'Internationale proclame qu'elle doit être l'œuvre de la classe ouvrière elle-même ? Que reste-t-il finalement de l'horizon d'une société socialiste dont la classe ouvrière doit être l'accoucheuse ?

C'est finalement à partir de la remise en cause radicale d'une division du travail fondée initialement sur les métiers que la machine ouvre la voie à une réflexion sur une émancipation ouvrière passant par l'éducation. Ainsi, à l'éducation ouvrière suscitée par l'adaptation aux changements continuels du procès de production, s'ajoute une réflexion sur l'enseignement technologique comme horizon de l'obligation scolaire établie par la législation de fabrique. D'élément destructeur des familles ouvrières et de leurs enfants, le travail devient un élément éducatif dans un projet d'ensemble d'une éducation faisant toute sa part à la technologie.

Pour saisir le grand retournement qui s'opère sous l'effet de la machine, nous envisagerons en premier lieu les conséquences catastrophiques de la machine. Cela nous conduira ensuite à la rupture qu'entraîne la mécanisation dans le travail, pour appréhender enfin l'horizon éducatif qui en ressort.

Les effets de la fabrique sur le travail des enfants

Le capitalisme orgiaque

D'entrée de jeu, le *Capital* souligne l'abstraction du travail résultant du règne de la marchandise. Le jeu de l'échange abstrait le travail des considérations immédiates sur la richesse, telles que les profèrent des économistes comme Frédéric Bastiat pour qui le commerce est la source du profit[2]. Dans une situation proche des célébrations actuelles du libre-échange comme source de la richesse des nations, il ne reste finalement que peu de chose du travail dont l'économie classique avait pourtant fait la substance de la valeur d'échange :

> Considérons maintenant ce résidu des produits du travail. Il n'en subsiste rien d'autre que cette même objectivité fantomatique, qu'une simple gelée de travail humain indifférencié, c'est-à-dire de dépense de force de travail humaine, indifférente à la forme dans laquelle elle est dépensée. Tout ce qui est encore visible dans ces choses, c'est que pour les produire on a dépensé de la force de travail humaine, accumulé du travail humain. C'est en tant que cristallisations de cette substance sociale, qui leur est commune, qu'elles sont des valeurs : des valeurs marchandes. (Marx, 1993 [1867] : 43)

Cette indifférence à la manière dont est dépensée la force de travail est au centre du capitalisme, dans sa fringale sans limite de surtravail que va montrer le chapitre 8 sur la « journée de travail ».

Certes, il faut compter avec les luttes ouvrières pour contrer cet instinct initial sans limite des capitalistes :

---

2 « C'est dans cette illusion que tombent aussi bien les mercantilistes et leurs ressasseurs actuels, Ferrier, Ganilh et consorts, qu'aux antipodes de ceux-ci les commis voyageurs modernes du libre-échangisme, Bastiat et toute la troupe. Les mercantilistes mettent l'accent principal sur le côté qualitatif de l'expression de valeur, donc sur la forme équivalent de la marchandise, qui possède dans la monnaie sa figure achevée – alors que nos colporteurs du libre-échange, qui doivent à tout prix liquider leur marchandise, le mettent sur le côté quantitatif de la forme valeur relative. Il n'existe pour eux par conséquent ni valeur ni grandeur de valeur de la marchandise autrement que dans l'expression donnée par le rapport d'échange, et donc ailleurs que sur l'étiquette du prix courant au jour le jour. Avec l'Écossais Macleod, dont la fonction a été d'habiller d'un maximum d'érudition tape-à-l'œil les notions confuses qui traînent dans la *Lombardstreet,* on a la synthèse réussie entre la superstition des mercantilistes et les Lumières des colporteurs du libre-échange. » (Marx, 1993 [1867] : 69-70)

> On voit donc : qu'à part des limites tout à fait élastiques, il ne résulte de la nature de l'échange marchand proprement dit aucune limitation à la journée de travail, donc aucune limite du surtravail. Le capitaliste se réclame de son droit d'acheteur quand il cherche à rendre la journée de travail aussi longue que possible et à faire deux journées de travail en une seule. D'un autre côté, la nature spécifique de la marchandise vendue implique une limitation de sa consommation par l'acheteur, et le travailleur se réclame de son droit de vendeur quand il veut limiter la journée de travail à une grandeur normale déterminée. (Marx, 1993 [1867] : 260)

Mais, lorsque le capitalisme se conjugue avec l'esclavage, « la forme officielle du surtravail est ici le travail forcé jusqu'à ce que mort s'ensuive. » (Marx, 1993 [1867] : 262). Cela est patent dans les États du sud des États-Unis, où l'esclavage a « conservé un caractère patriarcal modéré aussi longtemps que la production demeura principalement orientée vers les besoins de l'autoconsommation immédiate. » (Marx, 1993 [1867] : 263). Le développement des exportations aboutit à « l'écrasement du nègre à la tâche. » (Marx, 1993 [1867] : 263).

La situation est analogue pour les femmes et les enfants des ouvriers, devenues de nouvelles composantes de la force de travail grâce à la machine. Dans une société patriarcale, ce sont les pères qui vendent la force de travail des membres de leur famille. Il en résulte qu'« autrefois le travailleur vendait une force de travail, la sienne, dont, en tant que personne formellement libre, il disposait. Il vend maintenant femme et enfant. II devient marchand d'esclaves. La demande en travail d'enfants ressemble d'ailleurs souvent dans sa forme, aux demandes d'esclaves noirs, telles qu'on avait coutume de les lire dans des annonces de journaux américains. » (Marx, 1993 [1867] : 445). Le contrat de travail perd « son apparence de contrat entre personnes libres » (Marx, 1993 [1867] : 446) dans le cas des femmes et des enfants dont l'esclavage est une source de profit pour le capitaliste et le prolétaire lui-même comme père de famille. Cette aspiration du capitalisme à des journées démesurées de travail, qui avait abouti à un accroissement de la mortalité des esclaves américains, se retrouve dans les pays européens, et notamment l'Angleterre, avec les mêmes conséquences pour les enfants et les adolescents, mineurs livrés au travail par leurs parents et sous la pression capitaliste. Face à cette dérive, la conséquence n'est plus directement une revendication de la classe ouvrière pour une journée de travail « normale » c'est-à-dire rendant possible la reproduction de la force de travail, mais une « réaction de la société menacée dans ses fondements vitaux » (Marx, 1993 [1867] : 459) face à la dégénérescence de la race. En effet :

> [s]i l'on fait abstraction d'un mouvement ouvrier dont la montée se fait chaque jour plus menaçante, cette limitation du travail de fabrique était dictée par la même nécessité que celle qui répandait le guano sur les champs d'Angleterre. La même cupidité aveugle qui dans un cas avait épuisé la terre avait dans l'autre atteint à sa racine la force vitale de la nation. Les épidémies périodiques étaient tout aussi parlantes en Angleterre que la baisse de la taille des soldats en Allemagne et en France. (Marx, 1993 [1867] : 267)

La « fringale de surtravail » que Marx identifie du côté capitaliste se trouve alors soumise « aux chaînes de la réglementation légale » (Marx, 1993 [1867] : 272) dans les branches mécanisées, mais demeure dans les branches qui échappent à la législation de fabrique parce qu'elles sont restées au stade de la manufacture ou du travail à domicile. Les enfants qui y affluent sous l'effet de cette réglementation apparaissent ici comme les premières victimes du travail, comme le souligne Marx à travers le cas de la manufacture d'allumettes où prédomine le travail des enfants et l'exposition au phosphorisme (Marx, 1993 [1867] : 275). Même situation pour les jeunes filles dans la branche de la mode, soumises à des horaires démesurés pour répondre aux commandes pendant les périodes de presse. Cet esclavage des enfants se présente sous une forme plus explicite dans les hauts fourneaux et les laminoirs qui échappent également à la législation de fabrique, avec le travail de nuit auquel sont particulièrement soumis les enfants (Marx, 1993 [1867] : 288). Il se manifeste par la crainte d'une réglementation de la part de dirigeants qui justifient le travail des enfants en ces termes :

> Parce qu'ainsi les hommes qui travaillent en semaines alternées, tantôt le jour, tantôt la nuit, seraient, pendant ce même temps, *séparés des garçons de leur série, et perdraient la moitié du profit qu'ils leur soutirent.* Les directives qu'ils donnent aux garçons sont en effet comptées comme une partie du salaire de ces garçons et leur permettent ainsi d'obtenir le travail des garçons à meilleur marché. Chaque homme perdrait la moitié de son profit[3]. (Marx, 1993 [1867] : 293)

---

[3] Children's Employment Commission, *Fourth Report*, 82 (1865) : XVII, cité dans Marx, 1993 [1867] : 293, souligné par l'auteur.

Les enfants sont ici attachés aux adultes, dans un système de marchandage que précisera le chapitre 19 sur le salaire aux pièces. En effet, au-delà de la rapide assimilation du salaire aux pièces au salaire au temps suggérée par Marx au début du chapitre[4], « [i]l ressort de tout ce qui a été exposé jusqu'à maintenant que le salaire aux pièces est la forme de salaire qui correspond le mieux au mode de production capitaliste. »[5] (Marx, 1993 [1867] : 623). Cette forme de salaire prend une extension nouvelle avec la manufacture, pour se retrouver dans l'ensemble des activités productives :

> Comme la qualité et l'intensité du travail sont contrôlées ici par la forme du salaire elle-même, celle-ci rend superflue une bonne part de la surveillance du travail. C'est pourquoi elle constitue aussi bien la base du travail à domicile moderne précédemment décrit que celle d'un système d'exploitation et d'oppression structuré hiérarchiquement. Ce dernier comporte deux formes fondamentales. D'une part, le salaire aux pièces facilite l'intrusion de parasites entre le capitaliste et l'ouvrier salarié, le sous-affermage du travail (*subletting of labour*). Le gain des intermédiaires découle exclusivement de la différence entre le prix du travail que paie le capitaliste et la partie de ce prix qu'il fait parvenir réellement à l'ouvrier. Ce système porte en Angleterre le nom caractéristique de « *sweating system* » (système d'exsudation). D'autre part, le salaire aux pièces permet au capitaliste de conclure avec l'ouvrier principal – dans la manufacture, avec le chef de groupe, dans les mines avec le haveur, dans la fabrique avec l'ouvrier mécanicien proprement dit – un contrat à tant la pièce, à un prix pour lequel l'ouvrier principal se charge lui-même de recruter et de payer ses auxiliaires. *L'exploitation des travailleurs par le capital se réalise ici au moyen de l'exploitation du travailleur par le travailleur*[6]. (Marx, 1993 [1867] : 620)

Si le travail suppose une présence conjointe des travailleurs selon des horaires déterminés, cette dimension temporelle s'accommode parfaitement du salaire aux pièces. Ainsi, l'esclavage des enfants est tout à la fois une source de

---

4 « Il ressort de tout ce qui a été exposé jusqu'à maintenant que le salaire aux pièces est la forme de salaire qui correspond le mieux au mode de production capitaliste. » (Marx, 1993 [1867] : 617).

5 Cette situation se retrouve en France où elle est caractérisée comme « marchandage », résultant de l'assimilation des rapports de production à du « louage d'ouvrage » dans lequel l'ouvrier rémunéré à la pièce est « considéré comme entrepreneur en la partie qu'il traite » (art. 1799 Code civ.) et engage fréquemment à son tour d'autres ouvriers ou associe sa famille à la production (cf. Didry, 2016a).

6 Souligné par l'auteur.

revenu pour la famille, et une source de rémunération supplémentaire pour les ouvriers adultes qui s'entourent d'enfants pour les aider.

Dans ce contexte, les débordements de la journée de travail avaient conduit à la revendication ouvrière d'une réglementation de la durée du travail, mais sans résultat véritable :

> Dès que la classe ouvrière abasourdie par le bruit de la production eut quelque peu repris ses esprits, sa résistance commença, et d'abord dans le pays d'origine de la grande industrie, en Angleterre. Mais durant trois décennies les concessions qu'elle arracha furent purement nominales. (Marx, 1993 [1867] : 310)

Si la situation change progressivement dans les branches mécanisées couvertes par la Législation de 1832, elle demeure pour une large part en l'état jusqu'à la Législation de 1864 et se diffuse dans les branches non mécanisées. Malgré cette agitation ouvrière que prolonge la « réaction de la société » face aux dégradations subies par la main-d'œuvre, il en résulte que « [l]es notions mêmes de jour et de nuit, qui sont d'une simplicité rustique dans les anciens statuts, devinrent tellement floues qu'en 1860 il fallut encore qu'un juge anglais fît preuve d'une perspicacité proprement talmudique pour énoncer avec « force de jugement » ce qu'était le jour et ce qu'était la nuit. Pour le capital *ce fut le temps des orgies.* »[7] (Marx, 1993 [1867] : 310)

Aux sources de l'orgie : la machinerie

Pour expliquer cette orgie destructrice de force de travail à laquelle se livre le capitalisme, *Le Capital* reprend alors la généalogie du travail esquissée auparavant. Le capitalisme prend d'abord le travail tel qu'il est, c'est-à-dire reposant sur une « division naturelle du travail »[8] que prolongent les corporations de métier. Dans ce processus, la « manufacture » représente la première étape majeure de transformation par un regroupement des artisans dans un même lieu :

---

7 Souligné par l'auteur.

8 « Les divers travaux qui sont à l'origine de ces produits, culture, élevage, filage, tissage, confection, etc., sont sous leur forme de prestations en nature des fonctions sociales, puisqu'ils sont des fonctions de la famille, laquelle possède tout autant que la production marchande sa propre division du travail naturelle. Les différences d'âge et de sexe, ainsi que les conditions naturelles changeantes avec les changements de saison, règlent la répartition de ces travaux au sein de la famille ainsi que le temps de travail de ses différents membres pris individuellement. » (Marx, 1993 [1867] : 89).

> Qu'un nombre important d'ouvriers travaillent dans le même temps, dans le même espace (ou si l'on veut, dans le même champ de travail) à la production de la même sorte de marchandise, sous le commandement du même capitaliste, voilà ce qui constitue le point de départ tant historique que conceptuel de la production capitaliste. Pour ce qui est du mode de production proprement dit, la manufacture, par exemple, à ses débuts, ne se distingue pratiquement pas de l'industrie artisanale corporative, sinon par le fait qu'une plus grande quantité de travailleurs est employée simultanément par le même capital. L'atelier du maître de corporation est simplement élargi. (Marx, 1993 [1867] : 364)

Les choses changent donc peu avec la manufacture, en dehors du regroupement sur un même lieu et de la systématisation dans l'organisation du travail que cela rend possible, renforçant la « mutilation » que constitue la division du travail en métiers : « La manufacture produit en effet la virtuosité du travailleur de détail, dans la mesure où elle reproduit à l'intérieur de l'atelier la séparation naturelle des métiers telle qu'elle se trouvait dans la société, et où elle la systématise à l'extrême. » (Marx, 1993 [1867] : 382). Certes, la manufacture correspond à une première figure de la discipline capitaliste, qui peut ainsi s'exercer en prenant une forme militaire :

> De même qu'une armée a besoin de la hiérarchie militaire, une masse de travailleurs œuvrant ensemble sous le commandement du même capital a besoin d'officiers (dirigeants, *managers*) et de sous-officiers industriels (surveillants, *foremen, overlookers, contremaîtres*) qui exercent le travail de commandement au nom du capital pendant le procès de travail. Ce travail de surveillance générale se consolide jusqu'à devenir leur fonction exclusive. Quand il compare les modes de production de paysans indépendants ou d'artisans autonomes avec l'exploitation esclavagiste des plantations, l'économiste politique compte ce travail de surveillance dans les *faux frais de production*. En revanche, quand il considère le mode de production capitaliste, il identifie la fonction de direction issue de la nature du procès de travail collectif et la fonction de direction déterminée par le caractère capitaliste et donc antagonique de ce procès. (Marx, 1993 [1867] : 372)

Mais, la base artisanale demeure en conférant aux ouvriers « qualifiés », c'est-à-dire les ouvriers adultes masculins maîtrisant un métier, la capacité de freiner la fringale capitaliste et de limiter le recours au travail des enfants.

La mécanisation bouleverse cette situation en remettant en cause cette capacité initiale de résistance, dans la mesure où les machines « abolissent l'activité artisanale en tant que principe régulateur de la production sociale. » (Marx, 1993 [1867] : 415). Son effet immédiat est une simplification des tâches et un allègement des forces requises qui permet l'emploi, à une large échelle selon Marx, de femmes et surtout d'enfants. Ainsi, « la machinerie répartit la valeur de la force de travail de l'homme sur toute sa famille. » (Marx, 1993 [1867] : 444). Dès lors, on aurait pu s'attendre à ce que cet effet de la mécanisation s'atténue avec les législations de fabrique se succédant depuis 1803, en s'étendant à un nombre de branches croissant à mesure que les machines s'y introduisent. Mais, la conséquence de ces législations est de détourner la main-d'œuvre enfantine et féminine vers les secteurs non soumis à la réglementation et dominés le plus souvent par les formes antérieures de travail, c'est-à-dire la manufacture et le travail à domicile. Cela se traduit par une extension de la dégradation des conditions de travail, à des types d'organisation ayant réussi jusque-là à contenir l'afflux de cette main-d'œuvre. Celle-ci s'y trouve soumise à une parcellisation accrue des tâches, qui accentue la « mutilation sociale » que constitue la division du travail reposant sur les métiers[9]. De cette manière, Marx peut envisager les effets de la mécanisation dans toute son ampleur, c'est-à-dire non seulement dans les branches mécanisées, mais également dans les branches relevant de formes plus anciennes d'organisation du travail, « ossifiées » sous la figure de la manufacture et du travail à domicile modernes. Il retrouve alors le thème de l'« orgie », à travers la relation entre les branches soumises à la mécanisation et les branches soumises à des formes plus anciennes d'organisation du travail, dans la mesure où la mécanisation « révolutionne ainsi, de façon tout aussi constante, la division du travail à l'intérieur de la société et précipite sans arrêt d'une branche de production dans l'autre des

[9] « Une certaine mutilation spirituelle et corporelle est déjà indissociable de la division du travail de la société prise dans tout son ensemble [dans le cadre artisanal]. Mais étant donné que la période manufacturière accentue bien davantage cette scission sociale des branches de travail, et que, d'autre part, elle ne saisit l'individu à sa racine vitale qu'avec cette division qui la caractérise, c'est elle qui fournit la première et le matériau et le déclenchement initial de la pathologie industrielle. » (Marx, 1993 [1867] : 408)

masses de capital et d'ouvriers. C'est pourquoi la nature de la grande industrie entraîne des changements dans le travail de l'ouvrier, rend sa fonction fluide, en fait un travailleur mobile polyvalent. D'un autre côté, elle reproduit sous sa forme capitaliste l'ancienne division du travail et ses particularités ossifiées. On a vu que cette contradiction absolue abolit tout repos, toute stabilité et toute sécurité dans la situation de l'ouvrier et menace constamment de lui arracher son moyen d'existence en même temps que son moyen de travail, et de le rendre superflu, lui et sa fonction parcellaire ; nous avons vu que cette contradiction se déchaînait dans *l'immolation orgiaque ininterrompue de la classe ouvrière*, dans la dilapidation démesurée des forces de travail et les ravages de l'anarchie sociale. » (Marx, 1993 [1867] : 547-548).

Le bouleversement de la machinerie

La révolution industrielle

Les conséquences catastrophiques de la machinerie et de la fabrique à laquelle elle conduit ne sont, pour Marx, qu'un aspect des choses. La machine est pour lui la base d'une « révolution industrielle » non pas au sens d'un décollage de la production à la manière du *take-off* diagnostiqué par Rostow (1962), mais au sens d'un bouleversement profond de l'organisation du travail. En effet, « [l]a machine, qui est à la base de la révolution industrielle, remplace l'ouvrier manipulant son outil singulier, par un mécanisme qui opère en une fois avec quantité de ces outils ou d'outils de même espèce, et qui est mû par une seule force d'actionnement, quelle qu'en soit la forme. » (Marx, 1993 [1867] : 421). Cette révolution se fonde initialement sur la manufacture, tant comme modèle d'organisation repris dans les machines, que comme base initiale de la production des machines. Mais, elle touche *in fine* la production des machines elles-mêmes et se caractérise par une remise en cause incessante du procès de production. Cette révolution se présente alors comme une révolution permanente :

> L'industrie moderne ne considère et ne traite jamais la forme actuelle d'un procès de production comme si elle était définitive. C'est pourquoi sa base technique est révolutionnaire tandis que celle de tous les modes de production passés était essentiellement conservatrice. (Marx, 1993 [1867] : 547)

Elle aboutit ainsi à une organisation radicalement nouvelle du travail, qui perd son ancrage dans les métiers initiaux conçus comme des savoir-faire lentement cristallisés et transmis de génération en génération dans un cadre « initiatique », c'est-à-dire sous le sceau du secret[10]. Il en résulte que « [l]a grande industrie a déchiré le voile qui cachait aux hommes leur propre procès social de production et faisait des différentes branches de production qui s'étaient séparées naturellement autant d'énigmes mutuelles, y compris pour celui qui était initié à chaque branche. Son principe qui est de dissocier tout procès de production, pris pour lui-même, et sans aucun égard pour la main humaine en ses éléments constitutifs, a créé cette science toute moderne qu'est la technologie. Les figures bigarrées, éparses et sclérosées du procès social de production se sont décomposées en applications méthodiques et conscientes des sciences naturelles, systématiquement séparées les unes des autres selon le rendement recherché. La technologie a également découvert les quelques grandes formes fondamentales du mouvement selon lesquelles, malgré toute la variété des instruments utilisés, toute action productive du corps humain procède nécessairement, tout comme la plus grande complexité des machines ne trompe pas la science mécanique sur la répétition perpétuelle de puissances mécaniques simples. » (Marx, 1993 [1867] : 546-547).

La fabrique comme nouvelle organisation du travail

La manufacture se fonde sur des ouvriers maîtrisant un métier et dits pour cela « qualifiés », assistés par une minorité d'ouvriers dits « non qualifiés »[11], constitués en grande partie de femmes et d'enfants. La fabrique bouleverse cette organisation : « Le groupe articulé de la manufacture est remplacé par le lien qui unit l'ouvrier principal et quelques auxiliaires. La séparation essentielle s'effectue entre les ouvriers qui sont vraiment employés aux machines-outils (s'y ajoutent quelques ouvriers

[10] « Il est caractéristique que jusqu'en plein XVIIIe siècle, les corps de métier particuliers se soient appelés *mysteries* (mystères), dans le secret desquels n'étaient admis que ceux que l'expérience et la profession avaient initiés. » (Marx, 1993 [1867] : 546)

[11] « À côté de la classification hiérarchique apparaît la distinction simple des travailleurs en deux catégories : qualifiés et non qualifiés. Pour ces derniers, les frais d'apprentissage sont totalement supprimés, pour les premiers, ils diminuent par rapport à ceux de l'artisan, par suite de la simplification de la fonction. » (Marx, 1993 [1867] : 394).

pour la surveillance ou l'alimentation de la machine motrice) et les simples manœuvres (presque exclusivement des enfants) qui assistent ces ouvriers employés aux machines. » (Marx, 1993 [1867] : 472). Il faut noter que cette organisation se conjugue le plus souvent avec le salaire aux pièces, dans la mesure où ce dernier « permet au capitaliste de conclure avec l'ouvrier principal – dans la manufacture, avec le chef de groupe, dans les mines avec le haveur, dans la fabrique avec l'ouvrier mécanicien proprement dit – un contrat à tant la pièce, à un prix pour lequel l'ouvrier principal se charge lui-même de recruter et de payer ses auxiliaires. » (Marx, 1993 [1867] : 620). Mais, dans cette organisation du travail, « à côté de ces classes principales prend place un personnel numériquement insignifiant, chargé du contrôle de l'ensemble de la machinerie et de sa réparation constante, ingénieurs, mécaniciens, menuisiers, etc. C'est une classe supérieure d'ouvriers, ayant les uns une formation scientifique, les autres une formation artisanale, et ils se situent hors du cercle des ouvriers de fabrique auxquels ils ne sont qu'agrégés. Cette division du travail est purement technique. » (Marx, 1993 [1867] : 471-472).

Cette organisation de la fabrique fait ainsi entrer les ingénieurs dans la classe des ouvriers, au niveau de sa frange supérieure, mais en créant une ambiguïté symétrique en quelque sorte à l'exploitation du travailleur par le travailleur dans le salaire aux pièces. En effet, la législation industrielle britannique exclut cette frange supérieure de son champ, alors que les rapports parlementaires élargissent le champ de la classe ouvrière aux dirigeants de fabrique, c'est-à-dire « tout le monde à l'exception du propriétaire de la fabrique proprement dit. » (Marx, 1993 [1867] : 472, n. 181). En faisant entrer des travailleurs dotés d'une formation scientifique dans le champ productif, la fabrique prépare la révolution permanente qui la caractérise et contribue ainsi pleinement à l'avènement de la survaleur relative obtenue par « le changement de la force productive dans le travail » étant entendu que « [l]a force productive du travail est déterminée par de multiples circonstances, entre autres par le degré moyen d'habileté des ouvriers, par le niveau de développement de la science et de ses possibilités d'application technologique, par la combinaison sociale du procès de production, par l'ampleur et la capacité opérative des moyens de production, et par des données naturelles. » (Marx, 1993 [1867] : 45).

La question sociale comme question éducative

La remise en cause de la famille

Au vu de la mise au travail massive des enfants provoquée par la grande industrie, la « révolution industrielle », si elle intègre des salariés formés scientifiquement, ne conduit manifestement pas de manière immédiate à une amélioration des conditions de travail pour la plus grande partie de la population. Il en résulte qu'« on peut se demander si toutes les inventions mécaniques faites jusqu'à ce jour ont allégé le labeur quotidien d'un quelconque être humain »[12] et apporter une réponse *a priori* négative, en considération des dégâts provoqués par l'industrialisation. Ces dégâts concernent en premier lieu la famille ouvrière qui abandonne toute ambition éducative, pour transformer ses enfants en machine au service des machines, ou les vendre comme esclaves sur le marché des branches ayant échappé à la mécanisation et donc à la législation de fabrique limitant le recours au travail enfantin. Marx rejoint ici les conclusions d'Engels dans *La Situation de la classe laborieuse en Angleterre*, repris à plusieurs reprises quand il est question du travail des enfants et des femmes. La famille se transforme en un enfer dans lequel l'enfant peine à survivre, comme le démontre une mortalité infantile élevée. La mise au travail des mères complète le tableau, particulièrement noir, que peint Marx. En effet :

> [c]omme l'a démontré une enquête médicale officielle de 1861, si l'on fait abstraction de facteurs purement locaux ces chiffres de mortalité élevés sont principalement dus à l'activité des mères en dehors du foyer, et à la négligence et aux mauvais traitements qui en résultent, entre autres une nourriture inadaptée, le manque de nourriture, alimentation à base d'opiacés, etc. auxquels s'ajoute la désaffection contre nature des mères à l'égard de leurs enfants, qui les amène à les priver intentionnellement de nourriture et les faire mourir de faim voire à les empoisonner. (Marx, 1993 [1867] : 447)

Ce constat d'une dénaturation de l'institution familiale ne va cependant pas, sous la plume de Marx, jusqu'à diagnostiquer une exclusion des ouvriers hors de l'humanité, telle qu'on peut la trouver dans les analyses de Villermé insinuant, pour les caves ouvrières de Lille,

---

[12] Mill, cité dans Marx, 1993 [1867] : 416.

un inceste généralisé[13]. Il se fixe sur la parcellisation radicale des tâches confiées aux enfants dans les branches non encore mécanisées, les enfermant dans des activités limitées et les privant de l'espoir de toute évolution professionnelle future. Il conduit à avancer que « quelque effrayante et choquante qu'apparaisse la décomposition de l'ancienne institution familiale à l'intérieur du système capitaliste, la grande industrie n'en crée pas moins, en attribuant aux femmes, aux adolescents et aux enfants des deux sexes un rôle décisif dans des procès de production organisés socialement hors de la sphère domestique, la nouvelle base économique d'une forme supérieure de la famille et du rapport entre les sexes. » (Marx, 1993 [1867] : 550). Alors que la perspective d'une « exclusion » de la classe ouvrière avancée par des philanthropes tels que Villermé conduit à conforter le modèle de la famille bourgeoise, la décomposition de la famille ouvrière analysée par Marx ouvre à une conception éducative reposant sur l'approfondissement de l'obligation scolaire proclamée avec un succès pour le moins limité par les différentes lois sur les fabriques. Cet approfondissement de la législation existente est complété par l'extension de cette législation à l'ensemble des branches, qu'elles soient ou non touchées par la mécanisation. En d'autres termes, les analyses menées à partir du développement de la fabrique dessinent l'horizon d'une législation générale du travail, aboutissant tout à la fois à une extension de la réglementation en matière de durée du travail et à celle de la scolarisation sous une forme marquée par la technologie.

---

13 « Je voudrais ne rien ajouter à ce détail des choses hideuses qui révèlent, au premier coup d'œil, la profonde misère des malheureux habitants ; mais je dois dire que, dans plusieurs des lits dont je viens de parler, j'ai vu reposer ensemble des individus des deux sexes d'âge très différents, la plupart sans chemise et d'une saleté repoussante. Père, mère, vieillards, enfants, adultes s'y pressent, s'y entassent. Je m'arrête. Le lecteur achèvera le tableau, mais je le préviens que s'il tient à l'avoir fidèle, son imagination ne doit reculer devant aucun des mystères dégoûtants qui s'accomplissent sur ces couches impures, au sein de l'obscurité et de l'ivresse. » (cité par Sewell, 1983 : 304).

La proposition d'un enseignement technologique dans les écoles ouvrières

Cette ambition éducative se dégage du retournement ultime que suscite la révolution industrielle, dans sa dimension scientifique et technologique. En effet :

> [s]i le changement de travail ne s'impose plus désormais que comme une loi impérieuse de la nature, avec l'efficacité aveugle et destructrice d'une loi de la nature qui se heurte partout à des obstacles, en revanche, la grande industrie fait elle-même avec ses cataclysmes une question de vie ou de mort de la reconnaissance, comme loi universelle de la production sociale, des changements de travail, donc de la nécessité de la plus grande polyvalence possible pour l'ouvrier, et de l'adaptation de la situation à la réalisation normale de cette loi. (Marx, 1993 [1867] : 548)

La destruction engendrée par les développements technologiques se fait créatrice, en requérant que l'ouvrier soit en mesure de suivre ces bouleversements permanents et ainsi soit doté des capacités nécessaires pour faire fonctionner ces équipements constamment renouvelés. Sans aller jusqu'à l'idée actuelle d'une remise en cause de l'emploi à vie (conduisant fréquemment selon Marx à la mort), le bouleversement permanent que suscite le capitalisme abolit la division du travail mutilante issue des métiers, c'est-à-dire l'enfermement dans une virtuosité limitée. En ce sens, « [l]a grande industrie fait du remplacement de cette monstruosité que représente une population ouvrière disponible et misérable, que le capital tient en réserve pour ses besoins d'exploitation changeants, par une disponibilité absolue de l'homme pour les exigences changeantes du travail, une question de vie ou de mort ; de même, du remplacement de *l'individu partiel*, simple support d'une fonction sociale de détail, par un *individu totalement développé* pour qui diverses fonctions sociales sont autant de modes d'activité qui prennent le relais les uns des autres. »[14] (Marx, 1993 [1867] : 548). Ainsi, la grande industrie rejoint l'ambition de ce plein des développements des capacités qui définit pour le Marx de l'*Idéologie allemande*, le communisme :

[14] Souligné par l'auteur.

> Enfin la division du travail nous offre immédiatement le premier exemple du fait suivant : aussi longtemps que les hommes se trouvent dans la société naturelle, donc aussi longtemps qu'il y a scission entre l'intérêt particulier et l'intérêt commun, aussi longtemps donc que l'activité n'est pas divisée volontairement, mais du fait de la nature, l'action propre de l'homme se transforme pour lui en puissance étrangère qui s'oppose à lui et l'asservit, au lieu qu'il ne la domine. En effet, dès l'instant où le travail commence à être réparti, chacun a une sphère d'activité exclusive et déterminée qui lui est imposée et dont il ne peut sortir ; il est chasseur, pêcheur ou berger ou critique critique, et il doit le demeurer s'il ne veut pas perdre ses moyens d'existence ; tandis que dans la société communiste, où chacun n'a pas une sphère d'activité exclusive, mais peut se perfectionner dans la branche qui lui plaît, la société réglemente la production générale ce qui crée pour moi la possibilité de faire aujourd'hui telle chose, demain telle autre, de chasser le matin, de pêcher l'après-midi, de pratiquer l'élevage le soir, de faire de la critique après le repas, selon mon bon plaisir, sans jamais devenir chasseur, pêcheur ou critique. Cette fixation de l'activité sociale, cette pétrification de notre propre produit en une puissance objective qui nous domine, échappant à notre contrôle, contrecarrant nos attentes, réduisant à néant nos calculs, est un des moments capitaux du développement historique jusqu'à nos jours. (Marx & Engels, 1982 : 94)

Cette ouverture sur le plein développement des capacités que crée la grande industrie passe par l'enseignement technologique et professionnel : « L'un des moments de ce procès de bouleversement, qui se développent naturellement sur la base de la grande industrie, ce sont les écoles polytechniques et agronomiques ; les « écoles d'enseignement professionnel », où les enfants d'ouvriers reçoivent un enseignement en technologie et dans le maniement pratique des différents instruments de production, en sont un autre. » (Marx, 1993 [1867] : 448). Et cela dessine l'horizon de la société socialiste :

> Si la législation sur les fabriques, cette première concession arrachée de haute lutte au capital, n'associe au travail de fabrique que l'enseignement élémentaire, il ne fait pas le moindre doute que, grâce à l'inéluctable conquête du pouvoir politique par la classe ouvrière, l'enseignement technologique, théorique et pratique, conquerra lui aussi sa place dans les écoles ouvrières. (Marx, 1993 [1867] : 447-448)

Le travail des enfants se transforme alors en élément éducatif, pourvu qu'il s'intègre dans une perspective éducative plus générale, annoncée à certains égards par Owen :

> Comme on peut s'en convaincre dans le détail chez R. Owen, ce qui est en germe dans le système de la fabrique c'est l'éducation de l'avenir, qui associera pour tous les enfants au-delà d'un certain âge le travail productif à l'enseignement et à la gymnastique, et cela non seulement comme méthode pour élever la production sociale, mais encore comme l'unique méthode pour *produire* des hommes dont *toutes les dimensions soient développées*[15]. (Marx, 1993 [1867] : 544)

Owen, mais aussi Corbon[16] sont convoqués pour penser cet horizon du travail que constitue l'enseignement technologique, dans lequel le travail devient un élément de formation des individus dans une perspective de développement complet de leurs capacités. Ce retournement ne manque pas d'étonner, en partant d'un patron[17] pour dessiner la société socialiste (il faut dire que c'est à Owen que l'on attribue parfois la paternité du mot « socialisme »). Il oblige également à s'interroger sur le rôle du droit dans le développement du capitalisme, en sortant de la conception d'un droit relevant de la superstructure idéologique reflétant les conditions matérielles de production, pour le saisir comme un levier dans la dynamique de ces conditions matérielles. En effet, les législations de fabrique qui se sont succédées en Angleterre au cours du XIXe siècle apparaissent comme le levier d'une mécanisation renforcée visant à faire face à la mise à l'écart des enfants qui constituaient initialement la partie substantielle du personnel des fabriques. Leur extension à l'ensemble des activités productives suggère une sorte d'*institution du travail* (saisi tout à la fois dans ses dimensions manuelles et intellectuelles) tant par le droit (Didry, 2016a), que par un enseignement inculquant à l'ensemble des salariés les bases scientifiques nécessaires pour contribuer à son développement[18].

---

15 Souligné par l'auteur. Sur la production des hommes et l'écho que cela trouve dans le biopouvoir foucaldien, cf. Laval, 2016 : 29-44.

16 Claude Anthime Corbon, auteur de *De l'enseignement professionnel* paru en 1860, a été ouvrier, il est élu vice-président de l'Assemblée constituante en 1848, puis maire du 15e arrondissement de Paris en 1870, avant de devenir sénateur inamovible en 1875.

17 Robert Owen devint directeur de la filature de *New Lanark* en Écosse, où il développa l'éducation des enfants d'ouvriers, puis promut une forme de socialisme coopératif sur la base d'expérimentations telles que celle de *New Harmony* dans l'Indiana en 1826 qui se solda par un échec.

18 Il en résulte une transformation de l'apprentissage, sortant d'une dimension patriarcale pour devenir la base d'une formation professionnelle (cf. Didry, 2016b).

Conclusion :

Manifestement, la machine du *Capital* n'est plus celle du *Manifeste*. De Marx à Marx (Sobel, 2008), c'est une œuvre qui s'écrit dans une exploration des méandres d'un capitalisme qui n'en finit plus de renaître. La machine du *Manifeste* était le levier d'une concentration ouvrière, ferment d'une conscience de classe annonciatrice d'un renversement proche du capitalisme. Celle du *Capital* est beaucoup plus apocalyptique, par son effet général sur la société et les classes qui la constituent. Le salariat y perd de sa netteté, dans la mesure où il arrive que le travailleur exploite le travailleur. Le capitaliste se réduit au propriétaire des usines, par le rattachement des ingénieurs à la « classe supérieure des ouvriers ». La fabrique mécanisée ne conduit pas immédiatement à l'élimination de la manufacture ou du travail à domicile, mais contribue à les radicaliser dans une parcellisation toujours plus grande des activités productives.

Finalement, le travail lui-même perd de son homogénéité historique, en passant de la forme « instinctive » prise dans la « division naturelle du travail » à la forme plus réfléchie de l'architecte et de l'ingénieur[19]. La fabrique constitue une autre étape dans cette révolution permanente du travail, en le sortant de sa dispersion en métiers auxquels sont assignés les ouvriers de manière héréditaire, pour en faire une contribution technologique à cette révolution permanente que constitue la révolution industrielle. Si la société socialiste demeure l'avenir, c'est peut-être moins par une révolution violente réduite dans *Le Capital* à un renversement final sur lequel l'auteur ne s'étend pas que par un processus de réforme esquissé par les législations de fabrique dans lesquelles les luttes ouvrières ont leur part. Le futur prend ici les traits des enfants que la discipline industrielle écrase, mais que l'horizon d'une éducation prise en charge par un enseignement technologique en écartant la tutelle, voire l'esclavage familial, éclaire.

---

19 « Lorsque le travailleur se présente sur le marché comme vendeur de sa propre force de travail, il a laissé derrière lui dans un passé archaïque l'époque où le travail humain n'avait pas encore dépouillé sa première forme instinctuelle. (Marx, 1993 [1867] : 200)

Références bibliographiques

DIDRY Claude, 2016a. *L'Institution du travail. Droit et salariat dans l'histoire*, Paris, La Dispute.

—, 2016b. « L'apprentissage à l'épreuve du droit du travail. De la socialisation familiale à l'enseignement professionnel (1851-1936) », *in* G. Brucy, F. Le Bot, C. Perrin & F. Wassouni (dir.), *Le XXe siècle du Technique. Formation, recherche et économie*, Paris, CNRS Éditions (Artefact 3), p. 39-52.

MARX Karl, 1993 [1867 ; Éditions sociales, 1983]. *Le Capital. Critique de l'économie politique. Livre premier : le procès de production du capital*, Paris, PUF (Quadrige 152).

MARX Karl, ENGELS Friedrich, 1982. *L'Idéologie allemande*, Paris, Éditions sociales.

LAVAL Christian, 2016. « La productivité du pouvoir », *in* Ch. Laval, L. Paltrinieri & F. Taylan (dir.), *Marx et Foucault. Lectures, usages, confrontations*, Paris, La Découverte.

ROSTOW Walt Whitman, 1962. *Les Étapes de la croissance économique*, Paris, Seuil.

SEWELL William H., 1983. *Gens de métier et révolutions. Le langage du travail de l'ancien régime à 1848*, Paris, Aubier.

SOBEL Richard, 2008. « Travail salarié et "société salariale" : de Marx à Marx, en passant par la sécurité sociale », *L'Homme et la Société*, 170 (4)-171 (1), p. 175-194.

Pierre Bézier et ses machines-outils

La pensée technique d'un mécanicien en miroir des controverses machinistes de son temps (1920-1980)

Alain P. MICHEL
IDHE.S[1] (UMR 8533), Université d'Évry-Val d'Essonne
Université Paris-Saclay

Au cœur du XXe siècle, la fascination pour les machines industrielles a pris des formes variées. Signes du progrès pour certains, elles ont été perçues comme les outils de l'aliénation pour d'autres. Les controverses passionnées d'un temps ont pu laisser la place à des périodes d'indifférence avant que n'apparaisse une nouvelle polémique. Ces fluctuations étaient liées aux évolutions du machinisme usinier, sans en être la traduction directe. Plus généralement, la réflexion des chercheurs en sciences sociales et les débats publics qui traversent la société française ne traduisent pas la totalité de la pensée machiniste d'une époque. Car, comme le souligne Anne-Françoise Garçon, « l'historicité des techniques ne se confond pas avec l'historicité de la technicité [...] et l'historicité du social ne leur correspond pas nécessairement » (Garçon, 2012 : 9). L'appréciation des uns ne rend compte ni du travail des autres ni de ce qu'ils en pensent. Mais s'il ne faut pas prendre au mot la littérature seule, comment connaître le fond de la pensée de ceux qui écrivent moins ?

[1] Institutions et dynamiques historiques de l'économie & de la société ; UFR SHS, 2 rue du Facteur Cheval, 91025 Évry cedex

Le cas de Pierre Bézier (1910-1999) permet de prendre une mesure de cet écart entre les débats publics et les actions concrètes et réfléchies dans le domaine des automatismes industriels (Michel, 2015). Bézier est un ingénieur de l'école des Arts et Métiers (1927-1930), donc c'est un « gadzarts » mécanicien. Il a choisi l'École supérieure d'électricité (1931) comme école d'application ; c'est donc également un électricien « supée ». Pendant son service militaire (1931-1932) comme artilleur-topographe, il développe ses capacités balistiques lui permettant de viser un objectif dans l'espace : c'est un projeteur. Il commence sa carrière en 1933 comme simple « outilleur » aux usines de Louis Renault à Billancourt (SAUR). Il la termine en 1975, toujours dans la même entreprise, devenue la Régie nationale des usines Renault (RNUR). Entre temps, il a été à l'origine de trois innovations industrielles majeures. D'abord dans les années 1940, celle des machines transfert (MT) à « têtes électromécaniques » (TEM) pour l'usinage automatique des pièces du moteur de la 4 CV. Il est donc au cœur du processus « d'automation » de la « production de masse » de l'après-guerre. Au tournant des années 1950 et 1960, il met au point l'une des premières machines à commande numérique (CN) d'Europe, ouvrant la voie vers la robotisation d'une part des fabrications industrielles. Enfin, au cours des 15 dernières années de sa carrière, il est à l'origine de la Conception et fabrication assistées par ordinateur (CFAO) : les « courbes et surfaces de Bézier » ont révolutionné la production mécanique et « redessiné » le monde virtuel (Benoit & Michel dir., 2015).

Cette expérience de Pierre Bézier pendant 40 ans chez Renault permet de distinguer l'évolution technique d'un parc de machines-outils, la dose de savoirs et de savoir-faire programmés pour que la production s'opère, et les effets concrets et imaginaires de ce machinisme sur la société. L'ingénieur-innovateur a laissé des traces matérielles, des écrits professionnels et des publications. À partir de ses papiers personnels, des archives de l'entreprise Renault et d'une collection patrimoniale de machines qu'il a conçues, je propose de confronter l'expérience réfléchie d'un praticien de l'automatisation industrielle aux discours de la littérature sur le même sujet.

Les manifestations de la « technicité » d'un ingénieur-mécanicien

Dans cette perspective, je propose d'être particulièrement attentif aux réflexions que Pierre Bézier porte sur les activités techniques qu'il a menées. Leurs manifestations sont discrètes. D'autant que l'essentiel de cette technicité est transmis par oral. L'écrit technique n'est pas toujours structuré en phrases. André Leroi-Gourhan signale la liaison entre technique et langage, dès la préhistoire. « Outil pour la main et langage pour la face sont les deux pôles d'un même dispositif » (Leroi-Gourhan, 1964 : 34). Le langage et la technique sont produits par la même activité du cerveau humain. Jean-Pierre Vernant le confirme à propos des ruses de la technique de l'Antiquité grecque (Vernant & Detienne, 1974)[2]. Ces auteurs établissent que la technique n'est pas un simple dérivé de la science ni le langage technique, la seule traduction de quelques consignes rationnelles et savantes. Mais des mots existent néanmoins et ils laissent des traces pour ceux qui les cherchent et les déchiffrent (Haudricourt, 2010)[3]. Le vocabulaire technique surgit des pratiques concrètes comme le montre Liliane Hilaire-Perez dans son histoire des gestes (matériels et mentaux) et des rationalités de l'action dans le milieu artisanal de Londres au XVIIIe siècle (Hilaire-Perez, 2013 : 44). Pierre Bézier s'exprime au cœur du « siècle des technosciences » auquel il contribue directement (Pestre & Bonneuil dir., 2015).

L'ingénieur donne souvent son point de vue technique, mais se garde le plus souvent d'exprimer ses opinions. Par recoupement, il est manifeste qu'elles relèvent d'un christianisme social de la droite autoritaire, humaniste antifasciste et anticommuniste. Il se garde d'en faire état au sein d'une entreprise souvent considérée de l'extérieur comme une « forteresse ouvrière ». Un document de ses archives personnelles indique que dans les années 1970, il était encore membre d'une association défendant la mémoire du colonel François de La Rocque (Berstein & Thomas dir., 2016 ; Nobécourt, 1996). Il n'a laissé aucune trace d'une adhésion au

---

2 Contre le préjugé d'une Grèce platonicienne méprisant la technique, Jean-Pierre Vernant et Marcel Detienne font valoir l'importance de la *métis* dans les mythes (Zeus avalant Métis) et dans les épopées (Ulysse) mais également dans les textes professionnels et didactiques.

3 Texte commandé en 1946 par Georges Friedmann, refusé par Edgar Morin, fortement remanié dans différents manuscrits et tapuscrits des archives d'Haudricourt, partiellement présenté sous forme d'articles et finalement rassemblé par Jean-François Bert en 2010.

mouvement des Croix de feu ni au Parti social français d'avant 1940. Les décorations qu'il obtient sous Vichy attestent de son engagement militaire malgré la débâcle. Sa Légion d'Honneur de 1948 rend compte de son activité de résistant dans l'Organisation civile et militaire (OCM) et de son refus du fascisme. Les désillusions de la Libération et des amnisties conforte sa pratique de la « pensée double » et des accommodements face à l'autorité (Laborie, 2003).

On retrouve ce recul vis-à-vis des hommes de presse, des penseurs et des universitaires qui s'expriment à propos du développement des machines industrielles. Beaucoup n'imaginent pas (encore) qu'une réelle « culture technique » puisse exister autour d'objets techniques tels que les machines industrielles. Ils peinent à comprendre le poids manifeste pris par le machinisme au sein de leur société industrielle.

Le croisement entre la chronologie des actions innovantes de Bézier et les récits qu'il en donne permet de faire apparaître des traces d'un « discours subalterne » : celui formulé par un membre d'un milieu technique capable d'agir efficacement en marge des discours dominants à leur propos (Scott, 2009). Les « textes cachés » (*hidden transcripts*) d'une technicité moins expressive, mais qui n'en pense pas moins. Dans les propos de Pierre Bézier, cette pensée prend deux formes. Il justifie ses actions de mécanisation en les appuyant sur un idéal de progrès dont elles seraient des étapes évidentes. Il fonde cette certitude sur l'idéologie rationaliste du groupe de techniciens auquel il appartient.

L'idéal de progrès d'un mécanicien-projeteur

Bézier s'attache occasionnellement à justifier (à chaud ou rétrospectivement) ses actions de mécanisation comme moyen de participer à un futur meilleur. Comme tout élève ingénieur, Bézier commence sa carrière par un stage ouvrier qui le confronte directement aux conditions pratiques de la mission d'étude qui sera la sienne. Comme le rappelle David Edgerton, l'essentiel du travail des ingénieurs d'études est consacré « au fonctionnement et à l'entretien des machines et non à leur invention ou à leur développement » (Edgerton, 2013 : 22). Bézier n'échappe pas à ce constat. Tout au long de sa carrière, il s'occupe principalement de petites améliorations routinières et seulement épisodiquement d'innovations de rupture. Pour l'outilleur, un changement apporté à une machine répond avant tout à un besoin concret. Lorsqu'il constate un problème de fabrication et qu'il dispose du temps nécessaire à son analyse, son objectif est d'y apporter une solution aussi efficace que possible. Il défend avant tout une vision concrète, morale et sociale du progrès technique auquel il participe :

> Un technicien ne doit jamais être satisfait de ce qu'il a réalisé. Oubliant vite le plaisir de voir fonctionner un mécanisme dont il porte avec d'autres la responsabilité, il doit surtout réfléchir à ce qu'il reste d'imparfait et songer aux progrès qu'une tâche future lui donnera l'occasion de réaliser. (Bézier, 1985 : 283)

Dans les années 1930, le dessinateur-projeteur du Bureau d'études des méthodes mécaniques (BEOM) est sans cesse amené à descendre dans les ateliers pour défendre la pertinence de ses plans de machines nouvelles. La réalisation matérielle d'une projection imaginaire ne va pas de soi : deux technicités se rencontrent et s'affrontent dans l'arène des ateliers d'outillage. Le dessinateur doit prouver sur place la pertinence de la nouveauté qu'il projette. Dans cette relation professionnelle, le principe d'innovation n'est pas premier, au contraire. Pour autant, l'objectif pratique n'est pas neutre non plus. Le dessinateur ne doute pas que la mécanisation du travail participe à l'établissement d'un monde meilleur parce que plus rationnel. L'outilleur lui, demande à voir.

D'autant plus que Bézier se spécialise dans une automatisation électromécanique qui est encore marginale dans les usines de l'avant-guerre. D'abord parce qu'elle concerne seulement quelques expériences ciblées (polissage, usinages de précision). Et puis surtout parce qu'elle est initiée dans un contexte social tendu. Outre le souci affiché d'alléger la peine des ouvriers, l'objectif implicite qui transparaît dans les propos de Bézier est de se dispenser du savoir-faire de certains ouvriers qualifiés afin d'éviter d'avoir à dépendre des compétences de professionnels qui ont manifesté leur indocilité lors des mouvements de 1936. Ainsi, l'innovation perturbe aussi bien le commandement que les routines de l'entreprise.

Mais, comme le dit Pierre Bézier : « […] de l'Est, venait un bruit de bottes ; il fallait parer au plus pressé, et il était trop tard pour faire du nouveau en reprenant le travail à la base » (Bézier, 1975).

Pierre Bézier devance l'appel en août 1939 pour rejoindre son régiment d'artillerie. L'ingénieur-projeteur remobilise des compétences mathématiques pour effectuer des calculs fiables de tirs d'artillerie. Il n'en subit pas moins la débâcle de mai 1940. Le lieutenant-topographe n'a laissé aucun témoignage direct de cette expérience, à part une « Croix de guerre » qui atteste de l'exemplarité de son action militaire. Il ne reste que des allusions sarcastiques aux causes de la défaite française et des affirmations répétées de l'importance des compétences développées dans ces circonstances malheureuses. Pierre Bézier reste durablement attaché à cette expérience militaire. Il conçoit systématiquement les « entreprises » industrielles qui lui sont confiées comme des aventures militaires :

> Treize années avant [1945], j'avais appris à l'École d'Artillerie de Poitiers, au cours des séances en salle, des services en campagne et des travaux de terrain, que tout problème devait être traité en trois temps : Mission – Moyens – Décision. (Bézier, 1985 : 177)

Fait prisonnier, Pierre Bézier occupe son oisiveté à étudier les projets industriels qu'il n'avait pas eu le temps de finaliser avant la guerre. Il est réaffecté à Renault-Billancourt en mars 1941 et continue discrètement – presque dans la clandestinité – à développer le dispositif des Têtes électromécaniques. À la Libération, le BEOM est prêt à mettre en place un nouveau dispositif de machines (à) transfert dont le fonctionnement inédit étonne même les américains. Mais ce choix de « modernisation » assumé en novembre 1945 par le nouveau PDG de la Régie, Pierre Lefaucheux, n'est pas du goût de tous les directeurs. En temps de pénuries, le fait d'investir dans l'usinage du moteur de la 4 CV contraint les autres secteurs à la diète. En interne, le chef des méthodes d'outillage doit faire face à l'hostilité de ceux qui n'ont pas été servis. Ainsi, dans une conférence de 1950, Bézier présente son dispositif des machines transfert au Comité national de l'organisation française (CNOF) sans nier que celles-ci posent de « nouveaux problèmes pour la direction des entreprises »[4]. Plus tard, il insiste à plusieurs reprises sur le rapport étroit entre ce qu'il appelle ses

---

4 Pierre BÉZIER, « Les machines transfert » : conférence prononcée au CNOF, le 6 décembre 1950 par M. Pierre Bézier – chef du Service de l'outillage mécanique de la Régie Renault ». Publié dans Bézier, 1951 ; repris dans Bézier, 1998.

« améliorations » et la situation globale de la grande entreprise pour laquelle il travaille[5] : « toute innovation est considérée comme un empêcheur de sommeiller en rond » (Bézier, 1982c : 321). Dans cette opération, il s'oppose systématiquement à d'autres personnes, – désignés par les pronoms indéfinis « ceux » ou « on » – qui préfèrent s'en remettre à la référence dominante : « Il y avait là tout ce qu'il fallait pour inspirer de la méfiance à ceux qui avaient peine à suivre une évolution rapide et radicale, et pour qui le "*wait and see*" était le fin du fin de la gestion » (Bézier, 1982a : 261).

Au milieu des années 1950, Pierre Dreyfus remplace Lefaucheux et, surtout, la situation du marché automobile se transforme. La priorité n'est plus au développement des moyens de fabrication, mais à la diversification de l'offre. Pierre Bézier s'oppose à ce changement de priorité. En 1960, il est déchargé de ses responsabilités de direction dans l'usine. « Mis au placard », il a davantage le temps d'intervenir dans des conférences et d'écrire des articles (Michel, 2015 : 307-327). Les coupures de journaux, les revues techniques et les documents de littérature grise indiquent qu'il se tient au courant de ce qui se dit dans la sphère industrielle. Il défend entre autres la possibilité de développer un système alternatif au modèle productif américain.

> La réussite d'une opération technique a toujours plusieurs raisons, parmi lesquelles on peut compter une part de chance, mais la proportion énoncée par Edison reste valable : 5 % d'inspiration, 95 % de transpiration (Bézier, 1982a : 258).

À partir de 1968, Bézier prend de nouvelles charges d'enseignement au CNAM. Cette activité d'enseignement le met en contact avec les écrits plus théoriques, mais sans chercher à suivre les méandres du discours des

---

5 Pierre BÉZIER, « Les machines transfert : nouveaux problèmes pour la direction des entreprises », Congrès international de la *British Institute of Technology* (Torquay, 22 octobre 1954). Archives personnelles de P. Bézier, Bures, carton 3. Publié dans Bézier, 1954.
Pierre BÉZIER, « Évolution de l'automatisation dans une grande entreprise », Conférence prononcée à la Journée d'information électro-industrielle de l'EDF (25-28 octobre 1960), communication n° 6 de la Direction de la distribution d'EDF.
Pierre BÉZIER, « Développement de l'informatique dans les services techniques d'entreprises de mécanique », Conférence invitée, 3e colloque Histoire de l'informatique, INRIA (Sophia Antipolis, 13-15 octobre 1993).

chercheurs en sciences sociales. Il développe sa propre vision du progrès technique qu'il associe à un combat concret qu'il compare à une bataille militaire :

> Tout progrès technique est un peu comme une campagne, avec ses marches et contremarches, ses mouvements d'approche, ses surprises, des replis, ses erreurs, ses échecs et, de temps en temps, ses percées. Quant aux succès, ils ont rarement les honneurs du communiqué ; on les tient pour chose naturelle. Pourquoi s'étonner de l'éclosion ou de l'épanouissement d'une solution dont l'élégance dissimule la complexité ? La valeur de la simplicité n'apparaît qu'à celui qui, laborieusement, l'a longtemps cherchée. En terrain varié, la ligne droite n'est pas souvent le plus court chemin…
>
> Pour le spectateur, il n'y avait qu'à… D'ailleurs, si la tentative a réussi, ne l'avait-*on* pas prédit ? Exprimé, en tout cas, à voix trop basse pour que cela s'entende clairement au moment où il y avait à récolter plus de coups que de compliments. De toute façon, *on* s'était prudemment abstenu de l'écrire. L'intendance survit toujours aux hussards.
>
> L'aspect technique d'un progrès n'intéresse qu'un très petit nombre d'hommes : ceux qui sont capables d'en comprendre la genèse et d'en apprécier le développement. Au reste, un progrès chasse l'autre, et ce qui demeure d'une réussite passée, ce qui peut servir d'exemple, de référence, de fil d'Ariane, c'est l'esprit qui a présidé à son accomplissement. (Bézier, 1982a : 256-257)

Pierre Bézier construit un récit épique de la naissance de la CFAO. De la transpiration personnelle à la persuasion des partenaires, il se place exclusivement sur le terrain des producteurs. Il fait appel à une culture technique qui combine savoirs et savoir-faire, un ensemble de connaissances et de pratiques progressivement assimilées par l'apprenti et dont la maîtrise est partagée par l'outilleur et le dessinateur-projeteur, comme lorsqu'il descend à l'atelier avec son portemine. Mais la culture du métier de mécanicien ne suffit pas pour élaborer la CFAO :

> Pour en poser le principe il fallait surtout pouvoir faire appel à des connaissances appartenant à des domaines aussi divers que la mathématique, l'électronique, la servo-commande, la descriptive, la déformation plastique des métaux en feuilles, le tracé des carrosseries et celui des outils de presse, l'usinage et l'ajustage de ces derniers, la conception des machines-outils, etc. Il était nécessaire aussi d'apprendre comment réagissait un styliste, travaillait un plâtrier-staffeur, un maître-modeleur, un fondeur, un ajusteur en matrices, un calibriste ou un contrôleur. (Bézier, 1982c : 331)

Cette culture technique est élargie aux technologies de pointe que l'ingénieur se fait fort de maîtriser. Bézier-mécanicien ne juge pas utile de dire qu'il dispose de tous les éléments pour convaincre les hommes du métier d'outillage. L'obstacle qu'il pointe concerne les carrossiers et il reconnait qu'à leur égard, la tâche est plus difficile. Pierre Bézier a besoin dans le système Unisurf d'une *coactivité*, soit la « capacité à se faire comprendre implicitement au sein du complexe technique porteur de l'objet, à établir des relations fluides avec les savoir-faire complémentaires [...] à dialoguer avec des savoir-faire équivalents dans des espaces culturels différents, fondements des transferts techniques, et sans doute même de la capacité à innover » (Garçon, 2012 : 14)[6].

Dans son récit épique, Bézier suppose qu'il maîtrise la dimension productive de l'activité technique. Il écarte ceux qui ne le suivent pas et n'évoque pas ceux qui interviennent sur les autres domaines commerciaux, financiers, managériaux, etc. Il prétend avoir gagné le combat en s'appuyant sur une élite, ceux qui savent et qui osent. Il sous-estime le poids des « esprits sans envergure ». Dans cette histoire, il lui manque la *bienveillance* pour assurer la pérennité de son dispositif technique. L'ingénieur n'observe l'action technique qu'au sein de l'usine. Or, une entreprise automobile ne se contente pas de fabriquer des voitures.

La pensée pratique d'un ingénieur des méthodes

La pensée qu'exprime Bézier à propos de ses activités mécaniques est implicitement fondée sur l'idéologie rationaliste du groupe de techniciens auquel il appartient. L'ingénieur est persuadé d'accomplir ainsi la mission sociale qu'il croit être celle de l'ingénieur d'usine (Grelon, 1986). L'automatisation relève autant d'un choix technique que d'un souci politique visant à donner aux ingénieurs et à la direction le contrôle du processus de production. Il faut éviter que des étapes charnières ne soient maîtrisées par d'autres. La pensée pratique qui soutient ce point de vue résulte d'un combat mené de longue date pour prendre le contrôle de l'activité dans les ateliers. Elle relève de la « réduction en arts des pratiques » engagée par les ingénieurs de l'époque moderne (Vérin, 1993 :

---

6 Le terme de « coactivité » est emprunté à Jean-Pierre Darré (1996).

131). Réduire en art, c'est rassembler des savoirs épars, fragmentaires et souvent non écrits, les mettre en ordre méthodique à l'aide des mathématiques, de la rhétorique, de la figuration (Dubourg-Glatigny & Vérin dir., 2008). L'objectif affiché est de contribuer au bien public, en rendant accessibles à un plus grand nombre de personnes des savoirs jusqu'alors partagés par les seuls gens du métier. L'enjeu est de contrôler les savoir-faire détenus par les maîtres-artisans ou les contremaîtres ouvriers.

En tant que gadzarts, Bézier a appris à appuyer son travail manuel sur une réflexion intellectuelle. Ses actions pratiques et les convictions personnelles l'amènent à *penser* la technique en opposition à l'idée courante des milieux académiques de son temps selon laquelle la technique serait un impensé. Les praticiens des Arts mécaniques ne reconnaissent pas la séparation établie par les philosophes antiques entre science théorique (*épistémè*) et arts appliqués (*tekhné*)[7]. L'ingénieur sait que la pratique technique n'est pas un sous-produit du savoir scientifique, mais il est persuadé que sa science apporte des solutions légitimes aux problèmes que les chefs d'ateliers ne peuvent résoudre seuls. Le responsable des études de méthodes défend l'idée rationaliste selon laquelle le « cerveau » de l'usine est plus concentré dans les bureaux que dans les ateliers, et que les seconds doivent exécuter ce qui a été conçu par les premiers.

Pendant l'Occupation, le responsable du bureau des méthodes défend devant les nouveaux ingénieurs sa vision du travail de conception et d'étude de machines nouvelles[8].

> C'est un travail à la fois intellectuel parce qu'il fait intervenir la mémoire et l'imagination, et matériel parce qu'on tire des traits et qu'on use de la mine. Ce dernier est d'ailleurs en général plus long que le travail intellectuel.

---

7 Cette idée que la philosophie grecque s'est constituée en excluant la technique est présente dans Schuhl, 1938.
Le processus de cette exclusion est analysé par Bernard Stiegler (1994 et 1996). Bernard Stiegler est le fondateur en 2005 d'*Ars Industrialis,* « Association internationale pour une politique industrielle des technologies de l'esprit » telles que l'informatique et les télécommunications.
Voir également le texte fondateur de Guillerme & Sebestik, 1968.

8 Pierre COINDEAU, Pierre BÉZIER, « L'Étude des Outillages », Conférences d'information générale aux ingénieurs débutants, Cycle 1942-1943, Conférence n° 22 (28 mai 1943) : Archives Renault-Histoire, dossier Conférences, couloir du 4e étage.

Pendant que ce travail matériel s'exécute, il faut que le dessinateur continue de faire travailler son cerveau.

J'en reviens à une phrase que je dis toujours quand j'ai des conseils à donner à un jeune dessinateur – « Pendant que tu fais ton travail, pendant que tu es attaché à la tâche matérielle de tirer des traits, ton travail intellectuel n'est pas fini. Pendant que tu fais la besogne terre à terre, il faut que tu imagines ce que sera la fabrication de ton montage. Il faut que tu te dises : je vais faire un travail de tour, puis de fraisage, etc. »

Il faut, par conséquent, une fois l'étude finie que le dessinateur sache déjà, en imagination la forme de chacune des pièces. Il faut qu'il ait non seulement en tête la forme de ces pièces, mais qu'il imagine toute la suite des opérations qui amèneront les pièces à cette forme-là. Il faut qu'il sache toutes les caractéristiques nécessaires pour que la pièce s'usine facilement, donc à bon marché et qu'il sache dans quelles conditions la pièce sera construite, d'une façon rigoureuse pour rendre les services qu'on en attend. On ne conseille jamais trop à un dessinateur de descendre à l'atelier, de regarder, de tâcher de se souvenir. C'est pour cela qu'il est toujours à conseiller à un garçon qui choisit ce métier-là de commencer par faire un travail matériel à l'atelier[9].

Comme le souligne Anne-Françoise Garçon, « toute technique – mais pas toute action – est d'abord pensée, le fruit conjoint d'une mise en image et d'une mise en mots, la synthèse, le creuset d'un processus cognitif et d'un processus physique, du cognitif exprimé en actes sciemment assumés et déterminés par la rencontre, mi-tension, mi-dialogue entre le souci d'efficacité et les contraintes matérielles » (Garçon, 2012 : 12). Ainsi, les réalisations de Pierre Bézier supposent une pensée et un imaginaire qui accompagnent l'action technique.

Cette pensée n'est pas muette. Elle s'exprime sous d'autres formes et selon d'autres modalités que ce qui est conservé dans les archives de la direction. Dans sa pratique ordinaire, Pierre Bézier descend dans l'atelier défendre le plan qu'il a dessiné[10]. Il n'est pas le seul à accomplir ces va-et-vient de l'atelier des machines au bureau des planches à dessins. Il raconte que pendant l'hiver 1946-1947, alors que le Bureau d'Études outillage mécanique (BEOM) finit de concevoir les machines transfert, le travail se fait dans l'urgence grâce à la mobilisation de l'atelier et du bureau :

---

9 Pierre COINDEAU, Pierre BÉZIER, *op. cit.*, p. 9.

10 Pierre BÉZIER, Entretien du 4 novembre 1997.

> Les dessinateurs passaient à l'atelier une partie importante de leur temps, participant, l'outil à la main, au réglage et à la mise au point des machines qu'ils avaient conçues. C'est une expérience que rien ne peut remplacer. (Bézier, 1975 : 184)

Les calques conservés dans les archives du Service outillage et entretien (SOE) sont parsemés de ratures et de rectifications qui sont la trace de ces expériences du dialogue entre le bureau et l'atelier (Michel, 2001 : 1024-1025). La mise en place d'un dispositif de fabrication passe par l'épreuve des pratiques du terrain. D'abord, les plans sont prudents car un projet est généralement constitué d'une série d'études :

> Tous les ingénieurs et techniciens qui ont passé par un bureau d'études savent qu'il y a toujours plusieurs solutions à un même problème, qu'il y en a beaucoup de mauvaises, quelques-unes acceptables, aucune parfaite et en tout cas... une seule retenue[11].

L'auteur du plan propose des alternatives, laisse ouverts des choix et, en le qualifiant de projet, n'exclut pas la possibilité d'un rejet. Il délègue à d'autres une partie des décisions parce qu'il ne maîtrise pas toutes les dimensions de l'espace matériel, du milieu social et du contexte global de son projet. Son plan d'exécution laisse lui-même la place à des tâtonnements et à des imprécisions. Même si un ordre taylorien finit par s'imposer, la forme finale de sa prescription est le résultat de concessions au terrain de son application.

Les manifestations de la pensée technique de Bézier permettent également « de comprendre la pensée comme un acte, l'intellection comme une pratique » (Hilaire-Perez, 2009 : 148). L'élaboration d'une innovation est un processus global qui commence par la conception de l'objet pour aboutir à sa réalisation. Ainsi la « Conception et fabrication par ordinateur » n'est pas une idée aussi « bizarre » qu'il ne le dit : elle est au contraire « exemplaire » et il en tire une leçon globale :

> L'on dit, peut-être avec un peu trop d'optimisme, qu'un problème bien posé est déjà résolu à moitié ; en revanche, il est certain que dans le cas opposé il n'aura jamais de solution valable. À question idiote, réponse stupide.

---

11 Paul PELTIER, *Conférence d'Information générale aux Ingénieurs débutants* (2 juillet 1943), Boulogne-Billancourt, Société Anonyme des Usines Renault, Archives Renault Histoire, 1943, p. 7.

> La connaissance des méthodes existante et des moyens disponibles, qu'ils soient traditionnels ou nouveaux, est donc d'une importance capitale. Qu'importe qu'elle inhibe des esprits sans envergure et des natures dénuées de caractère ? De toute façon, ni les uns ni les autres n'auraient jamais rien compris, rien conçu et rien risqué. Pour ceux qui sont capables d'oser, le savoir constitue le fondement de l'action, à condition qu'ils veuillent parfois ignorer qu'ils s'attaquent à ce qui est généralement tenu pour impossible.
>
> À ces ingrédients, il faut ajouter aussi une certaine connaissance des hommes, de leurs habitudes, de leurs préjugés et de leurs réactions en face d'une situation qui rompt avec leurs traditions. (Bézier, 19821a : 258)

Pierre Bézier laisse des traces dans les archives et formule une réflexion dans ses témoignages qui donnent la possibilité de mesurer le déploiement de ce qu'Anne-François Garçon appelle une « pensée opératoire ». Reprise de la psychanalyse, cette notion renvoie à une forme du fonctionnement mental qui ne passe pas par une explicitation verbale (Garçon, 2012 : 35). Comme ingénieur d'usine Pierre Bézier est placé à la croisée de cultures distinctes, de règles et de ruses qui peuvent paraître contradictoires, de vocabulaires et de langages qui ne donnent pas toujours le même sens aux mots. Dans les différents agencements cognitifs qui s'opèrent entre pratique, technique et technologie, cette notion de « pensée opératoire » permet d'identifier une modalité finalisée de l'action qui se déploie sous d'autres formes et dans une autre arène que celles des sciences sociales (Garçon, 2012 : 25).

La traversée des polémiques machinistes par un mécanicien

Au cours d'une carrière qui se déroule exclusivement chez le constructeur automobile Renault, Pierre Bézier traverse plusieurs vagues de polémiques concernant l'automatisation qui est au cœur de son métier. L'ingénieur semble le plus souvent agir et penser sans se préoccuper des méandres de la réflexion des sciences sociales à propos du domaine dont il s'occupe. Toutefois, l'un des moyens d'appréhender les effets de la pensée technique du mécanicien est précisément d'être attentif aux controverses que suscite l'affrontement des appréciations divergentes qui coexistent autour des techniques : celle des gens des Arts mécaniques et celle des sciences sociales et de la pensée industrialiste. Car l'ingénieur agit dans un monde en profonde mutation, ce qui permet d'observer la façon dont les mêmes valeurs qu'il défend changent de portée. Les techniques nouvelles apparues au cours des deux conflits mondiaux suscitent des réactions dissonantes dans l'opinion publique selon qu'elles sont rattachées aux dérives guerrières ou associées aux espoirs d'un monde meilleur. Les sciences humaines produisent une abondante littérature qui rend compte du phénomène et théorisent les transformations sociales qui en découlent. Ses archives personnelles semblent indiquer que jusqu'aux années 1950, l'ingénieur travaille sans avoir directement conscience de la littérature critique autour du machinisme. Je propose d'être attentif à ces temps de résonances et d'ignorance afin de rendre compte de la variété des expériences du machinisme.

Du consensus scientifique à la querelle du machinisme des années 1930

La période de formation de Pierre Bézier est celle du basculement de la prospérité économique à la crise mondiale. Il intègre l'École des Arts et Métiers en 1927, l'année qui voit l'établissement d'un double consensus à propos de l'Organisation scientifique du travail (OST). Du côté capitaliste et libéral, c'est le triomphe médiatique du modèle américain de type fordien, de la rationalisation et des normalisations (Moutet, 1997). Du côté marxiste et communiste, c'est la mise en place du modèle soviétique qui s'approprie les principes du taylorisme et de l'OST. Dès novembre 1926, la ligne de l'Internationale communiste édicte un dogme : « les ouvriers révolutionnaires n'ont pas à poser la question pour ou contre les machines. Ils doivent lutter contre les conséquences de la rationalisation capitaliste. » L'URSS du plan quinquennal de Staline semble offrir le modèle alternatif d'une modernisation au service des travailleurs. La position communiste (PCF) et unitaire (CGTU) rejoint celle des syndicalistes réformistes (CGT) et du parti socialiste (SFIO). Ce point de vue n'est pas non plus radicalement différent de celui des consultants tayloriens et des patrons (Michel, 2001 : 95). Tous partagent un même engouement pour la modernisation et le progrès, à l'image de Hyacinthe Dubreuil, grand propagandiste cégétiste de l'OST, qui dans *Standards*, son livre de 1929 vendu à 300 000 exemplaires et traduit en six langues, présente une vision rassurante du « travail américain vue par un ouvrier français ». C'est alors qu'à Detroit, répondant à une commande d'Edsel Ford (le fils d'Henry), Diego Rivera réalise les grandes fresques à la gloire des usines et de leurs travailleurs (Downs, 1999 : 27-179). Cette collaboration extraordinaire entre un artiste communiste mexicain et un héritier du grand patronat américain n'est pas exceptionnel à cette époque. Cette fascination pour les machines industrielles traverse le milieu artistique. En photographie par exemple, c'est l'avènement de ce que Susan Sontag appelle « l'héroïsme de la vision » qui culmine entre 1920 et 1935 et prend l'industrie comme nouveau territoire d'investigation (Sontag, 2008 [1973] : 129). Dans *Art et technique aux* XIXe *et* XXe *siècles*, Pierre Francastel montre comment, au tournant du XXe siècle, la pensée plastique de l'œuvre d'art a été fortement influencée par le développement du machinisme (Francastel, 1988 [1956] : 90). Mais les « beaux-arts » comme processus de création imaginaire continuent de se distinguer des « arts appliqués » propre à l'activité mécanisée de transformation de la matière. La pensée créatrice ne se confond pas avec la pensée technique qui bouleverse le monde : « Les changements de ce siècle ne sont pas seulement dans le monde des objets qui nous entourent, ils sont en nous, ils sont nous-mêmes. » (Francastel, 1988 [1956] : 124). Le consensus autour de la question du machinisme est non seulement partiel, mais éphémère.

En effet, le Krach de Wall Street, la Dépression américaine et ses effets en France bousculent cette unanimité de façade. Bézier obtient un double titre d'ingénieur (Arts-et-métiers et École supérieure d'électricité) puis entre dans le monde de la mécanique à un moment de forts questionnements autour du machinisme (Jarrige, 2016 [2014])[12]. Il embauche chez Renault l'année où le médecin-écrivain, et futur académicien, Georges Duhamel fait un bilan de « la querelle du machinisme » (Duhamel, 1933). Ainsi, deux conceptions contradictoires des machines s'affrontent : la première pour s'inquiéter de la menace que le développement technique fait peser sur l'humanité, l'autre au contraire pour proposer un programme de maîtrise scientifique de cette mécanisation.

En 1932, Henri Bergson (1859-1941) continue de croire en la faculté nietzschéenne de l'homme « intelligent » à dominer le monde, mais il déplore l'écart, « l'accident d'aiguillage », pris par la forme capitaliste du machinisme industriel :

> L'homme ne se soulèvera au-dessus de terre que si un outillage puissant lui fournit le point d'appui. Il devra peser sur la matière s'il veut se détacher d'elle. En d'autres termes, la mystique appelle la mécanique. On ne l'a pas assez

---

12 Voir en particulier les chapitres 8 et 9.

> remarqué, parce que la mécanique, par un accident d'aiguillage, a été lancée sur la voie au bout de laquelle étaient le bien-être et le luxe pour un certain nombre, plutôt que la libération pour tous. (Bergson, 1955 [1932] : 329)

La même année, Aldous Huxley publie *Le Meilleur des mondes*, qui imagine une nouvelle ère dont « Notre Ford » serait l'origine et l'aboutissement, avec une standardisation de l'être humain (Huxley, 1932 : 31). Deux ans plus tard, Lewis Mumford propose une historicisation de cette vision critique du monde moderne. *Technics and Civilizations* est à la fois une histoire de l'évolution technique et une méditation sur le destin de l'humanité (Picon, 2016). Marqué par la force destructrice des techniques militaires de la Première Guerre mondiale, l'ouvrage est en grande partie consacré à l'établissement de la liste chronologique des découvertes en trois phases : éotechnique, paléotechnique (depuis le XIXe siècle) et néotechnique (à venir). Dans une métaphore organique, le publiciste américain célèbre le rôle des techniques dans la marche en avant de l'espèce humaine qui aboutirait à l'ère triomphale de la « Méga-machine ». Mais cet élan moderniste est tempéré par une mise en garde du lecteur contre les excès de la civilisation machiniste et la nécessité d'une compensation de type écologiste. Antoine Picon montre que *Technics and Civilization* traduit l'ambiguïté de cette critique du machinisme des années 1930.

Par contre, dans ses *Réflexions sur la science des machines*, qu'il publie en 1932, Jacques Lafitte affiche une détermination organique et quasi démiurgique à propos d'un sujet d'actualité dont il compte tirer profit pour diffuser ses idées. L'ingénieur-mécanicien et architecte constate une absence :

> Il n'existe, à ma connaissance, dans l'époque contemporaine, aucune classification générale des machines, mais seulement des classifications particulières s'étendant à certaines fractions limitées de l'ensemble qu'elles forment […]. Et nous trouvons, dans les catalogues modernes, une multitude de classifications partielles et toutes différentes. Ces classifications visent plus à déterminer, dans une série limitée, l'emplacement de chaque type par des considérations tirées de son utilité sociale, qu'elles ne servent à les distinguer par les caractères de son organisation propre. Elles demeurent ainsi toujours plus ou moins commodes, mais restent systématiques et sans portée générale. (Lafitte, 1932 : 49)

Lafitte fait référence à quelques prédécesseurs comme l'ingénieur-mécanicien allemand Franz Reuleaux et à ses travaux sur la cinématique. Spécialisé dans l'analyse et la conception des mécanismes et précurseur du génie mécanique, Reuleaux propose une première description morphologique, « cinématique » des machines (Moll & Reuleaux, 1854). Or, la cinématique, c'est la technique de base du gadzarts lorsqu'il embauche à Billancourt :

> Vers 1935, Renault construisait la plus grande partie de ses machines de production. Leur système de commande était, sauf exception, fondé sur l'emploi de combinaisons cinématiques : engrenage, came, leviers, embrayages, etc.[13] (Bézier, 1968 : 5).

Pour le mécanicien, il s'agit d'un dispositif banal et néanmoins nécessaire : « Le tracé des chaînes cinématiques n'était pas, en soi, très difficile : un peu d'expérience et beaucoup de flair en venaient assez vite à bout… » (Bézier, 1975 : 183).

Depuis la fin du XIXe siècle, la discipline montre ses limites. D'autant que les forces mécaniques ne sont pas seules à mouvoir les machines et que les rapports des instruments aux hommes qui les actionnent sont déterminants. Dans ce domaine, le flair de Bézier l'emporte sur sa science.

Jacques Lafitte souhaite pallier le manque d'une technique routinière grâce à une nouvelle science, la « mécanologie » fondée sur le modèle biologique et naturaliste. Cette science des machines associe des principes biologiques à une observation cinématique dépassée. Elle n'est pas pertinente pour un mécanicien inventif comme Pierre Bézier, qui aspire au contraire à développer des mécanismes novateurs, qui échappent à Lafitte. Le dépassement de la mécanique cinématique apparaît indirectement dans le portrait affectueux que Bézier dresse de son supérieur hiérarchique, lui aussi gadzarts et outilleur :

> Il était, cela va sans dire, un excellent mécanicien, mais comme tous ceux de notre génération, il éprouvait une méfiance instinctive à l'égard de l'électricité comme agent d'automatisation. Je crois bien qu'au fond de lui-même il aurait préféré voir dans nos machines plus de crabots et d'engrenages que de relais électriques. (Bézier, 1982b : 284)

L'audience limitée des *Réflexions sur la science des machines* montre le décalage entre une théorie scientifique de la mécanique et une pratique

---

[13] « Notice sur les titres et travaux de M. Pierre Bézier », typographié, Archives de la Fondation des A&M, Fonds Pierre Bézier, carton 2, mai 1968, 15 p

technique d'un mécanicien. C'est dans ce contexte que la revue des *Annales* consacre un numéro spécial à l'histoire des techniques. Lucien Febvre souhaite évaluer la « part des sciences dans l'invention technique et l'insertion de l'invention technique dans la série des faits scientifiques » (Febvre, 1935). Dans ce contexte de crispation, Pierre Bézier est un praticien qui travaille sans complexe, « le nez sur (sa) planche », à améliorer les mécanismes qui font débat dans la société[14].

Modernité productiviste et technophobie des années 1950

Pierre Bézier, cette fois en tant que directeur du BEOM puis de la Division machines-outils, passe à travers une seconde période de fluctuations dans l'appréciation des machines. La Reconstruction débute avec une fascination pour les techniques industrielles, qu'elles soient américaines avec les Missions de productivité qu'offrent les États-Unis ou, par contraste, soviétiques, avec la reprise de la planification stalinienne (Boltanski, 1981 ; Guigueno, 1994). Face aux « convertis » à la modernité et aux « apôtres » de la productivité comme Jean Fourastié, trois courants de la critique des techniques se combinent à partir de 1947 (Boulat, 2008 & 2013).

Le premier courant porte sur le travail industriel lui-même dans la lignée des inquiétudes humanistes des encyclopédistes et de la distanciation communiste et progressiste de Karl Marx. Cette critique est développée en 1948 dans *Mechanization takes Command*, l'ouvrage pionnier de Siegfried Giedion (Giedon, 1980 [1948]). Dans une perspective fonctionnaliste, l'historien américain de l'architecture définit ces objets nouveaux en termes d'organisation de l'espace social dont la logique de développement serait qu'ils s'adaptent aux besoins de l'homme industriel. L'ouvrage se fonde sur des sources partielles à prédominance anglo-saxonnes et cherche à identifier les « pionniers », l'inventeur unique ou l'*idée première* derrière les inventions et les découvertes. Il conforte de ce fait le mythe du héros innovateur (d'abord anglais, puis américain).

Ainsi, l'objectif de ces critiques du travail industriel apparaît plus idéologique que pratique. Elles tendent à confondre la critique des techniques

---

14 Pierre BÉZIER, Entretien du 13 novembre 1997 avec l'auteur.

avec une critique politique, économique (capitalisme/communisme) et organisationnelle (taylorisme/ stakhanovisme).

La « technophobie » des années 1950 se place sur un autre plan, plus fondamentalement pessimiste. C'est la menace instrumentale des machines qui est au centre de cette critique de la modernité portée par une tradition allemande d'inspiration post-weberienne confortée par les expériences techniques traumatisantes de la Seconde Guerre mondiale. *L'Enjeu du siècle* de Jacques Ellul (Ellul, 1990 [1954] : 74, 81) est contemporain de « la question de la Technique » de Martin Heidegger (1958 ; Boutot, 1989 : 88-101)[15]. Selon ce dernier, l'objectif fondamental de la technique n'est plus de dominer la nature comme chez Nietzsche et Bergson. Au contraire, la technique dévoile la Nature comme stock disponible : elle l'arraisonne et la réquisitionne au service d'un engrenage qui échappe aux hommes et qu'ils subissent, impuissants. En opposition à la « conversion » des milieux chrétiens gagnés à la modernité, Ellul développe une pensée inquiète de ce qu'il perçoit comme un déferlement technologique, avec ses menaces sur la société (Roy, 2013). Il distingue l'outil qui permet à l'homme de se dépasser, et la technique qui est devenue un processus autonome auquel l'homme est assujetti. Il part du postulat que la technique est un système hégémonique qui a étendu son emprise sur toute la société occidentale et tend à éliminer toute action qui s'écarte de la *one best way* dès lors que le système estime en avoir trouvé un (Dodier, 1995 : 20).

Le troisième courant, plus tardif, celui de la critique sémiologique des techniques, aborde les machines comme des signes et se penche sur leur dimension « connotative ». Elle est contemporaine du développement de la production de masse et de la multiplication des objets de consommation. Roland Barthes n'en reste pas à cette critique ironique du consumérisme. Il interroge plus généralement le statut de l'objet technique que « notre littérature a mis très longtemps à découvrir ». Dans son analyse structuraliste, Barthes distingue trois niveaux de l'image d'un objet technique :

---

15 « La technique n'est pas la même chose que l'essence de la technique [...] L'essence de la technique n'est absolument rien de technique. Aussi ne percevrons-nous jamais notre rapport à l'essence de la technique aussi longtemps que nous nous bornerons à nous représenter la technique et à la pratiquer, à nous en accommoder ou à la fuir » (Heidegger, 1958 : 9).

> L'objet encyclopédique est ordinairement saisi par l'image à trois niveaux : anthropologique lorsque l'objet, isolé de tout contexte, est présenté en soi ; anecdotique, lorsqu'il est « naturalisé » par son insertion dans une grande scène vivante (c'est ce qu'on appelle la vignette) ; générique, lorsque l'image nous livre le trajet qui va de la matière brute à l'objet fini : genèse, essence, praxis, l'objet est ainsi cerné sous toutes ses catégories : tantôt il est, tantôt il est fait, tantôt enfin il fait [...]. On ne peut imaginer une idée plus simple de la technique. Simplicité presque naïve, sorte de légende dorée de l'artisanat (car il n'y a dans ces planches nulle trace du mal social) ; l'*Encyclopédie* confond le simple, l'élémentaire et le causal [...]. L'*Encyclopédie* ne cesse de procéder à une fragmentation impie du monde, mais [...] l'image l'oblige la plupart du temps à recomposer un objet proprement *déraisonnable* [...]. En un mot, la fracture du monde est impossible : il suffit d'un regard, le nôtre, pour que le monde soit éternellement plein (Barthes, 1972 [1964] : 90, 92 et 105).

Ce vocabulaire visuel des planches de l'*Encyclopédie* s'inscrit dans la tradition des Arts et métiers qui se poursuit au-delà du XVIIIe siècle (Pierrot, 2010 : 254). Le dessin industriel est un moyen de conception et de transmission d'informations qui se préoccupe peu des catégories du sémiologue. Les codes techniques sont partagés entre outilleurs, mais leur interprétation doit souvent être discutée *in situ*. C'est ce qui pousse quelquefois Bézier à quitter sa planche à dessin pour descendre à l'atelier, son portemine en main, défendre sur place les instructions du plan[16]. Mais la présence familière d'objets finis ne dit rien de la façon dont ils ont été fabriqués ni des machines qui y ont contribué. La critique ironique des sémiologues porte essentiellement sur la consommation d'objets quotidiens, qu'elle imagine plus qu'elle n'étudie réellement (Ross, 2013).

Nicolas Dodier montre que ces trois courants de la critique des techniques de l'après-guerre passent à côté du fonctionnement concret des ensembles techniques et apprécient mal les liens que ce fonctionnement crée entre les hommes (Dodier, 1995). Ceci explique pourquoi Pierre Bézier n'est pas concerné professionnellement par cette critique de la fabrication de masse dont les répercussions sociales dans les années post-1968 ne peuvent lui échapper. Aucun de ces auteurs n'apparaît directement dans les références de l'ingénieur de Renault. Comme outilleur et dessinateur des méthodes, il s'occupe des moyens de fabrication et non des produits fabriqués. Au

---

16 Pierre BÉZIER, Entretien du 4 novembre 1997 avec l'auteur.

contraire, tout au long de sa carrière, il développe des dispositifs innovants auxquels s'opposent ceux qu'il qualifie de « traditionalistes » en se plaçant lui-même parmi les « non-conformistes » (Bézier, 1982a : 261-262).

Du travail ouvrier de Touraine au travail en miettes de Friedman

Même si elle est publiée six ans plus tard, l'étude d'Alain Touraine sur *L'Évolution du travail ouvrier aux Usines Renault* (Touraine, 1955 : 8, « Averstissement ») est fondée sur une enquête de terrain de juillet 1948 à mai 1949. La préface de Georges Friedman précise que l'observation directe de l'historien-sociologue est fortement influencée par la situation des « ateliers les plus modernes de la RNUR », c'est-à-dire ceux des MT de Pierre Bézier.

> L'usinage se présente, à la Régie Renault, sous deux formes différentes : la comparaison des départements 49 et 76 en 1949 en apporte la preuve. D'un côté, des machines hors d'âge, inégalement engagées, des ateliers encombrés de stocks, des chaînes où s'usinent, mêlées, des pièces de divers modèles. De l'autre, des ateliers consacrés à un seul modèle, la 4 CV, où dès que la cadence normale est atteinte, l'engagement des machines est presque parfait et où les stocks, sans être complètement éliminés, sont très réduits. Ce contraste traduit celui de l'ancienne et de la nouvelle organisation économique (Touraine, 1955 : 11).

François Vatin et Gwenaële Rot confirment que c'est au contact des responsables de l'outillage que le jeune sociologue se forge sa « représentation d'un travail simplifié par l'automatisme » (Rot & Vatin, 2015). L'attention méticuleuse de Touraine aux conditions concrètes de la production ainsi que l'accès aux archives de l'entreprise dont il bénéficie le conduisent néanmoins à une démonstration téléologique d'une tendance vers l'ultime « libération du travail » qu'il appelle de ses vœux. Deux débats contradictoires sont mêlés dans son étude. Celui des universitaires sur l'asservissement du travail humain en général et des perspectives d'une libération par l'automatisation, et celui des ingénieurs de Renault sur le bien-fondé socioéconomique de l'option des MT à TEM.

L'appréciation de Georges Friedmann sur le machinisme industriel a suivi l'évolution des débats universitaires sur le sujet (Rot & Vatin, 2004). Dans le numéro de 1935 des *Annales* sur l'histoire des techniques, le sociologue dresse un portrait à charge de Frederick Taylor (Friedmann, 1935). L'analyse qu'il en propose dans *La Crise du Progrès* de 1936 est fondée sur les observations faites, en 1932, au cours de trois voyages en Russie (Friedmann, 1936). L'intellectuel marxiste y défend initialement une vision optimiste du progrès technique. Mais les grands procès de Moscou lui font adopter en 1938 une position plus critique vis-à-vis de Staline et prendre ses distances à l'égard du PCF (Friedmann, 1938). En période de crise de l'économie libérale et de montée des fascismes, la comparaison soviétique est magnifiée par certains, diabolisée par d'autres (Shearer, 1996 ; Kotkin, 1995 ; Cohen, 1998 ; Cohen, 2004). Dans son « esquisse » de 1941, Friedmann défend encore une forme politiquement convenable du travail « à la chaîne » (Friedmann, 1948 [1941] ; 1946), alors qu'en 1956, dans *Le Travail en miettes*, il analyse « les principaux signes de l'aliénation dans le travail » (Friedmann, 2012 [1956] : 222-229). Les variations de la pensée machiniste de Friedmann sont autant liées à l'évolution de sa sensibilité politique qu'à celle du phénomène industriel qu'il analyse.

Même si les problématiques intellectuelles ou politiques sur le machinisme sont étrangères à Bézier, elles l'affectent lorsqu'il les croise et qu'elles remettent en cause son action. Les archives de Pierre Bézier ne conservent aucune trace du stage d'Alain Touraine qui a pourtant indéniablement été fasciné par l'ingénieur (Touraine, 1955 ; Perriaux, 1998). Par contre, Pierre Bézier n'a visiblement pas apprécié l'état des réflexions de Georges Friedmann en 1956.

> Les psychologues en chambre […] ont beau jeu de nous juger comme des brutes qui ne voient le monde qu'au travers de leur rigueur de techniciens ; leur privilège, c'est le droit de se tromper impunément, et les psycho-sociologues [… comme] le Professeur Friedmann (*le Travail en Miettes*), […] ne valent pas mieux […]. Il fondait sa théorie en imaginant quelles seraient ses réactions de Professeur au Collège de France s'il devait serrer, jour après jour, des vis de culasse dans la chaîne (*de l'atelier*) U5. Mes opinions, je les avais élaborées en travaillant de mes mains et en rencontrant constamment les opérateurs des chaînes d'usinage et de montage[17].

La charge de Pierre Bézier contre Georges Friedmann date de la publication du livre de 1956 et de la participation des deux hommes aux

---

[17] Pierre BÉZIER, *Lettre à René Van Branteghem* (17 août 1993), Fonds Bézier, Archives de la Fondation des Arts et Métiers, carton correspondances A. Cité par Rot & Vatin, 2015. Vatin et Rot rappellent que Friedmann n'est pas au Collège de France, mais au CNRS.

mêmes « journées d'information sur l'automatisme » organisées en février 1956 par le Commissariat général à la productivité (Bézier, 1956). Leurs points de vue divergent. À aucun moment les doutes du sociologue ne semblent ébranler les convictions progressistes de l'ingénieur, qui continue de converser avec ses pairs. De fait, le courant de la critique sociologique du travail industriel se fonde sur des observations bien documentées, mais il ne distingue pas les formes « normatives » d'organisation – les textes de commandement –, de ce qui relève de la technique en tant que telle sur le terrain industriel. Il tend ainsi à confondre la critique des techniques et celle du capitalisme ou du taylorisme. L'ingénieur conserve ses valeurs, mais celles-ci se transforment avec les bouleversements des dispositifs dont il s'occupe. Jusqu'à la fin de sa vie, il conteste la pertinence des analyses d'une « gent littéraire » détachées des contraintes industrielles réelles. Ses écrits montrent toutefois son besoin de justifier périodiquement ses actions mécaniques, des moments où les différentes appréciations se font échos et d'autres où elles s'ignorent.

Conclusion : le mode d'existence des machines en réseaux

La pensée machiniste de Gilbert Simondon relève d'une toute autre situation. En pleine période technophobe, le philosophe s'affiche comme un technophile sans être un techniciste (Barthélémy, 2008 ; 2014). Il critique ce qu'il appelle la « philosophie technocratique » (ou « doctrine techniciste ») qu'il juge irréaliste dans la mesure où elle conduit à une perte de contact avec le véritable « mode d'existence des objets techniques » (Simondon, 1958 : 127-128 ; 2007 [1989] : « Note complémentaire sur les conséquences de la notion d'individuation » ; 2005 ; 2006). Pour Simondon, « l'aliénation machinique » est la conséquence d'un mauvais couplage entre l'homme et la machine, qui ne serait pas simplement instrumental, mais la conséquence d'une appréhension essentiellement erronée du phénomène. Pierre Bézier ne cite jamais Gilbert Simondon, et inversement, même si la notoriété des machines transfert de Renault depuis 1947 et l'ouvrage d'Alain Touraine en 1955, n'ont pu échapper au philosophe des techniques. Sa réflexion aide à mieux comprendre l'action technique entreprise par Bézier à la même époque. Dans ses « rétrospections » l'ancien outilleur exprime une pensée opératoire qui n'est pas sans lien avec la théorie philosophique. Simondon incite à penser, au-delà des machines elles-mêmes, la façon dont elles fonctionnent solidairement les unes avec les autres en ensembles, en réseau et en systèmes.

Cette approche « systémique » rejoint celle des fondateurs de l'histoire des techniques durant la seconde moitié du XXe siècle. Partant de l'archéologie industrielle, Maurice Daumas analyse le « réseau complexe » qui entoure des vestiges (Daumas dir., 1962-1979 ; Daumas, 1980 ; Taton, 1984 ; Herléa, 1985 ; Daumas, 1963). Bertrand Gille souligne qu'une « technique quelle qu'elle soit, suppose un système social, un système économique capable de le recevoir » (Gille dir., 1978 : 855). Ainsi, « l'objet s'appréhende obligatoirement dans le système qui le fait naître, qui lui donne sens socialement et qu'il contribue à modifier » (Garçon, 2012 : 12). Ce concept de « système technique », à forte connotation structuraliste, a été un instrument heuristique nécessaire après la Seconde Guerre mondiale pour sortir de l'impasse de la dichotomie entre une approche *internaliste* et une perspective *externaliste* des techniques[18]. Par la suite Thomas Hughes insiste sur le fait que ces systèmes ne sont pas donnés, mais qu'ils doivent être gérés. Anne-François Garçon parle plutôt de « tectonique » des systèmes techniques et de milieux techniques mouvants aux « faciès » particuliers (Garçon, 2012 : 44-45). L'enjeu est donc de comprendre comment différents milieux expérimentent une même réalité technique en mutation. Comment leurs appréciations fluctuantes du rôle des machines industrielles s'adaptent aux bouleversements en cours. Même si un ingénieur comme Bézier pense être au cœur du phénomène, sa place change dans un territoire qui dérive.

Références bibliographiques

BARTHÉLÉMY Jean-Hugues, 2008. *Simondon ou l'Encyclopédie génétique*, Paris, PUF.

—, 2014. « Un nouvel encyclopédiste », propos recueillis par Julie Clarini, *Le Monde des livres*, 7 mars 2014, p. 2.

---

[18] Dominique PESTRE, « Études sur les sciences », Colloque international pour les 25 ans du Centre de recherche en histoire des sciences et des techniques (CRHST), 16 et 17 juin 2011.

BARTHES Roland, 1972 [1964]. « Les planches de l'Encyclopédie », in *Le Degré zéro de l'écriture, suivi de Nouveaux essais critiques*, Paris, Seuil. [1re éd. 1964 : « Image, raison, déraison », *in* R. Barthes, R. Mauzi & J.-P. Seguin, *L'Univers de l'Encyclopédie. Les 135 plus belles planches de l'*Encyclopédie *de Diderot et d'Alembert*, Paris, Les Libraires associés.

BENOIT Serge, MICHEL Alain P. (dir.), 2015. *Le Monde du génie industriel au XXe siècle : autour de Pierre Bézier et des machines-outils*, Belfort, Université et technologie de Belfort-Montbéliard.

BERGSON Henri, 1955 [1932]. *Les Deux Sources de la morale et de la religion*, Paris, PUF.

BÉZIER Pierre, 1951. « Les machines transfert », *Revue du CNOF*, février, p. 25-41 (Archives A&M, carton 5) = —, 1998. « Les machines transfert », *Revue Renault Histoire*, 10, p. 75-84.

—, 1954. « Les machines transfert : nouveaux problèmes pour la direction des entreprises », *The Machinist*, 12 novembre 1954.

—, 1956. « Applications de l'automation à la régie Renault aux opérations d'usinage, d'assemblage et de transport », *Automatisme*, suppl. au n° 96 (« Les journées d'information sur l'automatisme »), p. 77-79.

—, 1975. « Souvenirs d'un outilleur », *De Renault Frères, constructeurs d'automobiles, à Renault, régie nationale*, 11, p. 176-187.

—, 1977. « Edito : ingénieur et progrès », *Arts et Métiers*, 2, p. 5.

—, 1982a. « Petite histoire d'une idée bizarre (1) », *De Renault Frères, constructeurs d'automobiles, à Renault, régie nationale*, 24, p. 256-268.

—, 1982b. « Pierre Debos : notre patron », *De Renault Frères, constructeurs d'automobiles, à Renault, régie nationale*, 24, p. 282-285.

—, 1982c. « Petite histoire d'une idée bizarre (2) », *De Renault Frères, constructeurs d'automobiles, à Renault, régie nationale*, 25, p. 319-331.

—, 1985. « Souvenirs d'un outilleur : de la 4 CV à la Dauphine », De Renault Frères, constructeurs d'automobiles, à Renault, régie nationale, 30, p. 140-146.

BERSTEIN Serge, THOMAS Jean-Paul (dir.), 2016. *Le PSF. Un parti de masse à droite*, Paris, CNRS Éditions.

BOLTANSKI Luc, 1981. « America, America. Le plan Marshall et l'importance du management », *Actes de la recherche en sciences sociales*, 38, p. 19-41.

BOULAT Régis, 2008. *Jean Fourastié, un expert en productivité. La modernisation de la France (années trente-années cinquante)*, Besançon, Presses universitaires de Franche-Comté.

—, 2013. « Jean Fourastié, apôtre de la productivité », *in* C. Pessis, S. Topçu & Ch. Bonneuil (dir.), *Une autre histoire des « Trente Glorieuses. Modernisation, contestations et pollutions dans la France d'après-guerre*, Paris, La Découverte, p. 81-98.

BOUTOT Alain, 1989. *Heidegger*, Paris, PUF (Que sais-je ? 2480).

COHEN Yves, 1998. « Industrie, despotisme et rationalisation. L'URSS et la France de l'entre-deux-guerres (note critique) », *Annales Histoire, Sciences Sociales*, 4-5, p. 915-936.

—, 2004. « Histoire comparative des régimes de production des techniques entre les deux guerres en France et en URSS », *in* N. Coquery *et al.* (dir.), *Artisans, industrie. Nouvelles révolutions du Moyen Âge à nos jours*, actes du colloque (Paris, 7-9 juin 2001), Lyon, ENS éditions – Paris, Société française d'histoire des sciences et techniques (Cahiers d'histoire et de philosophie des sciences 52), p. 227-236.

DARRÉ Jean-Pierre, 1996. *L'Invention des pratiques de l'agriculture. Vulgarisation et production locale de connaissances*, Paris, Karthala.

DAUMAS Maurice, 1963. « Le mythe de la révolution technique », *Revue d'histoire des sciences et de leurs applications*, 16, p. 291-302.

—, 1980. *L'Archéologie industrielle en France*, Paris, Robert Laffont (Les hommes et l'histoire 11).

— (dir.), 1962-1979. *Histoire générale des techniques*, Paris, PUF.

DOWNS Linda Bank, 1999. *Diego Rivera. The Detroit Industry Mural*, New York, Norton & Company.

DODIER Nicolas, 1995. Les Hommes et les machines. La conscience collective dans les sociétés technicisées, Paris, Éditions Métailié.

DUBOURG-GLATIGNY Pascal, VÉRIN Hélène (dir.), 2008. *Réduire en art. La technologie de la Renaissance aux Lumières*, Paris, Éd. de la Maison des Sciences de L'Homme.

DUHAMEL Georges,1933. « Sur la querelle du machinisme », *La Revue de Paris*, 8, p. 721-752.

EDGERTON David, 2013. Quoi de Neuf ? Sur le rôle des techniques dans l'histoire globale, Paris, Seuil.

ELLUL Jacques, 1990 [1954]. *La Technique ou l'enjeu du siècle*, Paris, Economica.

FEBVRE Lucien, 1935. « Réflexions sur l'histoire des techniques », *Annales d'histoire économique et sociale*, 36, p. 531-535.

FRANCASTEL Pierre, 1988 [1956]. *Art et technique aux XIXe et XXe siècles*, Paris, Gallimard (Tel 132).

FRIEDMANN Georges, 1935. « Un portrait. Frédéric Winslow Taylor : l'optimisme d'un ingénieur », *Annales d'histoire économique et sociale*, 36, p. 584-602.

—, 1936. *La Crise du Progrès. Esquisse d'une histoire des idées (1895-1935)*, Paris, Gallimard.

—, 1938 [3e éd.]. *De la sainte Russie à l'URSS*, Paris, Gallimard.

—, 1946. *Machine et humanisme*, vol. 2 : *Problèmes humains du machinisme industriel*, Paris, Gallimard.

—, 1948 [texte de 1941]. « Esquisse d'une psycho-sociologie du travail à la chaîne », *Journal de Psychologie normale et pathologique*, 1, p. 127-144.

—, 2012 [1956]. *Le Travail en miettes. Spécialisation et loisirs*, Bruxelles, Éd. de l'Université de Bruxelles (UBlire. Fondamentaux 23).

GARÇON Anne-Françoise, 2012. *L'Imaginaire et la pensée technique, XVIe-XXe siècle*, Paris, Classiques Garnier (Histoire des Techniques 3).

GIEDION Siegfried, 1980 [version originale : 1948]. *La Mécanisation au pouvoir. Contribution à l'histoire anonyme*, t. 1 : *Les Origines*, trad. de l'américain par P. Guivarch, Paris, Denoël/Gonthier (Bibliothèque Médiations 232).

GILLE Bertrand (dir.), 1978. *Histoire des techniques. Technique et civilisations, technique et sciences*, Paris, Gallimard.

GUIGUENO Vincent, 1994. *L'Éclipse de l'atelier. Les missions françaises de productivité aux États-Unis pendant les années cinquante*, mémoire de DEA, Marne-la-Vallée, ENPC.

GUILLERME Jacques, SEBESTIK Jan, 1968. « Les commencements de la technologie », *Thalès*, 12, p. 1-72 = *Documents pour l'histoire des techniques*, 14, p. 49-122.

GRELON André, 1986. « L'évolution de la profession d'ingénieur en France dans les années 1930 », *in* A. Grelon (dir.), *Les Ingénieurs de la crise, titre et profession entre les deux guerres*, Paris, EHESS, p. 7-32.

HAUDRICOURT André-Georges, 2010. *Des gestes aux techniques. Essai sur les techniques dans les sociétés pré-machiniques*, texte inédit présenté et commenté par J.-F. Bert, Paris, Éd. de la Maison des sciences de l'Homme – Versailles, Quae.

HEIDEGGER Martin, 1958 [4e éd.]. « La question de la technique », in *Essais et conférences*, trad. de l'allemand par A. Préau, Paris, Gallimard (Les Essais 90).

HERLÉA Alexandre, 1985. « Memorial, Maurice Daumas (1910–1984) », *Technology and Culture*, 26, p. 698-702.

HILAIRE-PEREZ Liliane, 2013. *La Pièce et le geste. Artisans, marchands et savoir technique à Londres au XVIIIe siècle*, Paris, Albin Michel.

—, 2009. « L'histoire intellectuelle des techniques au Centre d'histoire des techniques et de l'environnement du Conservatoire national des arts et métiers (CDHTE-CNAM) », *Revue de synthèse*, 1, p. 147-164.

HUXLEY Aldous, 1932 [1955]. *Brave New World*, London, Chatto & Windus.

JARRIGE François, 2016 [2014]. *Technocritiques. Du refus des machines à la contestation des technosciences*, Paris, La Découverte.

KOTKIN Stephen, 1995. *Magnetic Mountain. Stalinism as a Civilization*, Berkeley, University of California Press.

LABORIE Pierre, 2003. *Les Français des années troubles. De la guerre d'Espagne à la Libération*, Paris, Seuil (Points. Histoire 332).

LAFITTE Jacques, 1932. *Réflexions sur la science des machines*, Paris, Bloud & Gay (Cahiers de la nouvelle journée 21).

LEROI-GOURHAN André, 1964. *Le Geste et la Parole*, t. 1 : *Technique et langage*, Paris, Albin Michel.

MICHEL Alain P., 2015 [*à paraître en 2018 chez Garnier-Classique*]. *Le Cas Pierre Bézier. Biographie industrielle d'un ingénieur-innovateur (1933-1975)*, mémoire inédit d'HDR, Université Paris-Saclay.

—, 2001. *Les Images du travail à la chaîne dans les usines Renault de Boulogne-Billancourt (1917-1939). Une analyse des sources visuelles : cinéma, photographies, plans d'implantation*, thèse de doctorat, sous la dir. de P. Fridenson, Paris, EHESS.

MOLL Carl L., REULEAUX Franz, 1854. *Constructionslehre für den Maschinenbau*, vol. 1 : *Die Construction der Maschinentheile*, Braunschweig, Fridriech Vieweg und Sohn.

MOUTET Aimée, 1997. *Les Logiques de l'entreprise. La rationalisation dans l'industrie française de l'entre-deux-guerres*, Paris, Éd. de l'EHESS.

MUMFORD Lewis, 1930. « The Drama of the Machine », *Scribner's Magazine*, 83, 2, p. 150-161.

—, 1934. *Technics and Civilization*, New York, Harcourt Brace & Co. – London, George Routledge & Sons.

NOBÉCOURT Jacques, 1996. *Le Colonel de La Rocque (1885-1946) ou les pièges du nationalisme chrétien*, Paris, Fayard.

PERRIAUX Anne-Sophie, 1998. *Renault et les sciences sociales, 1948-1991*, Paris, Éd. Seli Arslan.

PESTRE Dominique, BONNEUIL Christophe (dir.), 2015. *Histoire des sciences et des savoirs*, t. 3 : *Le Siècle des technosciences (depuis 1914)*, Paris, Seuil.

PESTRE Dominique, COHEN Yves, 1998. « Présentation », *Annales Histoires Sciences Sociales*, 4-5, p. 737.

PICON Antoine, 2016. « Préface à la présente édition », *in* L. Mumford, *Technique et civilisation*, Marseille, Parenthèses, p. 5-13.

PIERROT Nicolas, 2010. *Les Images de l'industrie en France. Peintures, dessins, estampes. 1760-1870*, thèse de doctorat, sous la dir. de A.-F. Garçon, Université Paris I Panthéon-Sorbonne.

ROSS Kristin, 2013. « La critique de la vie quotidienne. Barthes, Lefèbvre et la culture consumériste », *in* C. Pessis, S. Topçu & Ch. Bonneuil (dir.), *Une autre histoire des « Trente Glorieuses. Modernisation, contestations et pollutions dans la France d'après-guerre*, Paris, La Découverte, p. 267-282.

ROT Gwenaële, VATIN François, 2004. « Les avatars du "travail à la chaîne" dans l'œuvre de Georges Friedmann (1931-1966) », *Genèses*, 57, p. 23-40.

—, 2015. « Ingénieurs et sociologues face à l'automation : le cas de Renault (1945-1960) », *in* S. Benoit & A.P. Michel (dir.), 2015. *Le Monde du génie industriel au* XXe *siècle : autour de Pierre Bézier et des machines-outils*, Belfort, Université et technologie de Belfort-Montbéliard, p. 195-206.

ROY Christian, 2013. « Charbonneau et Ellul, dissidents du "progrès". Critiquer la technique face à un milieu chrétien gagné à la modernité », *in* C. Pessis, S. Topçu & Ch. Bonneuil (dir.), *Une autre histoire des « Trente Glorieuses. Modernisation, contestations et pollutions dans la France d'après-guerre*, Paris, La Découverte, p. 283-302.

SCHUHL Pierre-Maxime, 1938. *Machinisme et philosophie*, Paris, Librairie Félix Alcan (Nouvelle encyclopédie philosophique 16).

SCOTT James C., 2009. *La Domination et les arts de la résistance. Fragments du discours subalterne*, Paris, Éd. Amsterdam.

SHEARER David R., 1996. *Industry, State, and Society in Stalin's Russia, 1926-1934*, lthaca – London, Cornell University Press.

SIMONDON Gilbert, 1958. *Du mode d'existence des objets techniques*, Paris, Aubier.

—, 1960-1961. « Psychosociologie de la technicité », *Bulletin de l'École pratique de Psychologie et de Pédagogie de Lyon.*

—, 2005. *L'Individuation à la lumière des notions de forme et d'information*, Grenoble, Millon.

—, 2006. *L'Invention dans les techniques. Cours et conférences*, Paris, Seuil.

—, 2007 [1989]. *L'Individuation psychique et collective. À la lumière des notions de forme, information, potentiel et métastabilité*, Paris, Aubier.

SONTAG Susan, 2008 [1973]. *Sur la photographie*, trad. de l'anglais par Ph. Blanchard, Paris, Christian Bourgois éditeur (Titres 88 ; Œuvres complètes 1).

STIEGLER Bernard, 1994. *La Technique et le temps*, vol. 1 : *La Faute d'Épiméthée*, Paris, Galilée – Cité des sciences et de l'industrie.

—, 1996. *La Technique et le temps*, vol. 2 : *La Désorientation*, Paris, Galilée – Cité des sciences et de l'industrie.

TATON René, 1984. « Maurice Daumas (1910-1984) », *Revue d'histoire des sciences*, 37 (3-4), p. 334-338.

TOURAINE Alain, 1955. *L'Évolution du travail ouvrier aux usines Renault*, Paris, éd. CNRS.

VÉRIN Hélène, 1993. *La Gloire des ingénieurs. L'intelligence technique du XVIe au XVIIIe siècle*, Paris, Albin Michel.

VERNANT Jean-Pierre, DETIENNE Marcel, 1974. *Les Ruses de l'intelligence. La* mètis *des Grecs*, Paris, Flammarion (Champs 36).

Un ordre économique sans machine ?

Penser et repenser l'artisanat et la société française au XXe siècle

Cédric PERRIN
IDHE.S[1] (UMR 8533), Université d'Évry-Val d'Essonne

Alors que Julien Offray de la Mettrie rédigeait *L'Homme-machine* (publié en 1748), Jacques de Vaucanson exposait à la cour ses automates et travaillait à améliorer les machines à tisser la soie et John Kay venait d'inventer la navette volante, peu de temps avant que James Watt ne commence à réparer puis améliorer les machines à vapeur de Thomas Newcomen, symboles de la naissance d'une industrie mécanisée dont l'avènement est supposé sonner le glas du temps des artisans. L'auteur de l'article consacré aux « métiers à tisser » de l'encyclopédie en ligne Wikipédia n'hésite pas à dire de la navette volante de Kay que « cette invention permit de passer de l'artisanat à l'industrie »[2]. Cette interprétation classique s'inscrit dans la longue lignée des prophéties de la fin de l'artisanat face à la naissance de la grande industrie capitaliste mécanisée lors de la « révolution industrielle ». Sans même revenir ici sur les débats autour de la notion de « révolution industrielle », cette lecture pose cependant de multiples problèmes. Tout d'abord, elle s'inscrit dans une historiographie datée, celle d'une histoire prométhéenne de l'industrialisation des sociétés occidentales au

---

[1] Institutions et dynamiques historiques de l'économie & de la société ; UFR SHS, 2 rue du Facteur Cheval, 91025 Évry cedex

[2] « Métier à tisser », *Wikipédia. L'encyclopédie libre* [En ligne]. Dernière modification le 23/05/2017 (consulté le 05/10/2017) : https://fr.wikipedia.org/wiki/Métier_à_tisser. L'auteur s'appuie sur Taylor & Payen eds, 1983.

XIXe siècle qui pose le primat des innovations techniques dans l'interprétation de celle-ci. Dans ce schéma classique, c'est la machine qui a fait la « révolution industrielle »[3]. D'autres travaux ont inversé la chaîne de causalité pour souligner l'importance des facteurs économiques (notamment la pression de la demande et le rôle des marchés) auxquels les innovations techniques sont une réponse (Verley, 1997). Ensuite, cette interprétation est également problématique en identifiant l'artisanat au travail manuel. La machine apparaît comme l'outil caractéristique de l'industrie et l'artisanat comme un ordre économique sans machine. Or, ce postulat est contestable.

La notion d'« artisanat » est en réalité récente. Elle n'entre dans le vocabulaire français qu'au tout début des années 1920 (Rey, 1992). Les artisans peuvent être définis comme de petits producteurs de biens et de services. Au sens strict, ce ne sont donc pas les techniques mises en œuvre – *a fortiori* le travail manuel – qui font les artisans et l'artisanat. Cependant, d'autres acceptions, plus extensives, tendent à ramener l'artisanat au travail manuel en insistant sur la maîtrise, l'excellence ou les métiers d'art. En outre, si ce n'est pas le cas en français, plusieurs langues suggèrent à travers leur étymologie une identification de l'artisanat au travail manuel. C'est particulièrement vrai de l'allemand où le terme *handwerk* signifie littéralement « travail manuel ».

Le propos de cet article est de dépasser cette identification de l'artisanat au travail manuel. Il ne s'agit pas de prétendre à l'inverse qu'elle est totalement fausse, mais elle est pour le moins abusivement réductrice. En particulier, elle fait obstacle à la compréhension de l'histoire de l'artisanat et des artisans depuis le XIXe siècle et l'industrialisation des économies occidentales. Si les artisans étaient purement et seulement des travailleurs manuels, peut-être en effet auraient-ils disparu ou n'existeraient-ils plus que de façon marginale et anecdotique. Or, ce n'est pas le cas. La France compte aujourd'hui plus d'un million d'entreprises artisanales. Au-delà des variations cycliques, le nombre d'artisans a été stable au XXe siècle ; il est en progression au début du XXIe siècle (Perrin, 2007 & 2015). Cette pérennité de l'artisanat tient à sa plasticité, à sa capacité d'évoluer et de s'adapter, notamment aux innovations techniques et aux machines. La machine n'a pas tué l'artisanat. Les artisans s'y sont adaptés et l'ont adoptée. La machine n'a

---

[3] Cette interprétation a émergé dès le XIXe siècle auprès de contemporains impressionnés par la puissance nouvelle des machines. Elle a été reprise dans l'historiographie au XXe siècle, notamment par l'historien américain David S. Landes, 1980 [1975].

pas travaillé contre l'artisanat, elle est désormais dans l'artisanat. Dès lors, la question est de comprendre comment l'artisanat s'est adapté aux machines et avec quelles conséquences sur le travail artisanal.

La question n'est pas totalement neuve dans le champ des sciences sociales et de l'histoire. À partir des années 1970, l'effritement du cadre analytique du marxisme, d'une part, et la crise du système fordiste de production, d'autre part, ont conduit à dépasser l'opposition entre bourgeoisie et monde ouvrier pour porter le regard sur les classes moyennes, la petite entreprise et ainsi les artisans et l'artisanat, en particulier du XIXe siècle européen (à titre d'exemple : Crossick & Haupt dir., 1984). Ensuite, le *material turn* a nourri les travaux des modernistes, notamment sur le XVIIIe siècle ; moins ceux sur les périodes plus récentes, mais il se retrouve dans le travail de sociologues et de philosophes (Sennett, 2010 [2008] ; Crawford, 2010). Le XXe siècle reste donc moins bien connu, particulièrement la période comprise entre 1914 et les dernières décennies. C'est pourtant un moment important dans l'assimilation de l'artisanat au travail manuel. Deux raisons conduisent à resserrer l'observation sur la France. Après la Première Guerre mondiale, les artisans s'y organisent, d'une façon plus construite et officielle que dans d'autres pays. La valorisation de l'artisan en travailleur manuel y prend une tournure particulière avec l'arrivée au pouvoir de courants qui soutiennent cette représentation : Pétain et le régime de Vichy. Le rapport de l'artisanat aux machines n'est pas seulement, ni même essentiellement, un problème économique et technique ; c'est aussi une question politique, sociale et culturelle. Au-delà de l'artisanat, ce qui est en jeu, c'est le rapport de la société à la modernité. L'exaltation du travail manuel révèle les crispations d'une frange de la société française au sujet de cette modernité.

La construction de l'artisan en travailleur manuel

La figure de l'artisan en travailleur manuel se construit sur fond des mutations en cours depuis le XIXe siècle. Pour Richard Sennett, alors que la culture de la machine s'affirmait au XVIIIe siècle et plus encore au XIXe siècle, l'artisan apparut « toujours plus comme un ennemi de la machine ». Celle-ci apparaît comme « le plus grand dilemme auquel est confronté l'artisan-*craftsman* moderne », car elle se serait toujours retournée contre ceux qui l'ont adoptée (tisserands, etc. ; Sennet, 2010 [2008]: 115). Au XXe siècle, l'artisanat apparaît souvent menacé par la modernisation de l'économie. Dans les configurations particulières des années trente aux années cinquante, qualifier le travail artisanal de manuel apparaît comme une réponse à ces enjeux de modernisation ; soit pour les rejeter, comme le fait Vichy, soit pour disqualifier l'artisanat après 1945.

De la naissance de l'artisanat à « l'intelligence de la main »

Si les artisans existent depuis longtemps, en revanche la notion d'artisanat est nouvelle. Le mot apparaît au début des années 1920 au moment où les différents métiers s'unissent dans la Confédération générale de l'artisanat français (CGAF ; Zarca, 1986 ; Zdatny, 1999). Le syndicat s'impose comme interlocuteur représentatif des artisans auprès de l'État dont il obtient une série de mesures qui fondent la politique artisanale en France : un statut fiscal, la création du crédit artisanal, des Chambres de Métiers, du registre des métiers et enfin la loi Walter-Paulin de 1937 sur l'apprentissage artisanal[4]. L'artisanat désigne alors le groupe socioprofessionnel des artisans ainsi organisé et, sur le plan économique, l'ensemble de leurs entreprises.

Le sénateur radical-socialiste Étienne Clémentel a joué un rôle essentiel dans cette dynamique puisque c'est lui qui a incité les cordonniers Robert Tailledet et Georges Grandadam qui l'avaient sollicité à envisager un rassemblement de l'ensemble des artisans. Lors de son second congrès, à Bordeaux en 1923, la CGAF lui décerne le titre de « père de l'artisanat » en reconnaissance de ce rôle (Kessler dir., *à paraître en 2018*). L'action de Clémentel n'est pas celle d'un conservateur. Il fournit l'exemple d'une pensée fluide de l'artisanat qu'il veut adapter au « progrès industriel » en se méfiant de « l'immobilisme » qui fait de l'artisan « un métier historique »[5]. Si le statut fiscal entend surtout protéger une composante de ces classes moyennes indépendantes perçues par les radicaux (et la droite modérée) comme un élément d'équilibre dans la République, le crédit artisanal a davantage vocation à accompagner sa modernisation. De même que le projet, en 1925, d'un Office central des métiers qui mettrait à disposition des artisans une documentation sur l'évolution des métiers (qui se retrouve en partie, dans la Cité Clémentel installée par la CGAF à Paris en 1933).

---

4 Sur la fiscalité et le crédit, cf. *infra*.
Sur la loi Walter-Paulin, cf. Perrin, [*en attente de publication*].

5 Archives départementales du Puy-de-Dôme, 5J94 (Fond Clémentel), notes sur l'artisanat et la petite entreprise.

La mise en place des Chambres de métiers puis du Registre des métiers conduit à définir légalement l'artisan et suscite des débats qui opposent la CGAF et les dirigeants des Chambres de métiers d'Alsace. Sans entrer dans le détail d'une confrontation qui dépasse cette seule question (Zdatny, 1999), la CGAF défend une définition qui repose sur un seuil maximal de salariés que les Alsaciens refusent. Selon ses représentants, l'artisan est celui qui participe personnellement et habituellement à la production. Au-delà d'un certain seuil de main d'œuvre, l'artisan devient un petit capitaliste (Tailledet, 1937). Les représentants alsaciens sont de petits patrons, plus à droite, proche du corporatisme, à la tête de la Chambre de métiers introduite en Alsace par une loi allemande de 1897. Ils défendent une définition plus proche de l'*Handwerk* allemand, davantage centrée sur la qualification personnelle de l'artisan et le métier exercé ; peu importe alors la taille de l'entreprise. Alors que la loi Courtier de 1925 ne retient pas de seuil maximal, celle de 1934 sur le Registre des métiers introduit la limite de cinq salariés et marque la victoire des syndicalistes de la CGAF. La définition française diverge de l'allemande. Cette divergence se retrouve à l'échelle de l'Europe, scindée entre les pays dont les définitions, comme la française, insistent sur la taille et l'échelle de production, et ceux qui, à l'instar de la définition allemande, dépendent d'abord d'un mode de production qualifiée, sans toutefois que celle-ci s'identifie à un travail exclusivement manuel. Enfin, elle marque l'aboutissement d'un processus engagé dès le siècle précédent qui sépare l'artisan de l'ouvrier. L'ouvrier est désormais un salarié alors que l'artisan est un petit producteur indépendant de biens ou de services, un entrepreneur.

Au regard de ce qui précède, Vichy apparaît comme un moment de crispation. Son corporatisme inachevé ne remet toutefois pas en cause définition républicaine de l'artisanat[6]. La glorification du travail manuel s'exprime dans les discours et les différents médias de la propagande de la Révolution nationale. Parmi ceux-ci, la revue *Métiers de France,* destinée d'abord aux artisans, est particulièrement élogieuse du travail manuel. Le ton est donné dès le premier numéro. Pétain lui-même signe un éditorial dans lequel il loue « les antiques traditions artisanales »[7]. Le numéro contient ensuite une double page de photographies intitulée « intelligence et beauté de la main ». Ces clichés

6 Le Statut de l'artisanat, pendant, pour ce secteur, de la Charte du Travail, ne fut jamais achevé.

7 Archives nationales (AN) F12 11973, *Métiers de France*, n° 1.

montrent en plan serré des mains d'artisans en train de ciseler la matière avec précision : graver des métaux, tourner une poterie, tailler des pierres précieuses… L'artisan utilise des outils qui prolongent la main, mais pas de machines. Quand la machine apparaît – rarement (dans moins d'un tiers des numéros) –, elle est employée par des travailleurs inexpérimentés ou minoritaires dans l'artisanat, des apprentis ou des femmes. Les pétainistes signifient ainsi que le véritable artisan est celui qui travaille de ses mains.

Ces idées se retrouvent ainsi promues par un État qui leur donne un écho particulier, grâce à son appareil de propagande. Avec *Métiers de France* mais aussi l'organisation d'expositions artisanales, le Service de l'artisanat, créé par Vichy au sein du ministère de la Production industrielle, travaille à la diffusion des conceptions pétainistes de l'artisanat ; dans et hors de France. En 1942, il envoie une délégation de dentelières et de sculpteurs sur bois faire la démonstration de leur habileté lors de l'exposition artisanale de Barcelone qui met à l'honneur la tradition, des métiers anciens et des produits faits à la main (Perrin, 2008)[8]. La délégation française y côtoie notamment celle de l'Espagne de Franco et du Portugal de Salazar, autres dictatures ultra-conservatrices qui défendent les mêmes représentations du travail artisanal. Dans le pays hôte, le *Fuero del Trabajo* de 1938 donne une première définition officielle de l'artisanat en l'insérant dans le nouveau cadre corporatiste. L'artisanat espagnol paraît s'inspirer de la définition allemande en privilégiant les critères qualitatifs sans seuil maximal, tout en s'en éloignant puisqu'il est très fortement circonscrit aux seules activités traditionnelles manuelles, celles qui sont enseignées dans son réseau d'ateliers-écoles notamment : le métal ciselé et damasquiné à Eibar, la sculpture du bois à Santander, la broderie à Ségovie (Plasencia, 1953)…

Un rejet de la modernité

Cette glorification du travail manuel par les régimes traditionalistes procède d'un rejet de la modernité qui puise dans trois traditions critiques : celle de l'antimodernisme littéraire et romantique, celle de la droite réactionnaire et celle du corporatisme des années 1930.

Dès le XIXe siècle, à rebours de leurs contemporains fascinés par les machines, les antimodernes critiquent la nouvelle société industrielle dans une perception désenchantée de la modernité prométhéenne (Compagnon,

---

8 AN, F12 11973, *Métiers de France*, n° 14.

2005 ; Fureix & Jarrige, 2015). Appliquant le schéma darwinien de l'évolution aux rapports des hommes et des machines, l'anglais Samuel Butler prédit que les machines finiront par dépasser l'homme qui en deviendra l'esclave et il appelle à détruire les machines[9]. Son compatriote John Ruskin développe une critique romantique du capitalisme nourrie de références au passé médiéval et il regrette l'érosion du travail artisanal face aux machines (Sennet, 2010 [2008] : 119 ; Ruskin, 1862). Il inspire le mouvement *Arts & Crafts* qui se développe dans l'Angleterre victorienne puis aux États-Unis et qui glorifie l'éthique artisanale contre la modernité et la machine. L'œuvre de Jean Giono est empreinte de la nostalgie d'un monde rural peuplé de paysans et d'artisans unis dans le travail de la terre, une sorte d'utopie a-industrielle[10]. Dans *Regain,* publié en 1930, l'artisan est le forgeron Gaubert que Panturle vient trouver pour qu'il lui fasse une charrue. Mais Gaubert est devenu vieux. Ses mains « molles et mortes [...] comme des cordes sans vie » ne peuvent plus travailler, mais il décrit minutieusement à Panturle les gestes à réaliser pour monter sa charrue avec les pièces qu'il lui offre : « [...] tu mettras le bois à tremper trois jours au trou du cyprès. Trois jours, pas plus, et tords lentement, en pesant sur ta cuisse [...] » (Gionot, 1990 [1930] : 121, 126). Avec les instructions et les pièces héritées du vieil artisan, Panturle assemble sa charrue de ses mains et fait renaître son coin de terre de l'arrière-pays provençal, loin du tumulte de la ville et de ses usines. Giono célèbre ainsi le travail manuel en même temps que la tradition, la transmission de savoirs d'une génération à l'autre et le retour à la terre.

En valorisant le travail manuel, les traditionalistes proposent de l'artisan une identité figée qui est profondément conservatrice. L'*identité* n'est plus seulement ce qui *est* le même (de sa racine latine *idem*)[11] mais ce qui *reste* le même. L'artisanat s'inscrit dans le récit mythique de la France éternelle de la droite réactionnaire. Dans son éditorial au premier numéro de *Métiers de France,* Pétain explique qu'il compte sur l'artisanat pour restaurer les traditions qui ont fait autrefois la gloire de la France. L'artisan devient le champion du monde d'avant, le héros de la réaction anti-industrielle. La valorisation de la main et de l'artisanat est énoncée comme une antithèse de

---

9 Samuel BUTLER, « Darwin among the machines » (1863) et « The Book of the Machines » (1872), rassemblés dans Butler, 2013.

10 Sur ces évocations littéraires du travail artisanal, voir Fernandez-Zoïla, 2002.

11 Sur l'identité, Ricoeur, 1990.

l'ordre capitaliste, industriel et mécanique (mécanisée ou mécaniste) et des désordres sociaux et politiques qui lui sont associés.

Les traditionalistes se retrouvent dans l'essor du corporatisme des années 1930. Le corporatisme franquiste fait de l'artisanat « la succession vivante d'un passé corporatif plein de gloire [...] séparé de la concentration industrielle autant que du grégarisme marxiste »[12]. Au Portugal, le *leitmotiv* du corporatisme de Salazar est de faire vivre le pays « habituellement ». En France, la référence aux corporations de métiers d'Ancien régime nourrit une partie de la nébuleuse corporatiste. Elle fait modèle pour une troisième voie alternative au capitalisme libéral et à la lutte des classes. *Métiers de France* met souvent en couverture les blasons et les saints patrons des anciennes corporations abolies par la Révolution française. Celui que le ministre de la Production industrielle désigne pour diriger le Service de l'artisanat n'est d'ailleurs pas un spécialiste de l'artisanat mais un corporatiste. Pierre Loyer est un ingénieur qui s'est fait connaître dans les années 1930 comme expert économiste partisan du corporatisme (Perrin, 2017). C'est aussi l'une des plumes de la droite traditionaliste catholique. Il exprime sa haine des juifs, des francs-maçons, des radicaux, des « rouges », associés dans une dénonciation du capitalisme libéral et des luttes sociales et de toutes les révolutions, coupables d'avoir renversés l'ordre d'une France chrétienne et éternelle. La promotion du travail manuel de l'artisan prend ainsi place dans un rejet beaucoup plus global de la modernité, tant dans ses aspects économiques et sociaux que politiques.

Disqualifier l'artisanat après 1945

L'identification de l'artisanat au travail manuel apparaît donc comme une construction sociale et politique située, un mythe qui connaît son paroxysme sous Vichy. Pour autant, celui-ci ne disparaît pas en même temps que Vichy pour au moins deux raisons principales : l'artisanat passe désormais pour l'une de ses « vieilles lunes » pétainistes et il s'en trouve discrédité pour l'avenir en même temps que le régime qui l'a instrumentalisé ; la technocratie porteuse de la modernisation de la France après la guerre regarde vers un autre horizon, celui de la grande entreprise fordiste, et ne s'intéresse pas à l'artisanat. Ces deux motifs combinent leurs effets : renvoyer l'artisanat à un travail manuel, archaïque et vichyste permet de le disqualifier pour la modernisation de la France à venir.

---

[12] Titre IV du *Fuero del Trabajo* du 9 mars 1938.

Après les deux guerres mondiales, de nombreux auteurs, tels Paul Valéry et Albert Camus, ont remis en cause la confiance dans le progrès technique et les formes de fascination pour la machine qu'avait fait naître l'industrialisation. Toutefois, l'idéal technophile trouve un prolongement après 1945 dans le mythe du productivisme et la foi dans les gains de productivité qui marquent fortement les Trente Glorieuses (Pessis, Topçu & Bonneuil dir., 2013). Les élites technocratiques (experts du Plan, hauts fonctionnaires, « grand commis de l'État », etc.) qui œuvrent, en France, à la modernisation du pays promeuvent une nouvelle civilisation techno-industrielle et s'emploient en même temps à disqualifier les alternatives, les critiques et les résistances assimilées à de la nostalgie, du passéisme ou à des relents vichystes (Pessis, Topçu & Bonneuil dir., 2013 : en particulier l'introduction de la deuxième partie). L'artisanat est de celles-là. Considéré comme l'héritier et la survivance d'un ordre économique ancien, pré-industriel et *a*-mécanique, il apparaît dépassé et disqualifié pour participer à « l'expansion » et au « progrès », et il est mis à l'écart. Il est par exemple purement et simplement oublié des deux premiers Plans.

L'idée d'un artisanat nécessairement condamné par l'essor d'un capitalisme industriel accolé à la mécanisation et à l'innovation n'est pas nouvelle, et c'est bien aussi contre cela que s'élève la réaction des traditionalistes. Dès 1848, Karl Marx et Friedrich Engels affirment que « les anciennes petites classes moyennes, les petits industriels, commerçants et rentiers, les artisans et les paysans, toutes ces classes sombrent dans le prolétariat, soit que leur petit capital ne suffise pas à pratiquer la grande industrie et ne résiste pas à la concurrence des plus grands capitalistes, soit que leur habileté soit dévalorisée par de nouveaux procédés de production » (Marx & Engels, 1973 [1848] : 15-16).

La dialectique du matérialisme historique fait de l'artisanat un passé sans avenir. Les artisans sont des travailleurs manuels dont « l'habilité » ne peut concurrencer « les nouveaux procédés de production » de « la grande industrie », soit le capital investi dans des machines plus performantes. Les artisans sont voués à devenir des prolétaires, ceux qui n'ont que leurs bras pour survivre en louant leur force de travail aux capitalistes. Dans le livre III du *Capital*, Marx écrit que l'extension des moyens techniques mis en œuvre pour produire à grande échelle n'est pas accessible à des capitalistes isolés et donc elle induit le passage d'un capitalisme entrepreneurial à un capitalisme anonyme, celui des sociétés par action avec une croissance de la taille des entreprises (Boutillier, 2006 : 22 ; 2015). La « roue de l'histoire » entraînerait le développement par étape du capitalisme industriel et le déclin de l'artisanat (Jaeger, 1982 : 11). Il convient de noter cependant que le marxisme n'apparaît pas comme un pôle uniforme, ni univoque dans une fidélité à l'analyse de Marx et Engels. Le Parti communiste français adopte après la guerre une stratégie de soutien aux « petits » contre les « gros » qui en fait un des principaux promoteurs, aux côtés d'élus socialistes et MRP, d'une modernisation de l'artisanat, alors que la droite et les radicaux sont très en retrait sur ce terrain. Il soutient également le mouvement poujadiste à ses débuts, avant de prendre ses distances à cause de la dérive droitière de l'organisation protestataire.

Cette conviction d'un déclin inéluctable est très largement partagée durant les Trente Glorieuses. En 1948, François Perroux constate la concentration croissante des économies occidentales au détriment des artisans. Pourtant, nulle hostilité à l'artisanat de sa part. Converti au keynésianisme, il a participé au bouillonnement corporatiste des années 1930 et il s'est intéressé de près à l'économie artisanale (Perroux, 1938)[13]. L'artisanat paraît alors simplement dépassé et condamné au déclin. Jean-Jacques Carré, Paul Dubois et Edmond Malinvaud croient pouvoir annoncer la « disparition de l'artisanat », tandis que du côté des auteurs marxistes, Nicos Poulantzas, par exemple, décrit un déclin continu des artisans au XXe siècle (Carré, Dubois & Mainvaud, 1973 : 108 ; Poulantzas, 1976). Cette « évidence » nourrit aussi les préventions de la haute fonction publique à l'encontre de l'artisanat. Le travail manuel valorisé par Vichy devient un archaïsme. Dans un rapport rédigé en 1956 pour la commission du financement du Plan, l'inspecteur des finances Paul Questiaux dénonce les « méthodes d'exploitation archaïques » d'« un secteur peu productif » et techniquement en « retard », qui ne survivrait qu'à l'abri d'un statut fiscal coûteux pour l'État[14]. Associé au vichysme et à un univers technique archaïque en déclin, l'artisanat paraît disqualifié pour mener la modernisation de l'économie nationale dont ces hauts fonctionnaires se font les actifs promoteurs. Le mythe du travail artisanal manuel se trouve ainsi entretenu en dépit des mutations de l'artisanat.

---

13 Sur l'évolution de cet auteur : Cohen, 2006.

14 AN 80AJ121, dossier 55.

Travail manuel versus modernisation de l'artisanat

Les traditionalistes inventent et fantasment la tradition à laquelle ils se réfèrent. Le travail manuel qu'ils révèrent est celui d'un artisanat idéalisé et mythifié. Il apparaît comme une construction sociopolitique, voire idéologique, éloignée d'une modernisation que celle-ci ignore, quand elle n'y fait pas obstacle.

L'artisanat de la machine

L'artisanat au XXe siècle n'a pas subi un déclin linéaire, ni en France ni ailleurs en Europe. En France, le nombre d'artisans, qui peut être évalué à 800 000 au début des années 1920, a baissé durant la crise des années 1930 (environ 735 000 en 1938) avant de remonter spectaculairement jusqu'à dépasser la barre du million en 1948. Les deux décennies suivantes sont une période de crise et de mutations à l'issue de laquelle il retombe à 770 000 en 1970. Il a ensuite commencé à remonter, d'abord lentement, avec quelques années de repli, puis plus vivement depuis le début du XXIe siècle, et il dépasse aujourd'hui de nouveau le million d'artisans. En février 2016, la France comptait 1,2 millions d'entreprises artisanales[15]. Cette évolution se retrouve ailleurs en Europe, avec parfois un décalage dans la chronologie (Laloire, 1955)[16]. Ce rapide rappel des données démographiques montre que le capitalisme industriel et ses machines n'ont pas tué l'artisanat. Au contraire, l'artisanat a survécu parce qu'il s'est adapté à la machine : premièrement parce que les machines ont donné naissance à de nouveaux artisanats, deuxièmement parce que les machines n'ont pas été hors de sa portée.

Au-delà des variations cycliques, la pérennité de l'artisanat sur la longue durée s'explique par sa capacité à s'adapter. Le déclin des métiers anciens, dits *traditionnels* – ceux du bois, du cuir ou ruraux (forgeron, maréchaux, etc.) – est compensé par l'émergence de nouvelles activités : automobile, matériel électrique puis électroménager, informatique plus récemment... L'activité de certains artisans, comme les photographes ou les taxis, est entièrement liée à leur machine. Ces innovations et les nouvelles industries auxquelles elles ont donné naissance ont fait émerger des activités de service, dans les domaines

---

15 Source : Institut supérieur des métiers, *Baromètre de l'artisanat*, consulté sur : http://ism.infometiers.org/ISM/Barometre-de-l-artisanat/Les-chiffres-des-entreprises-artisanales

16 *Propositions de méthodologie pour la collecte et le recueil de données statistiques sur les petites entreprises artisanales en Europe*, Commission européenne / Istituto Tagliacarne, 2001.

de l'entretien, de la réparation et du dépannage tout particulièrement, qui ont été largement investies par les artisans. De ce point de vue, la présence des artisans a paru indispensable à la diffusion des machines. Dans les années 1920, par exemple, le Conseil général d'Indre-et-Loire justifie l'attribution de boîtes d'outillage à des apprentis méritants de l'artisanat rural, car « la formation d'artisans ruraux [...] est un moyen qui permettra d'assurer la diffusion de la machine agricole et de parer à la crise actuelle de main d'œuvre, en utilisant de plus en plus d'énergie électrique et en permettant aux usagers d'avoir dans chaque village et presque chaque hameau un artisan capable de réparer et de remettre en état les machines agricoles »[17]. Les artisans n'ont pas fait que réparer les machines mises sur le marché par d'autres entreprises, ils sont aussi – certes plus ponctuellement, soit dans le temps, soit parce qu'il s'agit d'activités de niche – producteurs de machines. Les fabricants des premiers avions ont pour la plupart été des artisans, à l'image des frères Wright à Dayton dans l'Ohio, qui construisaient eux-mêmes dans leur atelier de bicyclettes toutes les pièces de leurs engins « plus lourds que l'air » au tout début du XXe siècle (Olivier, 2017). Actuellement, les artisans de l'informatique ne se cantonnent pas tous à la réparation. Ils proposent d'assembler des machines sur mesure pour répondre aux besoins spécifiques de leurs clients. Autrement dit, l'évolution technique et l'invention de nouvelles machines ont donné naissance à des artisanats de la machine dont l'essor a contrebalancé le recul des métiers plus anciens et assuré la pérennité de l'artisanat sur la longue durée.

L'idée d'un artisanat condamné par le capitalisme industriel dont les machines ne sont pas à sa portée paraît surdéterminée par l'image des grandes concentrations usinières avec leur installations lourdes et par l'automatisme. Or, le machinisme a emprunté d'autres voies plus accessibles aux artisans. Dans leur essai sur la spécialisation flexible, Michael Piore et Charles Sabel soulignent l'avantage comparatif que les artisans tirent de la souplesse de leur équipement faiblement intensif en capital sur la production sériée et automatisée pour produire de petits volumes (Piore & Sabel, 1989 [1984]). En effet, l'apparition de nouvelles énergies (l'électricité et le pétrole) plus souples facilitent la dissémination spatiale de petites machines mues par de petits moteurs thermiques ou électriques. Elle favorise aussi

[17] AD37 9M48, Délibération du Conseil général du 4 mai 1927.

l'essor des industries mécaniques et l'élaboration de petites machines intégrées par l'artisanat, par exemple les machines à coudre, les pétrins mécaniques des boulangers, les machines-outils des menuisiers (scies à ruban, tours, etc.), etc. Par ailleurs, l'automobile facilite la mobilité des artisans. Or, celle-ci est essentielle, en particulier pour ceux du bâtiment (les plus nombreux) qui travaillent sur des chantiers (mobiles) et qui doivent pouvoir aller à la rencontre de la clientèle faisant appel à leur service : un plombier pour intervenir sur une fuite, un vitrier pour changer un carreau cassé, etc. Même la machine à vapeur n'a pas été totalement inaccessible aux artisans. Dans le district industriel de la tannerie de Château-Renault, par exemple, les petits ateliers artisanaux déclarent (dans la période 1860-1914) des machines à vapeur de faible puissance qui mettent en action par exemple un marteau à battre le cuir[18]. Dans son essai, Matthew Crawford s'appuie sur son expérience de mécanicien moto. Son travail d'artisan consiste à réparer des motos, soit des machines. Il démonte et remonte les moteurs à la main mais il se sert aussi d'autres machines comme les bancs d'essai… L'artisan mécanicien travaille donc sur des machines avec d'autres machines.

Les obstacles à la modernisation de l'artisanat

La question n'est plus de savoir si la machine est restée extérieure à l'artisanat – elle y est –, mais bien plutôt comment elle y est entrée. Autrement dit, le rapport des artisans à la machine n'est plus un problème uniquement, ni même essentiellement, d'ordre technique, mais plutôt économique et financier, voire juridique. En effet, pour acquérir des machines, les artisans se sont trouvés confrontés à des obstacles tels que l'accès au crédit pour investir ou encore une fiscalité désincitative.

La loi du 30 juin 1923 a créé un statut d'artisan fiscal. Les artisans sont exempts de certaines taxes et paient l'impôt sur le revenu au même taux que les salariés, plus faible que celui des bénéfices industriels et commerciaux. L'administration fiscale est toutefois très réticente à l'encontre de ce statut voulu pas les députés et la CGAF et elle s'emploie à en limiter la portée sur les finances publiques en retenant un périmètre très restreint. Seuls ceux qui n'emploient pas plus d'un ouvrier et d'un apprenti peuvent en bénéficier. Une partie, croissante avec le temps, s'en trouvent écartés puisque le seuil

---

[18] Archives départementales d'Indre-et-Loire, 5 M 237 à 262, établissements classés.

légal est de cinq salariés. De plus, l'usage de machine et de méthodes commerciales est explicitement exclu. L'administration fiscale assimile l'artisanat à une production manuelle. Conçu pour protéger les artisans, ce statut les enferme dans un carcan malthusien et obsolète qui constitue clairement une désincitation à investir. Le but du législateur n'est nullement d'accompagner le développement économique et technique de l'artisanat mais de protéger, grâce à ces allégements fiscaux, une composante des classes moyennes indépendantes qui forment l'un des piliers du régime dans la « synthèse républicaine »[19].

En ramenant l'artisanat au travail manuel, ce statut fiscal s'éloigne de la réalité et des pratiques techniques des artisans et ceux qui en bénéficient deviennent de moins en moins nombreux après la guerre (428 136 en 1952, 380 000 en 1955). L'usage d'appareils électriques, d'une automobile ou d'un téléphone suffit à le faire perdre (Caro, 1953). Des professions entières, comme les photographes, s'en trouvent écartées. Inadapté et contesté, il est assoupli par la loi du 7 février 1953 qui finit par autoriser l'usage de machines dans l'artisanat, à la condition que celles-ci requièrent l'intervention personnelle de l'artisan, notamment sa force musculaire (l'automatisation reste exclue). Dans le même temps, la Direction générale des impôts invite ses agents à faire preuve de souplesse dans l'acceptation de machines et à tenir compte du progrès technique[20]. Demeuré fidèle à l'idée que l'artisan serait un travailleur manuel, le législateur et les services fiscaux français ont mis une trentaine d'année à intégrer la diffusion des machines dans l'artisanat, au risque de freiner celle-ci.

L'autre grand problème des artisans pour acquérir des machines est leur financement. Les entreprises artisanales se financent très majoritairement par l'autofinancement, complété par le crédit bancaire. Les autres formes (crédit interentreprises, prêts familiaux ou hypothécaires, etc.), dont l'importance a souvent été surestimée en raison de la réputation d'archaïsme accolée aux artisans, s'avèrent, en réalité, marginales[21]. La principale difficulté est l'accès au crédit bancaire qui est resté fermé aux artisans. En effet, les banques

19 La notion de synthèse républicaine a été proposée par Stanley Hoffmann (1963). Voir aussi Sick, 2003.

20 Directive du 1er décembre 1954 de la Direction générale des Impôts (DGI).

21 *Étude sur la modernisation du secteur des métiers en 1967*, Ministère du Développement industriel et scientifique – APCM, 1970.

classiques ont longtemps rechigné à accorder des prêts aux artisans. Pour garantir la bonne fin des prêts, elles exigent des garanties que les artisans ne sont généralement pas en mesure de fournir. Les prêts aux artisans prennent le caractère de prêts personnels, c'est-à-dire reposant sur une relation de confiance. Les banques locales, proches des entreprises de leur territoire, prêtent un peu plus facilement aux artisans (encore que d'abord pour des prêts de campagne, à court terme, destinés à fluidifier les trésoreries et non à financer des investissements) mais la plupart disparaissent dès le début du XXe siècle. Les Banques populaires sont créées en 1917 pour faciliter l'accès des artisans, commerçants et petits industriels au crédit bancaire. L'État créé un secteur bancaire parapublic pour suppléer les failles du marché (Gueslin, 1987). Cependant, les Banques populaires délaissent la clientèle des plus petites entreprises pour privilégier celle des PME dès l'entre-deux-guerres (Albert, 1997 ; Lescure, 1987). Dès lors, l'accès des artisans au crédit repose presque uniquement sur le Crédit artisanal. Ces prêts réservés aux artisans sont créés par la loi dite Peyronnet du 27 décembre 1923 et ils sont distribués par le réseau des Banques populaires. Depuis 1921, le Crédit agricole peut également accorder des prêts aux artisans ruraux, mais ceux-ci demeurent tout à fait marginaux dans son bilan (moins de 1 % de l'ensemble de ses prêts dans les années 1930 ; Gueslin, 1984).

Le Crédit artisanal tarde à produire des effets. Durant l'entre-deux-guerres, il reste quasiment symbolique. Les moyens mis à sa disposition (un fond de dotation du Trésor financé par une partie de la redevance supérieure de la Banque de France) ne permettent de réaliser que 3 855 prêts avant la guerre, soit quasiment rien rapportés aux 800 000 entreprises artisanales du pays[22]. Le Crédit artisanal connaît une brève embellie à la Libération (le montant des prêts accordés croît de 21 à 355 millions de francs entre 1945 et 1949) mais qui ne dure pas. L'artisanat n'est pas une priorité du Plan et l'État néglige le financement du Crédit artisanal qui retombe quasiment au niveau qui était le sien à la Libération. Il faut attendre le milieu des années 1950 puis les années 1960 pour que les prêts aux artisans connaissent un réel essor. L'artisanat dispose à partir de 1956 d'une commission au sein du Plan et celle-ci fixe des objectifs de croissance au Crédit artisanal. De 1954 à 1969, le montant global

---

22 AN, F12 10249, circulaire du 11 décembre 1944 de la chambre syndicale des Banques populaires.

des prêts progresse très nettement jusqu'à atteindre près de 800 millions de (nouveaux) francs en 1969. En outre, l'État autorise de nouveaux organismes parapublics (la Caisse nationale des marchés de l'État et le Comptoir central du matériel d'entreprises) à intervenir dans le dispositif, ce qui a pour effet de rassurer les banques classiques, comme le Crédit Lyonnais qui se lance dans ce type de crédit. Alors que vers 1950, les artisans sont encore très largement à l'écart du monde bancaire (la plupart disposant au mieux d'un Compte chèque postal – CCP – qui n'ouvre pas la voie au crédit), la bancarisation est un aspect de la mutation de l'artisanat des années 1950-1960.

Le travail artisanal et la machine

La diffusion des machines dans l'artisanat

La levée des obstacles juridiques et l'amélioration du crédit contribuent à dynamiser l'investissement dans l'artisanat et ainsi à répondre à un enjeu important. En effet, au milieu du siècle, la situation technique de l'artisanat est marquée par l'obsolescence, la vétusté et un sous-équipement global de ses entreprises. Les machines sont bien entrées dans l'artisanat français, mais elles sont anciennes et insuffisantes. C'est la conséquence de la vague d'installations réalisées durant la guerre et à la Libération. Dans ce contexte bien particulier, ces nouveaux artisans se sont installés sans moyens et beaucoup sont notoirement sous-équipés. Ces faiblesses apparaissent dans les dossiers d'autorisation d'installation pendant l'Occupation[23] et dans des enquêtes menées après la guerre (par exemple Frances, 1961). Dans les métiers du bois, par exemple, il est fréquent de voir des artisans se mettre à leur compte en ne disposant que de leur trousse à outils et de petits matériels électriques, ce qui les cantonnent à quelques réparations quand l'exercice de ces métiers requière désormais des machines-outils (scies à ruban, tours, etc.). Des situations similaires se retrouvent dans d'autres secteurs comme la coiffure, la mécanique ou encore l'habillement. Des couturières qui emploient deux ou trois salariées ne disposent que d'une seule machine à coudre[24]. Encore peu d'artisans possèdent un véhicule automobile pour se déplacer ; seulement 20 % des maréchaux par exemple en 1946 (*Enquête sur l'artisanat*

---

[23] Ont été consultés ceux du département d'Indre-et-Loire : Archives départementales (AD), 37 103W33 à 175.

[24] AD, 37 103W100.

français, 1946). Souvent, il s'agit de machines anciennes, qui n'ont pas pu être bien entretenues durant la guerre à cause des pénuries et qui sont à remplacer. Une enquête de 1955 fait apparaître que le matériel n'a souvent pas été renouvelé depuis l'entre-deux-guerres (Buquet & Bossan, 1958).

L'investissement artisanal connaît une nette progression dans les années suivantes. Il triple au cours des années 1960 en passant de 1,9 milliards à 5,6 milliards de francs par an[25]. Les artisans sont alors de plus en plus nombreux à investir (près de la moitié d'entre eux ont investi dans l'année en 1970) et le montant moyen de leur investissement progresse aussi. Au début des années 1960, le taux de croissance des investissements est même supérieur dans l'artisanat à celui de l'ensemble des entreprises françaises. Ces investissements concernent en priorité l'acquisition de matériel et de machines, devant celle de véhicules. Le matériel productif apparaît ainsi comme une priorité. Parmi les ébénistes parisiens, par exemple, les machines-outils représentent 45 % des investissements (Francès, 1961). Les années 1960, puis la fin du XXe siècle apparaissent ainsi comme un moment fort dans l'introduction, la diffusion et le renouvèlement des machines dans l'artisanat.

Les artisans mettent en avant ces investissements. À rebours des discours sur le travail manuel et la tradition, leur communication valorisent le progrès et les machines. Les en-têtes, les façades des ateliers, les encarts publicitaires créent toute une iconographie dans laquelle les artisans mettent en scène leur travail et leurs productions pour les promouvoir. Les références à la tradition et aux héritages du passé n'en sont pas totalement absentes mais elles sont très minoritaires et apparaissent même de moins en moins dans la seconde moitié du XXe siècle. Cette iconographie artisanale met plutôt en avant la maîtrise du métier, y compris dans ses évolutions techniques avec les machines. Les artisans montrent volontiers leur capacité à mettre en œuvre les matières et les procédés les plus récents. Plus que la tradition d'un travail manuel, ils préfèrent afficher leurs innovations, leurs investissements et leurs machines pour paraître modernes. Les artisans des métiers de la transformation du bois, par exemple, évoquent leurs machines-outils, comme ces bancs de sciage motorisés qui permettent à certains de se proclamer fièrement « scierie mécanique » (fig. 1). Les garagistes, dépanneurs, artisans ruraux, certains métiers du bâtiment aussi,

---

[25] SAEF B51182, rapport général de la commission du secteur des métiers et de l'artisanat, V^e^ plan.

montrent les moteurs et les machines qu'ils se proposent de réparer ou d'installer. Les artisans ont très vite adopté aussi les nouvelles technologies de communication : le téléphone au début du XXe siècle, l'ordinateur et Internet à la fin du même siècle et au début du présent. Ils le font savoir en affichant leur numéro de téléphone, leur adresse de courriel, voire l'url de leur site personnel. Allant à l'encontre de leur réputation de travailleurs manuels, les artisans aiment se montrer à la pointe du progrès technique, exhiber leur modernité et leur capacité à utiliser, installer, réparer des machines.

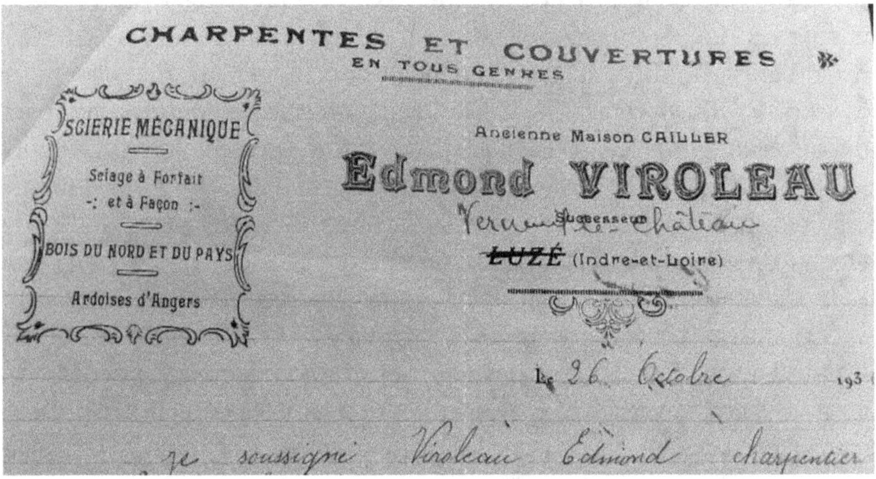

Figure 1 – En-tête de courrier, « Edmond Viroleau, charpentier à Verneuil-sur-Indre (Indre-et-Loire), le 26 octobre 1936 ». Source : AD, 37 9M47.

Le travail artisanal transformé

Les façons de travailler de l'artisan ont évolué en conséquence. L'intégration de la machine dans ses procédés contribue à redéfinir le travail artisanal dans son exercice pratique et quotidien. Dans cette mutation la machine n'apparaît pas comme une donnée, c'est-à-dire un fait fixe qui s'impose à son utilisateur, ici l'artisan. Ce dernier agit aussi *sur* la machine, et non pas seulement *avec*. L'artisan adapte la machine et la reformate (Sennett, 2010 [2008]). L'introduction de la machine dans l'artisanat établit un rapport dialectique dans lequel la machine transforme le travail de l'artisan, mais où l'artisan transforme aussi la machine. La mécanisation n'induit donc pas par elle-même une façon de travailler uniforme et universelle. L'artisanat sécrète un rapport à la machine qui lui est spécifique, et même des rapports car, à une échelle plus fine, chaque métier de l'artisanat, voire chaque artisan, établit ses propres pratiques.

Le travail artisanal est caractérisé par l'indivision de la conception et de la réalisation. Dans ce « savoir artisan », les procédures de fabrication ne peuvent pas être séparées des « astuces » de fabrication (Schwint, 2002a : 33). C'est un « savoir en acte », par opposition à des procédures exécutives, des connaissances ou des « compétences » formalisées ou à distance d'elles (par exemple Dubar, 1996 ; Dejours & Molinier, 1994). Ce savoir relèverait davantage du « don » ou tout du moins de « l'expérience », tandis que les secondes sont acquises notamment à l'école, dans l'enseignement professionnel et technique (Schwint, 2002a : 34). Cette expérience est aussi un rapport du corps au travail. C'est la répétition des mêmes gestes qui permettent d'acquérir les savoirs de son métier. Ce savoir en acte est alors pleinement assimilable à l'*habitus* décrit par Pierre Bourdieu. C'est un savoir intériorisé, immédiatement mobilisable au moment d'exécuter un geste précis sans même en avoir conscience. Il incorpore aussi le rapport à la machine. Le corps de l'artisan en action apprend à connaître les possibilités et les limites des machines qu'il emploie pour arriver au résultat recherché. La machine fait partie de la routine du travail de l'artisan (Schwint, 2005 : 522). L'enchaînement des gestes sur la machine définit un rythme de travail. Cette maîtrise du geste technique et de la machine participe de l'acquisition d'un « tour de main ».

Ce « savoir artisan » inclue la ruse ou la *métis* (Schwint, 2002b). La notion de *métis* désigne une forme d'intelligence pratique qui fait appelle à la ruse pour dominer les obstacles et s'adapter à l'imprévu et aux circonstances (Detienne & Vernant, 1974). Elle permet très bien d'appréhender les rapports de l'artisan à la machine dans son travail. L'artisan reconditionne la machine pour arriver au geste technique qu'il veut. Les menuisiers ou les ébénistes, par exemple, n'installent pas les protections sur leurs machines ou bien les enlèvent temporairement pour gagner en finesse d'exécution et travailler au plus près de la pièce en cours de fabrication… au risque de se blesser sérieusement (Schwint, 2002a : 44). La prévalence des phalanges coupées est un marqueur physique de ces métiers artisanaux[26]. Ce type de détournement fait partie des ruses ou des astuces de fabrication qui permettent au travail de l'artisan de parvenir à des

---

[26] Ce que j'ai pu également constater au cours de rencontres avec des artisans de ces métiers.

résultats qui demeurent inaccessibles aux plus grandes entreprises davantage contraintes par le respect des normes (de sécurité en l'espèce). Il est caractéristique du travail artisanal qui cherche « les meilleurs moyens de fabriquer » par « tout une adaptation, du corps, des outils et des machines » (Schwint, 2002a : 45). Au regard de ses pairs, le bon artisan est celui qui est astucieux ou « combinard ». La « combine » consiste notamment à concevoir ou adapter des outils et des machines (Schwint, 2005 : 522). C'est une création technique de l'artisan, un savoir qui lui est propre, autrement dit un « secret de métier ». Le bon artisan est aussi en conséquence celui qui s'approprie la mécanisation du travail afin notamment de l'adapter à ses objectifs techniques.

Conclusion

Le philosophe américain Matthew B. Crawford met en garde contre « le halo de mysticisme qui s'attache souvent aux éloges du travail artisanal » et il veut « éviter les images enjolivées du travail manuel [...], la nostalgie d'une vie plus simple et soi-disant plus authentique » (Crawford, 2010 : 11-12). De fait, ces « images » en disent souvent plus sur ceux qui les portent que sur l'artisanat lui-même. En France au XXe siècle, mais aussi en Espagne ou au Portugal par exemple, elles sont vigoureusement soutenues et diffusées par des courants traditionalistes, réactionnaires et antimodernes, dont Vichy marque l'apogée. Ceux-ci condamnent les mutations économiques, sociales et politiques en œuvre depuis les révolutions (française, industrielles) du siècle précédent et font de la figure idéalisée de l'artisan et de son travail le héros de leur réaction. L'artisan devient un repère d'un monde d'avant regretté. Cette idéalisation du travail artisanal n'est qu'une partie d'un rejet de la modernité. Mais cette acculturation à la figure de l'artisan en travailleur manuel a contribué à faire de la machine dans l'artisanat un impensé et elle jette un voile sur les mutations de celui-ci. Le travail de l'artisan apparaît comme une donnée immuable, voire éternelle, ce qui néglige l'histoire et les possibilités de mutation et d'adaptation, soit une caractéristique majeure de l'artisanat : sa plasticité. Si les artisans n'ont pas disparu, contrairement au sort qui leur est régulièrement promis depuis plus de deux siècles, c'est bien parce qu'ils ont su s'adapter aux transformations économiques et techniques, et donc aussi à la mécanisation de la production. La machine n'a pas tué l'artisanat mais elle a fait naître de nouvelles activités artisanales et de nouveaux métiers dont l'essor a compensé la disparition de plus anciens. La dimension manuelle du travail artisanal n'exclut pas la machine. Le travail artisanal a été transformé par la machine. Mais, à l'inverse, la machine est aussi transformée par l'artisan qui la reconditionne et la détourne. L'artisanat ne s'est donc pas maintenu en dehors de la mécanisation du travail et des procédés de production, mais en développant ses propres rapports à ces innovations techniques et économiques. Dans tous les cas, l'artisanat n'est pas l'espace immaculé d'un quelconque ordre éternel du travail manuel et il n'est pas un ordre économique sans machine.

Références bibliographiques

ALBERT Elisabeth, *Les Banques populaires en France (1917-1973)*, Paris, Economica.

BOUTILLIER Sophie, 2006. « L'entreprise artisanale, entre l'entrepreneur et la grande entreprise », *Marché & Organisations*, 1, p. 17-32.

—, 2015. « Le devenir de l'artisanat au XIXe siècle, évolution des métiers dans le développement du capitalisme », *Marché & Organisations*, 24, p. 201-217.

BUQUET Léon, BOSSAN Jacques, 1958. « Résultats d'une enquête sur le crédit artisanal en France », *in* J. Hamel & L. Buquet (dir.), *Le Crédit artisanal en France et à l'étranger*, Paris, Sirey (Publications du Centre international d'études de l'artisanat 1), p. 7-17.

BUTLER Samuel, 2013. *Détruisons les machines*, trad. de l'ang. Par M. Girot et P. Thiesset, Vierzon, Le Pas de côté.

CARO Jean, 1953. *Le Régime fiscal des artisans en matière d'impôts directs*, thèse de doctorat, Université de Rennes.

CARRÉ Jean-Jacques, DUBOIS Paul, MALINVAUD Edmond, 1973. *Abrégé de la croissance française*. Un essai d'analyse économique causale *de* l'après-guerre, Paris, Seuil.

COHEN Antonin, 2006. « Du corporatisme au keynésianisme. Continuités pratiques et ruptures symboliques dans le sillage de François Perroux », *Revue française de science politique*, 4, p. 555-592.

COMPAGNON Antoine, 2005. *Les Antimodernes. De Joseph de Maistre à Roland Barthes*, Paris, Gallimard.

CRAWFORD Matthew B., 2010. *L'Éloge du carburateur. Essai sur le sens et la valeur du travail*, Paris, La Découverte.

CROSSICK Geoffrey, HAUPT Heinz-Gerhard (dir.), 1984. *Shopkeepers and master artisans in Ninetenth-century Europe*, London, Methuen.

DEJOURS Christophe, MOLINIER Pascale, 1994. « Le travail comme énigme », *Sociologie du travail*, h.-s. n° 36, p. 35-44.

DETIENNE Marcel, VERNANT Jean-Pierre, 1974. *Les Ruses de l'intelligence, la* métis *des Grecs*, Paris, Flammarion (Champs 36).

DUBAR Claude, 1996. « La sociologie du travail face à la qualification et à la compétence », *Sociologie du travail*, 38 (2), p. 179-193.

Enquête sur l'artisanat français, 1946. Paris (Cahiers de l'Institut de science économique appliquée. Hors-série 1.

FERNANDEZ-ZOÏLA Adolfo, 2002. « Le travail dans les fictions littéraires », *Travailler*, 7, p. 13-36.

FRANCÈS Simone, 1961. *Où va l'artisanat français ? Enquête sur le mode de vie et l'idéologie des artisans ébénistes de la Seine*, Paris, Éd. du CNRS.

FUREIX Emmanuel, JARRIGE François, 2015. *La Modernité désenchantée. Relire l'histoire du XIXe siècle français*, Paris, La Découverte (Écritures de l'histoire 3).

GIONO Jean, 1990 [Grasset, 1930]. *Regain*, Paris, Le Livre de Poche.

GUESLIN André, 1984. *Histoire des crédits agricoles*, Paris, Economica.

—, 1987. « Dynamisme et lenteur d'un secteur abrité : les banques mutualistes au XXe siècle », *in* P. Fridenson & A. Straus (dir.), *Le Capitalisme français XIXe-XXe siècle. Blocage et dynamisme d'une croissance*, Paris, Fayard, p. 211-223.

HILAIRE-PÉREZ Liliane, 2013. *La Pièce et le geste. Artisans, marchands et savoir technique à Londres au XVIIIe siècle*, Paris, Albin Michel.

HILAIRE-PÉREZ Liliane, LANOË Catherine, 2011. « Les savoirs des artisans en France au XVIIIe siècle. Pour une relecture de l'histoire des métiers », *in* D. Margairaz & Ph. Minard (dir.), *Mélanges à Daniel Roche*, Paris, Fayard, p. 345-358.

HOFFMANN Stanley, 1963. « Paradoxes de la communauté politique française », *in* S. Hoffmann *et al.*, *À la recherche de la France*, Paris, Seuil.

JAEGER Christine, 1982. *Artisanat et capitalisme. L'envers de la roue de l'histoire*, Paris, Payot (Aux origines de notre temps 4).

KESSLER Marie-Christine (dir.), [*à paraître* avril 2018]. *Étienne Clémentel. Politique et action publique sous la Troisième République*, Peter Lang.

LALOIRE Marcel, 1955. « Problèmes de l'artisanat européen », *Revue internationale du travail*, 72, p. 260-283.

LANDES David S., 1980 [1975]. *L'Europe technicienne ou le Prométhée libéré.* Révolution technique et libre essor industriel en Europe occidentale de 1750 à nos jours, Paris, Gallimard.

LANOË Catherine, 2015. « L'économie artisanale au prisme des actes de la pratique : le cas des gantiers-parfumeurs parisiens au XVIIIe siècle », *Marché et organisations*, 24, p. 127-143.

LESCURE Michel, 1987. « L'État, l'investissement et la petite entreprise : l'expérience des prêts bonifiés (1937-1939) », *in* P. Fridenson & A. Straus (dir.), *Le Capitalisme français XIXe-XXe siècle. Blocage et dynamisme d'une croissance*, Paris, Fayard.

MARX Karl, ENGELS Friedrich, 1973 [1848]. *Manifeste du parti communiste (1848). Critique du programme de Gotha (1875)*, Paris, Le Livre de Poche (Le Livre de Poche. Classique 3462).

NÈGRE Valérie, 2016. *L'Art et la matière. Les artisans, les architectes et la technique (1770-1830)*, Paris, Classiques Garnier (Histoire des techniques 11 ; Histoire des techniques. Série Recherche 7).

OLIVIER Jean-Marc, 2017. « Produire les premiers avions fiables, une affaire de PME (fin du XIXe siècle-1914) », *Marché et organisations*, 30 (3), p. 207-219.

PERRIN Cédric, 2007. *Entre glorification et abandon. L'État et les artisans en France (1938-1970)*, Paris, Comité pour l'histoire économique et financière de la France.

—, 2008. « Des utopies conservatrices : Franco, Pétain et les artisans », *in* S. Guillaume & M. Lescure (dir.), *Les PME dans les sociétés contemporaines de 1880 à nos jours. Pouvoir, représentation, action*, actes du colloque (Paris, 20-21 janvier 2006), Bruxelles, Peter Lang, p. 137-152.

—, 2015. « Un million d'artisans. La situation actuelle de l'artisanat français dans une perspective historique », *Marché et organisations*, 24, p. 15-36.

—, 2017. « Pierre Loyer. Itinéraire d'un technocrate autoritaire de Vichy », *Revue historique*, 681, p. 73-92.

—, [*en attente de publication*]. « Apprendre un métier. L'institution de l'apprentissage artisanal en France à la fin des années 1930 », *in* C. Didry *et al.* (dir.), *Travail, capacités et institutions*, Rennes, Presses universitaires de Rennes.

PERROUX François, 1938. *L'Artisanat dans le capitalisme moderne*, Paris, J. Lesfauries (tiré à part de la revue *Le Corporatisme*, août 1938).

PESSIS Céline, TOPÇU Sezin, BONNEUIL Christophe (dir.), *Une autre histoire des « Trente Glorieuses ». Modernisation, contestations et pollutions dans la France d'après-guerre*, Paris, La Découverte.

PIORE Michael J., SABEL Charles, 1989 [1984]. *Les Chemins de la prospérité. De la production de masse à la spécialisation souple*, Paris, Hachette.

PLASENCIA Antoine, 1953. « L'artisanat espagnol », *Annales de droit économique*, 4, p. 169.

REY Alain, 1992. *Dictionnaire historique de la langue française*, Paris, Dictionnaire Le Robert.

RICŒUR Paul, 1990. *Soi-même comme un autre*, Paris, Seuil.

RUSKIN John, 1862. *Unto This Last*, London, G. Allen.

SCHWINT Didier, 2002a. « Savoir artisan de fabrication et détournement du temps », *Sociétés*, 76, p. 33-48.

—, 2002b. *Le Savoir artisan. L'efficacité de la* mètis, Paris, L'Harmattan.

—, 2005. « La routine dans le travail de l'artisan », *Ethnologie française*, 35, p. 521-529.

SENNETT Richard, 2010 [2008]. *Ce que sait la main. La culture de l'artisanat*, Paris, Albin Michel.

SICK Klaus-Peter, 2003. « Deux formes de synthèse sociale en crise. Les classes moyennes patronales de la Troisième République à la lumière d'une comparaison franco-allemande », *Revue d'histoire moderne et contemporaine*, 4, p. 135-154.

TAILLEDET Robert, 1937. *La Doctrine de classe de l'artisanat français*, Paris, Institut national des métiers

TAYLOR Gordon Rattray, PAYEN Jacques (eds), 1983. *Les Inventions qui ont changé le monde. Guide illustré du génie humain à travers les âges*, trad. sous la dir. de J.-P. Quijano, Paris – Bruxelles – Zurich, Sélection du Reader's digest.

VERLEY Patrick, 1997. *La Révolution industrielle*, Paris, Gallimard (Folio. Histoire 77).

ZARCA Bernard, 1986. *L'Artisanat français. Du métier traditionnel au groupe social*, Paris, Economica.

ZDATNY Steven M., 1999. *Les Artisans en France au XXe siècle*, Paris, Belin.

Contrôler le travail et les relations sociales ?

Tensions et ambivalences autour de la division du travail dans l'industrie chimique et pharmaceutique

Cynthia COLMELLERE
IDHe.S[1] (UMR 8533), ENS Paris-Saclay
CentraleSupélec (Saclay)

Depuis les années 1950, les sociologues du travail montrent les ressorts de réalisation et de réification d'un idéal capitaliste, fondé sur la *justification*, le *contrôle* et la *perpétuation* (Dard *et al.*, 2015). Dans l'industrie comme dans la bureaucratie et les services, ils analysent la définition et le déploiement de dispositifs techniques et managériaux de rationalisation, de contrôle du travail et de régulation des relations sociales. Ils étudient leurs effets sur les travailleurs qui s'en saisissent tant pour en contrer les effets contre-productifs que pour redonner un sens à leur activité. Ils identifient des formes de taylorisme renouvelées malgré l'ambition affirmée d'une libération de la *peine* inhérente au travail entendu comme *activité productive* (Rot & Vatin, 2016). Ainsi, ils constatent que les travailleurs restent subordonnés aux machines et aux processus de contrôle et de traçabilité de leurs activités définis par des ingénieurs – concepteurs et managers –, également soumis aux pouvoirs financiers (Le Bon, 2015). Pour comprendre les liens entre les transformations du travail et la perpétuation de cet ordre social du capitalisme, nous nous appuyons sur deux études de cas dans l'industrie chimique,

[1] Institutions et dynamiques historiques de l'économie & de la société ; bâtiment Laplace, 61 boulevard du Présdent Wilson, 94230 Cachan

héritière du « capitalisme chimique » du XIXe siècle (Fressoz, 2014) et l'industrie *pharmaceutique*, devenue un « monde de règles et de rentes » (Lomba, 2014). Entre 2003 et 2006, nous avons enquêté par périodes intermittentes dans une usine chimique et une usine pharmaceutiques classées SEVESO 2[2] – en raison des quantités importantes de produits dangereux stockés et utilisés. Nous nous sommes concentrée sur des projets de modifications importantes d'installations, imposés réglementairement et impliquant conception technique et réorganisation du travail. Les enjeux de rentabilité et de performance y étaient centraux. Dans cet article, nous interrogeons en particulier l'utilisation par les ingénieurs de méthodes et d'outils de conception pour justifier les formes de division du travail qu'ils souhaitent imposer. Ces dispositifs ont été beaucoup moins étudiés que leurs équivalents techniques et de gestion. Ils participent pourtant de la construction collective d'un ordre social et matériel. Analyser les discours et les pratiques des acteurs qui les mobilisent permet de comprendre leurs conceptions de la division du travail. Les critiques qu'ils expriment à son encontre révèlent les mécanismes par lesquels elle opère, ses effets sur les individus, les collectifs de travail et l'organisation[3].

Les industries chimique et pharmaceutique se sont reconfigurées pour obéir à des logiques de rentabilité et de financiarisation tout en se soumettant à des obligations réglementaires plus nombreuses et plus strictes. L'automatisation massive des *process* de fabrication s'est accompagnée de la sous-traitance des activités périphériques à la production, notamment la maintenance, le transport et certaines parties de l'ingénierie. Les effectifs

---

2 Déclinée dans le droit français, la directive Seveso 2 soumet les établissements les plus dangereux à un régime d'autorisation. Pour chaque nouvel établissement ou chaque nouvelle installation dans un établissement déjà en fonctionnement, la procédure de demande d'autorisation d'exploiter impose à l'industriel de constituer un dossier spécifique contenant une étude d'impacts et une étude des dangers. L'usine étudiée est classée Seveso 2 en raison de quantités importantes de produits dangereux stockés et utilisés, notamment dans l'atelier concerné.

3 Si la situation plus globale de chaque usine a été considérée, nous ne détaillons pas dans cet article l'organisation du travail des équipes projet et des instances de pilotage. De même, nous n'avons pas cherché à mettre en évidence les différences entre l'industrie pharmaceutique et l'industrie chimique. Il ne s'agit pas tant de comparer précisément les ressources mises en œuvre dans chaque situation que de caractériser les tensions et les ambiguïtés autour de la division du travail et d'en comprendre les ressorts.

dans les ateliers ont été considérablement réduits et le travail de contrôle-surveillance (Rot & Vatin, 2016) s'est substitué en grande partie aux activités manuelles, au contact des installations et des produits.

En automatisant, les ingénieurs ont imposé aux travailleurs des formes hybrides d'organisation du travail, articulant *planification* et *flexibilité* (Dodier, 1995), pour adapter les modes de production aux exigences du marché. Les tensions entre contrôle et autonomie, prescription et improvisation se sont accrues pendant que les clivages hiérarchiques et professionnels se sont maintenus. Ces oppositions traduisent « l'ambivalence technique et économique d'un côté, morale et sociale de l'autre » de la division du travail (Bidet, Pillon & Vatin, 2000). Cette ambigüité se retrouve dans la relation des acteurs à la division du travail, qu'ils la définissent ou qu'ils en subissent les effets (Séris, 1994). Ils en mobilisent les ressorts comme les critiques dans des discours et des attitudes parfois contradictoires. Nous émettons donc l'hypothèse qu'une compréhension fine de ces ambivalences permettra de mieux comprendre la perpétuation de l'ordre social du capitalisme. C'est pourquoi, nous étudions le travail de modification dans sa technicité, en prenant en compte la distribution des pouvoirs et les conflits socio-organisationnels.

Comment les ingénieurs divisent-ils le travail lorsqu'ils modifient des installations ? Quelles critiques les travailleurs élaborent-ils ? Quelles ressources mobilisent-ils pour négocier leurs conditions de travail et plus généralement l'ordre matériel et l'ordre social ? Comment ces différents acteurs pensent-ils les dispositifs techniques ? Le rapport entre l'homme et la machine ? Les pratiques professionnelles ? L'organisation du travail ? Les relations entre ingénieurs (concepteurs et managers) et travailleurs ? Selon quelles logiques – au sens de fondements des actions (Lallement, 2000) ?

Dans les deux usines étudiées, une cinquantaine d'entretiens ont été réalisés avec des membres des équipes projets, des opérateurs et leur encadrement, du personnel de la maintenance (locaux et sous-traitants), les ingénieurs et *managers* impliqués dans les projets et leur pilotage. Ils ont porté sur le travail dans les installations avant modification, le travail de conception, les changements techniques et organisationnels planifiés et en cours, les attentes, les problèmes rencontrés, les solutions proposées et mises en place. Auprès des opérateurs, les échanges concernaient également leurs pratiques de travail et leurs trajectoires professionnelles. Une partie des questions complétaient des observations faites sur le terrain : travail dans les ateliers de fabrications (jour et nuit) et les installations concernées par les modifications et travail de l'équipe projet (réunions de conception, phases d'essais et de démarrage des nouvelles installations). Nous avons également partagé repas et pauses avec les acteurs rencontrés.

Après une brève description des projets étudiés, nous analysons les pratiques et les discours des ingénieurs puis ceux des travailleurs. Nous soulignons pour chaque catégorie d'acteurs les ambivalences dans leur rapport à la division du travail. Nous concluons sur les modalités de renouvellement de l'ordre social du capitalisme que ces deux études de cas nous permettent de mettre en évidence.

Mettre le travail à distance pour mieux le diviser

Élaborer des réponses technologiques aux contraintes économiques

Dans les deux usines étudiées, chaque direction présente le projet de modification comme indispensable pour répondre aux injonctions réglementaires et faire face à une conjoncture économique difficile. Les ingénieurs chefs de projet reprennent en grande partie ce discours de justification. Ils présentent aux opérateurs de fabrication la modernisation technologique comme une stratégie de survie. Cependant, ils n'explicitent pas la future division du travail. Elle apparaît comme la conséquence naturelle d'un projet de rationalisation post-taylorien (voir par exemple Freyssenet, 1992 ; Linhart, 1993[4] & 2010 [1994]). Elle se situe ainsi au point de rencontre entre une « visée mercantiliste de maximalisation du profit », une « visée technologique, avec pour but l'efficacité opératoire, la maximalisation du rendement et l'économie de l'effort » et « la visée morale anglaise, fondée sur un principe d'écartement des vertus sociales » (Séris, 1994 : 55). Dans les deux projets, aucune évaluation chiffrée des gains de productivité escomptés n'est discutée au sein de l'équipe projet, ni présentée aux équipes d'opérateurs concernées. Comme l'écrit Thomas, « la technologie ne détermine pas l'organisation, mais l'idée que la technologie

---

4 Voir également, dans ce numéro de *Sociologie du travail* de 1993/1, les articles suivants : Velz & Zarifian, 1993 ; Maurice, 1993.

soit la seule alternative légitime est déterminante » (Thomas, 1994 : 208). Ainsi, dans les deux cas, les ingénieurs et techniciens définissent des solutions technologiques sans anticiper précisément les caractéristiques de l'organisation et des pratiques de travail. Il ne s'agit pourtant pas d'une stratégie délibérée de leur part, motivée par une trop grande déférence à l'égard du progrès technologique (Noble, 2016). Cette orientation résulte davantage de la combinaison entre une recherche d'objectivation des choix de conception à partir de principes présentés comme scientifiques et la distribution des pouvoirs dans l'organisation. Pour rendre explicite ce constat, nous étudions deux phases fondatrices de la division du travail dans chacun des projets : l'*analyse fonctionnelle* dans le projet de modernisation du système de conduite informatisé et l'*analyse des risques* dans le projet de modification du poste de dépotage. Au préalable, nous rappelons les caractéristiques des usines et des ateliers concernés.

Dans l'usine chimique, le projet de modification concerne le poste de dépotage d'acide A, extrêmement toxique et dangereux pour l'homme et l'environnement, même en quantités réduites. Le dépotage est une opération qui consiste à transférer l'acide contenu dans des wagons vers les installations. Cet acide est la matière première de l'ensemble des fabrications de l'usine qui en consomme 2 500 tonnes par an. Le projet répond à une injonction réglementaire concernant la maîtrise du risque d'accident majeur. Le poste de dépotage est au centre du scénario majeur d'accident, c'est-à-dire qu'il est le lieu où peut se produire un scénario accidentel ayant des conséquences sur l'environnement du site : le dégagement d'un nuage d'acide. Un arrêté préfectoral impose de transformer ce poste pour confiner les conséquences d'un éventuel accident à l'intérieur du site. La direction de l'usine décide de le rattacher à l'un des deux principaux ateliers de fabrication, ce qui modifie l'organisation des activités de dépotage et celles de l'atelier concerné. Cette mise en conformité est un passage obligé dans une usine soumise à de fortes contraintes économiques de la part de la direction du groupe industriel auquel elle appartient. Si l'exigence réglementaire n'est pas respectée, la préfecture peut ordonner l'arrêt des activités de dépotage, ce qui signerait la fin des activités de l'usine.

Cette dernière emploie 140 personnes dont 60 affectées aux activités de fabrication. Les 6 opérateurs polyvalents, affectés au conditionnement des produits et à l'approvisionnement des ateliers, réalisent les opérations de dépotage en binôme, en fonction des besoins des deux principaux ateliers de fabrication. Les opérations de maintenance sont intégralement sous-traitées. La moyenne d'âge des personnels de fabrication est de 48 ans.

Dans l'usine pharmaceutique, le projet étudié consiste à remplacer un système informatisé de conduite des *process* de fabrication de deux intermédiaires médicamenteux : un pour la synthèse de bêtabloquants et l'autre pour celle d'anti-inflammatoires. Installé en 1987, au moment du démarrage de l'atelier, ce système connaît de nombreuses pannes. De plus, il ne permet plus de respecter les réglementations européenne et américaine du médicament qui imposent l'enregistrement informatique de l'intégralité des données de fabrication de chaque lot de produit. Les enjeux économiques sont particulièrement importants, car depuis quelques années, l'atelier subit la concurrence d'usines fabriquant des génériques des deux produits. Il reste performant grâce à la capacité de son personnel à fabriquer des produits de grande qualité, selon les standards réglementaires cités, dans les délais imposés.

L'usine emploie 650 personnes dans les unités de fabrication et 1 360 dans son centre de recherche. 54 personnes travaillent dans l'atelier étudié. Il s'étend sur 7 300 m^2, répartis sur six étages. Les cinq équipes de 8 opérateurs postés réalisent la production en 5 x 8. Ils sont tous syndiqués. Tous les autres personnels travaillent en journée : l'adjoint de fabrication, responsable de l'ensemble des équipes, son supérieur hiérarchique, l'ingénieur responsable de l'atelier, les trois opérateurs affectés au conditionnement des produits, l'agent de maîtrise chargé des consignations[5], l'agent de maîtrise « flux matières »[6] et de la technicienne de laboratoire – unique femme travaillant dans cet atelier –, l'agent de maîtrise spécialiste des procédés, le technicien « système » (informatique), le responsable assurance qualité des produits de l'atelier et son assistant. La moyenne d'âge des personnels de l'atelier est de 43 ans. Les activités de maintenance sont sous-traitées.

---

[5] Pour permettre les interventions de maintenance courantes et planifiées (réparations, modifications, remplacement de matériel, les installations concernées sont mises à l'arrêt (consignées).

[6] Cet agent de maîtrise gère les entrées et sorties de matières premières et des produits pour l'atelier.

Des méthodes d'analyse pour objectiver la division du travail

L'*analyse fonctionnelle* et l'*analyse de risques* reposent toutes deux sur des méthodes formalisées et normalisées dont l'usage est répandu dans ce type de projets. Les caractéristiques techniques des installations validées à l'issue de ces phases de conception concernent le niveau d'automatisation et la répartition des tâches entre les hommes, et entre les hommes et les machines. Ces résultats servent également de base pour réviser les documents qui guident ou retracent le déroulement des activités (procédures, consignes, modes opératoires, *check-lists*, fiches de suivi de fabrication).

Décrivons rapidement leurs principes et leur mise en œuvre concrète.

L'objectif de l'*analyse de risques* est de rechercher les risques d'accident induits par la future installation et d'identifier les différentes mesures de prévention et de protection nécessaires. Dans ce projet, elle a une valeur officielle. Elle est l'une des principales composantes de l'étude de dangers[7] que l'usine doit remettre dans le cadre de la mise en conformité réglementaire. Dans le projet de modification du poste de dépotage, la méthode d'analyse des risques utilisée est une revue de déviations sur schémas de la future installation, selon la méthode HAZOP (*HAZard and OPerability study*). Le chef de projet, spécifiquement formé et habilité à l'application de cette méthode, mène chacune des trois réunions de trois heures. Il s'appuie sur une procédure écrite spécifique. Les acteurs de l'équipe projet, un représentant des opérateurs postés dans les ateliers de fabrication, un membre du service médical et l'animateur Sécurité Environnement de l'usine participent également à ces réunions. Le représentant des opérateurs est syndiqué (CGT), il est également élu au CHSCT. Toutefois, le CHSCT ne participe officiellement qu'à la réunion de validation de l'analyse de risques, une fois qu'elle a été finalisée.

---

7 Comme l'usine est classée Seveso 2, la modification réglementaire s'inscrit dans une procédure officielle de demande d'autorisation d'exploiter l'installation modifiée. Le dossier de demande d'autorisation d'exploiter rédigé par l'industriel comporte une étude des dangers et une étude d'impacts sur l'environnement. L'analyse des risques constitue la pièce maîtresse de l'étude des dangers.

Lors des réunions d'élaboration de l'analyse de risques, les acteurs réunis examinent les déviations[8] qui peuvent se produire pour chaque phase du procédé sur la base des schémas représentant le futur poste de dépotage. Pour chacune, ils identifient les causes (techniques ou humaines), les conséquences sur le déroulement du *process*, les moyens techniques ou humains pour les prévenir ou en limiter les conséquences. Ils estiment enfin la probabilité d'occurrence, la gravité et, *in fine*, le niveau de risque résiduel.

L'analyse de risques est à la fois un support de décision et de justification des choix d'automatisation. Si le déroulement des réunions reste très codifié, l'analyse des déviations donne lieu à des discussions sur le niveau d'automatisation des installations et la répartition des tâches entre les hommes et les dispositifs techniques. Toutefois, les différents participants ne disposent pas du même poids dans ces discussions. Lors des entretiens, les opérateurs, le représentant du service médical et l'animateur sécurité environnement soulignent leurs difficultés à participer aux réunions d'analyse des risques. Comme ils n'ont pas été impliqués dans les phases précédentes du travail de conception, ils découvrent les schémas de la future installation en début de réunion.

> On est là en tant que regard extérieur. On peut apporter un plus. Ce sont les premières études de sécurité que j'ai faites… je n'ai jamais rien eu à lire avant les réunions. Je découvrais les schémas le jour de la réunion. Mais j'avais l'avantage de connaître un peu les anciennes installations. – *Animateur sécurité*

Par ailleurs, ils sont les seuls représentants de leur niveau hiérarchique dans l'usine ; la maintenance, essentiellement sous-traitée, est représentée par l'ingénieur responsable du service.

Voici un extrait de l'une des trois réunions d'analyse des risques que nous avons observées : le futur poste de dépotage compte de nombreuses vannes à manipuler dans les différentes phases du dépotage. Les risques de confusion pour les opérateurs sont importants. Les vannes sont les points de l'installation les plus susceptibles de connaître des fuites, les exposant à

8 Une déviation exprimée en affectant un mot guide (plus de, moins de, bas, élevé, inverse) à un paramètre de fonctionnement du procédé de dépotage (température, pression, débit) ; par exemple : température haute, débit bas, pression élevée, etc.

des risques de brûlure très importants. Les acteurs réunis discutent de l'opportunité de conserver des vannes automatisées commandées depuis la salle de contrôle de l'atelier. Les avis sont partagés. Cependant, dans un contexte de restrictions budgétaires, ils optent pour des vannes manuelles, moins chères, en ajoutant des documents-guides (procédures et *check-lists*) pour les opérateurs.

Chef du bureau d'études (BE) – Je voudrais revenir sur le scénario des vannes fuyardes.

Le chef de projet (montrant sur le schéma de l'installation) – Il y a ouverture de l'une de ces trois vannes ou l'une de ces vannes est fuyarde.

Chef du BE – Et le wagon est en cours de dépotage (vidange) ?

Opérateur – Et donc il faut vérifier manuellement l'état des vannes ! Il n'y a pas de fin de course ?

Technicien du BE – Avec l'acide A, on a des fins de courses sur toutes les vannes et là on discute parce qu'on est limité en budget !

Chef de projet – Mais on le voit facilement si une vanne est ouverte ou fermée. Et puis, il vaut peut-être mieux vérifier sur place.

Infirmier – Oui, mais ce qui m'inquiète, c'est que celui qui va le faire, il faudra qu'il en vérifie plusieurs et il peut se tromper. Ce sont les fabricants (opérateurs polyvalents, non postés) qui le feront ?

Chef de projet – Oui, toutes ces manip', ce sont les fabricants qui les feront.

[…]

Chef de projet – En risque résiduel (après avoir défini les moyens de prévention et de limitation des conséquences de la fuite), on conseille d'être au niveau 3. À 2, c'est toléré ; à 1, c'est interdit. Donc une fin de course sur cette vanne, ça peut aider (à réduire le niveau de risque résiduel).

Automaticien – Des cas comme celui-là, il y en a plein sur l'installation.

Chef du BE – Oui, mais dans ce cas, la position correcte, c'est que les cinq vannes soient ouvertes.

Infirmier – Ça en fait, des possibilités d'erreur !

Chef de projet (en consultant de nouveau la procédure d'évaluation du niveau de risques) – On reste en niveau 2, même avec la fin de course […]. Il nous faut mettre quelque chose pour diminuer le niveau de risques.

Chef du BE – Une procédure opérateur ?

Chef de projet – Il y a tellement de vannes ! Je vais mettre un mode opératoire avec une *check-list*.

Automaticien – Ce qu'on peut faire, c'est leur imprimer ce qui est affiché sur le synoptique avec l'état des vannes avant de les faire aller sur le terrain. Si ce sont toujours les mêmes personnes, ça ira.

Infirmier – Mais ils sont huit et ils sont polyvalents !

Opérateur – Ce qui me fait peur, c'est que le week-end, les postés le feront.

Responsable sécurité – Dans ce cas, il faut qu'ils soient trois.

Automaticien – Si c'est ponctuel, le chef de poste peut venir.

Opérateur – Il faut regarder en termes de charge de travail surtout qu'ils sont sur les deux (grands) ateliers le week-end !

Malgré les doutes exprimés, notamment par ceux qui connaissent le travail de dépotage, les fins de courses ne seront pas ajoutées aux vannes. L'installation reste très manuelle et donc dangereuse pour les opérateurs, malgré les modes opératoires et *check-lists* ajoutés.

L'analyse *fonctionnelle* consiste à diviser l'installation en modules d'équipements selon la fonction[9] qu'ils remplissent dans le procédé. Ce découpage technique définit en fait le niveau d'automatisation de la conduite des *process* : plus le fonctionnement est intégré, plus le niveau d'automatisation est élevé. Ainsi, il institue la répartition des tâches entre les automates et les opérateurs, ainsi que les modalités de contrôle de leurs actions sur les procédés. Ensuite, les spécialistes procédés traduisent le déroulement détaillé des procédés de fabrication sous forme de recettes en respectant les paramètres physico-chimiques, de l'introduction des matières premières à la sortie des produits finis. À partir de l'analyse fonctionnelle et des recettes, les informaticiens de l'équipe projet programment le nouveau système informatique de conduite.

L'adjoint de fabrication, ancien opérateur puis agent de maîtrise posté en 5 x 8 a réalisé la première version de l'*analyse fonctionnelle*. Il a repris les étapes successives des procédés de fabrication tout en respectant les principes du projet définis par les directions de l'usine et de l'atelier : limiter l'accès des opérateurs au déroulement des *process*, en ne leur permettant de commander que des blocs (regroupements) d'appareils remplissant une fonction particulière : chauffage des réactifs, transfert, mélange, etc. L'adjoint de fabrication a également défini les instructions

---

[9] Parmi les fonctions les plus courantes : le chauffage, la distillation, la filtration.

que le système renvoie à l'opérateur : les « autorisations », les « interdictions » c'est-à-dire les opérations que les opérateurs ne peuvent effectuer sans contrôle préalable des paramètres physico-chimiques (température, pression, concentration des réactifs, volume…) ou sans l'intervention de leur responsable d'équipe.

> Le système sort de mon cerveau, les autorisations, les instructions, les interdictions… J'ai commencé l'analyse fonctionnelle pour faire la maquette avant de la passer à mon successeur, … [Technicien procédés]. Je n'ai jeté que les bases de l'AF [Analyse Fonctionnelle], c'est le plus intéressant. Des modifications ont été faites ensuite. J'ai travaillé pendant 8 mois sur l'AF, c'est l'équivalent d'un mois et demi à temps plein. – *Adjoint de fabrication*

Dans son travail, il a tenu compte de certaines spécificités de la conduite des *process* de l'atelier : la complexité des activités de contrôle des valeurs critiques, obligatoires à certaines étapes pour pouvoir poursuivre la fabrication, la durée de certains contrôles, y compris ceux qui nécessitent l'intervention d'un opérateur pour effectuer des prélèvements de produits puis vérifier leurs caractéristiques après analyses en laboratoire. Toutefois, il n'a pas tenu compte des « aléas » de fabrication qui contraignaient les opérateurs à reprendre très fréquemment la main sur le déroulement des *process*, notamment les pannes récurrentes de capteurs, les incidents procédés lors de certaines phases dites *sensibles* (du fait du caractère instable du mélange). Par exemple, les opérateurs modifiaient les paramètres chimiques du *process* en cours (température, concentration du mélange) pour éviter de bloquer la réaction.

> On peut lui faire faire ce qu'on veut. Il [l'ancien système] n'est pas bloquant. Des niveaux ne sont pas bons, on peut lui faire croire que c'est bon. Les forçages, on en fait souvent. Sur un relais on a besoin de charger 1 500 kg, s'il n'y a pas 3 000, il ne veut pas marcher. Donc, on se met en manuel, on lui met 4 000 et il repart. – *Opérateur de fabrication*

Les opérateurs disent maîtriser suffisamment les procédés pour distinguer les erreurs d'affichage d'un système informatique défaillant des aléas physico-chimiques nécessitant un arrêt, une vérification ou une intervention dans les installations. Ils considèrent ces « forçages » comme nécessaires pour pallier les défaillances informatiques et les pannes de matériels dans l'atelier. À l'inverse, l'adjoint de fabrication les qualifie de « mauvaises habitudes ». Il les juge dangereux pour la qualité des produits et pour la sécurité des opérateurs parce qu'ils n'en maîtrisent pas toutes les conséquences.

Avec le nouveau système informatique, les opérateurs ne pourront agir que très marginalement, sur le déroulement des *process* et en fonction de leur niveau hiérarchique. Seuls les agents de maîtrise responsables d'équipe et l'adjoint de fabrication pourront intervenir en cas d'arrêt inopiné. Pourtant, dès les phases préliminaires du projet, certains spécialistes de l'équipe projet s'opposent fermement à l'automatisation massive planifiée.

> Je suis intervenu au niveau de l'analyse fonctionnelle. J'ai insisté pour qu'on ait des remises de fonctions en semi-manuel. Ce système existe mais à un niveau hiérarchique trop élevé dans les équipes. Il faut redonner à l'opérateur un niveau d'intervention suffisamment intégré pour respecter le niveau de sécurité, mais un niveau suffisamment élémentaire pour pouvoir intervenir en cas de problème. – *Expert procédés, équipe projet.*

Cependant, l'adjoint de fabrication et ses supérieurs hiérarchiques maintiennent leurs choix. Et l'équipe projet les respecte dans son travail. Par ailleurs, ces différents acteurs organisent le travail de conception en y intégrant très marginalement les opérateurs. L'équipe projet et la direction de l'atelier organisent les tests sur maquettes avec six opérateurs, sélectionnés pour leur expertise. Puis, une fois les maquettes finalisées, ils planifient la formation de l'ensemble des opérateurs. Dans ces deux étapes du projet, les opérateurs ne peuvent plus remettre en cause le niveau d'automatisation et donc les grands principes de division du travail.

Au-delà de la conformité à la réglementation et d'une recherche de sécurité des hommes et des procédés, comment comprendre la volonté de l'adjoint de fabrication et de ses supérieurs hiérarchiques d'exercer une contrainte aussi forte sur des équipes expérimentées, et qui ont démontré leur capacité à maintenir un fonctionnement rentable de l'atelier, malgré un outil informatique défaillant ?

L'adjoint de fabrication connaît bien les pratiques réelles des équipes, leurs « arrangements » avec les « bonnes pratiques de fabrication », mais aussi les aléas qui les rendent nécessaires. Il les a lui-même mises en œuvre lorsqu'il était opérateur puis agent de maîtrise posté. Jusqu'à ce projet de modification, il les a tolérées tant que les niveaux de rendement et de qualité restaient satisfaisants.

Cependant, comme son supérieur hiérarchique responsable de l'atelier, il poursuit l'ambition de restaurer son autorité sur les équipes d'opérateurs. Celles-ci, très fortement syndiquées, sont devenues très indépendantes. Elles sont connues dans l'usine pour leur tendance à se mettre en grève lorsqu'il s'agit de négocier ressources et conditions de travail. Ce fonctionnement particulier vaut à l'atelier le surnom de « village gaulois ».

Ensuite, les choix de l'adjoint de fabrication s'expliquent également par la difficulté de son rôle de cheville ouvrière dans un atelier dont les équipes fonctionnent en autarcie. Au quotidien, son enjeu principal est d'atteindre les objectifs de production : respecter le *planning*, les quantités commandées et fabriquer de produits conformes aux exigences qualité. Il a besoin de s'informer auprès des équipes du déroulement des activités de l'atelier. Or, l'organisation du travail en 5 x 8 contraint ses relations avec elles. Comme il travaille de jour et en semaine, il ne les côtoie dans les faits qu'un quart du temps. Il a construit des liens de coopération en travaillant au plus près des opérateurs tout en leur concédant une autonomie importante et en acceptant tacitement leurs arrangements et contournements dans la conduite des *process*. Les opérateurs acceptent cette relation de proximité et son autorité car ils reconnaissent ses compétences, acquises dans leurs rangs. Ils ont également besoin de lui parce qu'il est leur seul relais auprès du responsable de l'atelier pour négocier ressources et conditions de travail. Cependant, avec le nouveau système, l'adjoint de fabrication saisit l'opportunité de pouvoir exercer une autorité et un contrôle accrus tout en faisant moins de concessions (Colmellere, 2015). Grâce à l'enregistrement des données de fabrication et des actions individuelles des opérateurs, il pourra contrôler les activités des équipes très précisément. De plus, comme il disposera de droits d'accès au déroulement des *process* supérieurs à ceux des agents de maîtrise responsables des équipes, il ne dépendra plus d'eux pour connaître le déroulement des fabrications. Dans le même temps, sa contribution restera indispensable pour le fonctionnement global de l'atelier du fait de sa connaissance approfondie des procédés de fabrication. Pour l'ingénieur responsable de l'atelier et la direction de l'usine, avec cette nouvelle organisation du travail, l'équilibre social de l'atelier sera moins précaire car moins tributaire d'accords tacites et de négociations avec les équipes. Afin de soutenir cette stratégie de contrôle, l'adjoint de fabrication et ses supérieurs hiérarchiques s'investissent dans le projet pour supprimer tous les obstacles à une conduite des fabrications conforme au déroulement programmé. Ainsi, l'adjoint de fabrication participe activement à la formation des opérateurs. Il veille, avec le soutien de l'ingénieur responsable de l'atelier, à la finalisation des programmes informatiques et au traitement systématique des pannes de matériels pour limiter toute occasion de forçage et de contournement du système. Dans le même temps, ils ne font rien pour que des représentants des opérateurs postés contribuent à la définition du niveau d'automatisation et de contrôle de leurs activités.

Que nous apprennent ces deux phases d'analyse sur les modalités de mise à distance du travail et le rapport à la division du travail des ingénieurs impliqués dans les projets ?

Diviser pour mieux régner ?

Une division du travail pour des opérateurs modèles

Dans l'*analyse fonctionnelle* comme dans l'*analyse de risques*, les ingénieurs et techniciens anticipent le déroulement des *process* en faisant l'hypothèse d'un opérateur générique, toujours égal à lui-même quel que soit son âge, son niveau de qualification, son expérience, les conditions et l'ambiance de travail, le contexte social de l'usine. Ces caractéristiques sont très rarement évoquées dans les discussions dans lesquelles les opérateurs sont dénommés indifféremment « gars », « opérateurs », « personnes », « fabricants ». Dans *l'analyse de risques*, la différence entre le travail des opérateurs polyvalents, non postés, qui branchent et débranchent les wagons et celui des postés dans les ateliers, qui surveilleront la vidange des wagons, n'est pas toujours explicite.

> *Extrait d'une réunion d'analyse de risque, analyse d'un scénario de fuite une fois le wagon connecté aux installations :*
>
> *Chef de projet* – On va regarder les risques liés au dépotage. À la détection de gaz dans les flexibles, le vérin automatique se ferme. La personne ouvre ces vannes (il montre sur le schéma) et après ils peuvent ouvrir les vannes du wagon.
>
> *Technicien du BE* – Il faut voir si cette vanne ne se referme pas (montrant sur le schéma).

> *Chef du BE* – Il faut également noter qu'il n'y pas de risque en fonction de la variation de température. Il faut le mettre dans l'analyse de risques pour montrer qu'on a tout étudié.

De plus, les conséquences d'un incident sur les opérateurs ne sont pas systématiquement explicitées, comme le montre la suite de l'échange ci-dessus.

> *Chef du BE* – Et si dans cette phase il se produit une rupture franche du flexible, de l'azote se dégage ?
>
> *Technicien du BE* – Il y aura surtout une jolie fuite, beaucoup de fumée car on décomprime le wagon d'un coup.

L'analyse fonctionnelle comme l'analyse des risques sont fondées sur le déroulement des procédés chimiques. Ainsi, les acteurs qui les réalisent ne décrivent pas les activités de travail des opérateurs mais davantage leurs actions sur les *process* en cours. La nature même de l'analyse fonctionnelle et son caractère préparatoire dans le travail de conception le justifient en partie.

En outre, l'encadrement de l'atelier avait décidé de ne pas intégrer d'opérateur posté dans cette phase de travail.

> Ce qui manquait, c'est l'intégration du fabricant. Il y avait un groupe projet technique et on ne demandait pas l'avis du fabriquant, hormis dans le groupe de pilotage pour les grandes décisions. Au niveau technique, la fabrication a son avis à donner. On lui a parfois demandé son avis sur des points précis, mais globalement, elle n'avait pas d'implication sur les aspects relatifs à la conduite de l'atelier... Comme R. (adjoint de fabrication) connaissait l'atelier, il a été considéré comme le représentant de l'atelier à la fois pour les aspects procédés et les aspects fabrication. – *Ancien ingénieur procédés (usine pharmaceutique), impliqué dans les phases préliminaires du projet dont l'analyse fonctionnelle*

L'analyse de risques, parce qu'elle se déroule à un stade plus avancé de la conception et avec la participation de représentants des opérateurs semble plus adaptée à une prise en compte de leur travail. Pourtant, dans les discussions autour des différents *scenarii* de défaillances, les comportements des opérateurs face à ces situations restent décrits à partir d'un répertoire d'actions génériques : vérifier l'état d'une vanne sur place, effectuer un contrôle, utiliser la procédure de secours... qui ne reflètent pas l'étendue, la complexité ni le caractère collectif de leurs activités. Les termes utilisés se retrouvent dans les dispositifs de gestion (procédures, *check-lists*, modes opératoires, livret de « bonnes pratiques »), supports du travail. Les causes identifiées des aléas et défaillances peuvent être des défauts de conception technique, des lacunes dans l'organisation du travail ou des erreurs humaines individuelles (erreur de manipulation d'une vanne, oubli d'un contrôle). Mais, dans tous ces cas, les participants explicitent peu les circonstances dans lesquelles les défaillances se produisent et notamment les caractéristiques des situations de travail. Ainsi, la division du travail entre les opérateurs et les dispositifs techniques repose sur l'anticipation d'un travail réduit à des actions individuelles, prévisibles, conformes aux « scripts » (Akrich, 1993) et aux règles qu'ils ont conçus.

> *Chef de projet* – Il y a aussi la vérification de l'étanchéité liquide. Il y a des risques pendant cette phase. La personne gonfle les flexibles. L'arrivée d'azote, elle ouvre les vannes, si une vanne reste fermée (erreur) l'azote gonfle ce flexible (il montre sur le schéma) et l'autre.
>
> *Responsable sécurité* – Et tout ça manuellement ?
>
> *Technicien du Bureau d'études* – Oui, pour l'étanchéité, il [l'opérateur] est obligé d'aller sur place [au plus près des installations].

Comment comprendre une approche aussi restrictive alors que ces acteurs connaissent bien les capacités des opérateurs à s'écarter des règles et des prescriptions à bon escient lorsque les situations de travail l'exigent ?

L'enquête permet d'avancer deux explications : une organisation du travail de conception d'une part et une définition des objectifs des projets, respectueuses de la division du travail à l'œuvre dans les deux usines étudiées, notamment les clivages hiérarchiques entre concepteurs et opérateurs, d'autre part. Comme nous l'avons mentionné, dans les deux cas, l'organisation du travail de conception limite la participation des opérateurs à des phases dans lesquelles ils ne peuvent plus remettre en cause les principes de division du travail que marginalement. Les orientations des projets reflètent également ces choix. Dans le projet de modernisation du système conduite informatisé, les instigateurs du projet et l'encadrement de l'atelier ont choisi de restreindre les possibilités d'action des opérateurs *a priori* sans retour d'expérience documenté des pratiques qualifiées de « mauvaises habitudes » pour en identifier les circonstances et les causes. De même, dans le projet de modification du poste de dépotage, la décision de rattacher le poste à un grand atelier n'a pas été précédée d'une analyse de l'organisation du travail et des pratiques. Ces deux décisions sont politiques : elles relèvent d'une conception du pouvoir et de l'organisation sociale selon laquelle les opérateurs occupent une position secondaire. Elles ont pour corollaire une focalisation sur la dimension technique du travail de conception. Ce dernier procède même d'un « double éblouissement de la technique ». Le premier éblouissement survient dans les phases préliminaires des projets. Les ingénieurs et techniciens se focalisent sur la solution technique et en particulier sur la manière dont les dispositifs techniques modifiés vont leur permettre de répondre aux objectifs des projets. Cette lecture les conduit à se concentrer sur les objectifs au détriment des moyens et des processus permettant de les atteindre (Thomas, 1994). C'est aussi pour cette raison qu'ils n'examinent qu'en surface les contenus du travail d'exploitation et de maintenance des installations à modifier pour respecter les objectifs du projet. Le deuxième effet d'éblouissement est une conséquence du premier. Les acteurs des équipes projet appréhendent la situation initiale à modifier dans le prisme des dispositifs techniques. Ils l'examinent au regard de ses défauts pour atteindre les objectifs de fiabilité et de performance des fabrications. Ainsi, dans le projet de modification du système de conduite, les responsables de l'atelier analysent les « mauvaises habitudes » des opérateurs comme des conséquences du vieillissement du système informatique et des possibilités d'intervention sur le déroulement des procédés qu'il permet. Peut-on en conclure pour autant que le travail d'*analyse des risques* et d'*analyse fonctionnelle* relève d'une simplification *a priori* pour se saisir de la seule dimension technique de la division du travail ? La relation des ingénieurs et techniciens à la division du travail semble plus ambiguë.

Une objectivité secondaire

La division du travail déduite de l'analyse des risques ou de l'analyse fonctionnelle n'obéit pas uniquement à des principes scientifiques. Elle répond également à des contraintes d'ordre social et politique contingentes des situations des usines. Expliquons-nous. Nous l'avons vu, dans le cas de l'usine pharmaceutique, la restauration d'une autorité effective sur des équipes de fabrication devenues ingérables constitue un enjeu majeur pour la compétitivité de l'atelier et de l'usine. Dans le cas de l'usine chimique, les restrictions économiques et l'enjeu réglementaire astreignent les acteurs à se concentrer sur la recevabilité du dossier réglementaire et le respect de l'enveloppe budgétaire.

Nous allons le voir, ces obligations entrent souvent en contradiction avec la recherche de conditions de travail sûres pour les travailleurs. Les acteurs des projets le reconnaissent. Ainsi, en réunion d'analyse de risques, certains acteurs s'insurgent contre ce manque de sécurité :

> *Technicien informaticien* – Je suis même surpris qu'on n'arrive pas à mettre des fins de courses sur les vannes manuelles. Si avec ça on plombe le budget, autant arrêter tout de suite. C'est quand même important de pouvoir voir à l'écran si les vannes sont bien refermées.
>
> Là, c'est une installation d'aveugle. Avec les fins de course, ils [*les opérateurs*] seraient plus en sécurité.

Dans les deux cas étudiés, les ingénieurs revendiquent le caractère objectif des méthodes qu'ils utilisent. Dans leurs discours, deux types d'arguments légitiment leur usage : leurs fondements scientifiques et leur caractère normalisé et systématique. Ils décrivent des pratiques d'analyse déductives à partir de schémas normalisés des installations.

> L'Analyse fonctionnelle consiste à découper l'installation en bouts de tuyaux avec tous les organes rattachés à ces bouts de tuyaux ; on part d'un réacteur, on suit les tuyaux jusqu'à la vanne de fond et on prend tous les organes rattachés au réacteur (mesure de poids, de température…). Le réacteur et le tuyau, vanne exclue, forment un module d'équipement. Ensuite on va de la vanne de fond jusqu'à l'organe de sectionnement le plus proche avec tous les organes qui s'y rattachent. Toute l'installation est découpée de la sorte. Pour faire un transfert du réacteur A au réacteur B, on suit le chemin emprunté par le procédé et on crée une phase. Pour chaque module d'équipement, on crée un comportement dont nous avons reconstitué les principales étapes. – *Technicien procédés*

Dans cette perspective, la division du travail apparaît comme le résultat d'un travail scientifique qui permet de déterminer la solution la plus adaptée à l'exploitation des *process* modifiés.

Dans le cas du projet de modification du poste de dépotage, la dimension formelle de l'analyse de risques est renforcée par son caractère officiel : elle constitue une partie du dossier de demande d'autorisation d'exploiter remis aux autorités réglementaires (DREAL). Elle doit démontrer qu'il ne persiste aucun scénario d'incident dont les conséquences ne seraient pas maîtrisées. L'analyse de risques participe donc d'un processus d'administration de la preuve de la maîtrise des dangers dans l'usine.

C'est pourquoi, le chef de projet accorde un soin particulier à la présentation des scénarios d'accident étudiés. Comme il rédige pour la première fois ce type de dossier, la direction de l'usine mandate un expert du bureau d'études du groupe industriel pour l'aider. Cet expert souligne la dimension « très technique » de l'étude de dangers et notamment de l'analyse de risques.

> C'est important, la DAE, car c'est là-dessus que les administrations qui donnent leur avis se fondent. Seule la DREAL connaît l'usine. Le public ne la connaît pas, la Mairie non plus. La seule vitrine sur laquelle ils vont fonder leur avis, c'est le dossier DREAL. Il faut qu'il soit clair, bien présenté, sans fautes d'orthographe, que les termes soient bien choisis. Tout ce qui est marqué doit être vérifiable et/ou justifiable et c'est très technique sur le fond. – *Ingénieur du bureau d'étude du groupe, expert formateur, analyses des risques*

Au cours d'une réunion de travail en binôme que nous avons observée, il décrit le travail d'analyse comme un exercice d'évaluation et de calcul, pour construire une démonstration chiffrée du niveau de sécurité.

> Il y a deux types de scénarios. Premièrement, les scénarios d'urbanisation. Deuxièmement, les scénarios techniquement vraisemblables. Dans le premier point il y a cinq types : le BLEVE – mais ici on s'en moque –, l'explosion de solides, l'ouverture du plus grand réservoir ; c'est-à-dire ton scénario de rupture de *container* d'Acide A., tu l'as calculé. Ensuite, la rupture de ligne de plus grand débit, donc la rupture de la ligne de transfert entre le container et le bac relais. Et le feu sous capacité ; pour toi, c'est pas un problème. – *Expert*

> Donc, dans ton étude de dangers, tu dois en présenter deux. Ensuite, il y a les scénarios techniquement vraisemblables : les fuites sur joints et les scénarios de l'étude de déviations. On a classé deux scénarios (dangereux). Mais je vois que tu as fait ce calcul et que tu en as d'autres qui couvrent ceux qu'on a trouvés. – *Expert*

Dans le même temps, les acteurs les plus impliqués dans ces analyses reconnaissent le caractère subjectif des méthodes qu'ils mettent en œuvre. Ainsi, l'adjoint de fabrication de l'atelier pharmaceutique mentionne à plusieurs reprises dans les entretiens que l'analyse « sort de son cerveau ». Les ingénieurs et techniciens du projet de modification du poste de dépotage soulignent l'importance des dimensions subjectives dans l'analyse des scénarios d'événements.

Il faut avoir une très bonne connaissance des procédés pour arriver au résultat. Quand les risques arrivent à un niveau non acceptable, le premier réflexe est de réviser le scénario. Le scénario, c'est un procédé d'analyse du schéma TI [*Technologie Instrumentation*], c'est pour ça qu'il faut un groupe pluridisciplinaire : la cotation des risques se fait d'après une matrice. Mais il reste beaucoup de subjectif dans les scénarios. – *Responsable des fabrications (usine chimique)*

L'utilisation du terme de subjectivité, comme les discussions autour des choix d'automatisation révèlent des formes de négociations, parfois décrites dans la littérature comme du « bricolage » (Duclos, 1991). Cependant, dans les deux cas étudiés, ces négociations restent confinées au cercle des ingénieurs et techniciens des équipes projets. Au cours des entretiens, les travailleurs expliquent qu'ils sont peu informés de décisions dont ils subissent pourtant les conséquences dans leur travail.

Ainsi, les agents de fabrication postés concernés par la modification du poste de dépotage disent n'avoir que des indications officieuses sur l'avancement du projet.

On en a entendu parler à droite et à gauche, mais rien officiellement.

Q. – Quand vous dites « à droite, à gauche » ?

C'est par l'agent maîtrise de jour, C., qui a participé à certaines réunions. On sait qu'il y aura beaucoup de vannes manuelles. On ne sait même pas si le projet est en train de se terminer et même lui ne sait pas grand-chose. – *Agent de fabrication, posté (usine chimique)*

Finalement, les acteurs qui maîtrisent l'application de ces méthodes d'analyse et sont donc pleinement acteurs des processus de négociation et de décisions qu'elles supportent peuvent légitimer la reproduction d'un ordre social déjà existant. Ainsi, si l'on veut comprendre comment se reproduit l'ordre social du capitalisme de ce secteur industriel dans les années 2010, ce n'est pas tant l'efficacité opératoire de ces méthodes que leur « fonction sociale » qu'il importe d'éclairer. Elles supportent l'élaboration de décisions consensuelles et légitiment des dispositions techniques et organisationnelles conformes à la division hiérarchique du travail déjà en vigueur.

Le rapport des ingénieurs et des techniciens à la division du travail n'en est pas moins ambigu. Leur façon d'appréhender l'autonomie des opérateurs fait apparaître une contradiction fondamentale. Dans les deux projets, les ingénieurs et techniciens dont certains possèdent une longue expérience des métiers de la fabrication justifient leurs décisions par des discours fatalistes quant à la nature des comportements humains.

> Ils vont se tromper, forcément… le risque zéro n'existe pas. – *Chef de projet (usine chimique)*
>
> Quand on est très expérimenté, on ne fait pas toujours attention parce qu'on est trop sûr de soi. – *Ingénieur responsable d'atelier (usine pharmaceutique)*

Dans le projet de modification du système de conduite, l'adjoint de fabrication et ses supérieurs hiérarchiques invoquent une « culture d'atelier particulière » dans laquelle les forçages, le contournement des bonnes pratiques de fabrication et la propension à se mettre en grève sont la norme. Dans les discours de ces acteurs, l'usage du mot culture sous-entend deux caractéristiques du fonctionnement du groupe social des opérateurs. D'une part, ils conçoivent ce groupe comme homogène : les pratiques dangereuses, l'erreur inéluctable et imprévisible, sont attribuées à l'ensemble des opérateurs sans distinction. D'autre part, l'adjoint de fabrication reconnaît que certaines pratiques de contournement des opérateurs sont justifiées dans certaines situations. Mais comme ces supérieurs hiérarchiques, il les considère comme une fatalité. Pour y remédier, ces acteurs ne proposent que des solutions qui limitent les initiatives des opérateurs.

Dans le même temps, sans jamais le dire explicitement, ils attendent des mêmes opérateurs qu'ils assurent la sécurité et la fiabilité des procédés face aux dysfonctionnements et aléas.

Dans l'atelier pharmaceutique, cette attente se révèlera lors du démarrage chaotique de l'atelier équipé du nouveau système de conduite. Confrontés à des pannes informatiques et matérielles récurrentes, l'adjoint de fabrication et son supérieur hiérarchique accepteront que les opérateurs reprennent la conduite des *process* en mode manuel. Ils laisseront les agents de maîtrise responsables d'équipe leur transmettre les codes d'accès nécessaires. C'est à cette seule condition que les équipes parviennent à assurer une partie de la production.

Ce paradoxe dans la conception de l'autonomie des opérateurs n'est qu'apparent. La tension entre des comportements maîtrisés et une autonomie concédée s'inscrit parfaitement dans une organisation qui articule planification et flexibilité, respect de la division du travail et contournements. Cette polyvalence attendue matérialise les contraintes que l'on fait peser sur les travailleurs au bénéfice de la productivité. Ces acteurs supportent également le risque d'erreur (Hughes, 1951) et la responsabilité associée (Duclos, 1991). Ces attendus, parce qu'ils restent en partie implicites, instituent une division morale du travail dans laquelle ce travail n'est pas une activité « reconnue comme productive » (Rot & Vatin, 2016). Mis à distance, le travail apparaît comme une charge à automatiser et comme une ressource face à d'inévitables problèmes. Cependant, le caractère implicite de ces attentes tend à renforcer les inégalités au sein de collectifs de travail et les clivages hiérarchiques. Les compétences d'improvisation, d'élaboration de solutions *ad hoc* face à des aléas sont inégalement distribuées entre les individus (Stroobants, 1993 ; Terssac, 1992) et donc les responsabilités en cas d'erreur également. Comme elles ne sont pas officiellement reconnues ni valorisée, elles peuvent diviser les travailleurs et donc nuire à la cohésion des équipes.

Ainsi, les méthodes d'analyse utilisées dans le cadre de ces deux projets de modifications, parce qu'elles supportent des processus de négociation et de décision sont en fait les instruments de transmission efficace de la perpétuation d'un ordre matériel, social et moral imposé aux travailleurs.

Nous abordons à présent les critiques des travailleurs à l'égard de ces rationalisations techniques et managériales.

Un ordre social négociable ?

Dans les deux projets étudiés, les opérateurs sont représentés par des pairs mais ils participent peu à la définition de la division du travail. Ils critiquent fortement les décisions qu'ils estiment imposées par leur hiérarchie. Dans l'atelier pharmaceutique, les opérateurs jugent le niveau d'automatisation trop important pour être compatible avec les exigences du travail de fabrication. Ils s'opposent frontalement à leur hiérarchie, Dans le cas du poste de dépotage, les opérateurs regrettent le manque d'automatisation parce qu'elle les expose à des risques de brûlures. Toutefois, ils choisissent de taire des critiques pourtant unanimement partagées. L'analyse de ces deux situations va nous permettre de caractériser les ambivalences du rapport des opérateurs à la division du travail et de comprendre ce qui les conduit à adopter des stratégies d'action collective différentes.

Négocier la division du travail

Le nouveau système de conduite est programmé sur la base des résultats de l'*analyse fonctionnelle*. Les opérateurs sont impliqués dans les phases d'essais, de formation et de démarrage. Ils rencontrent de nombreux incidents informatiques et des pannes de matériel dans l'atelier. Le démarrage, initialement programmé sur trois mois durera huit mois. Ces dysfonctionnements conduisent à la production de nombreux lots de produits non conformes et donc à d'importants retards dans le *planning* de fabrication. Les équipes d'opérateurs se saisissent de ces difficultés pour négocier auprès de leur hiérarchie la division du travail imposée. Mais, leurs discours et leurs attitudes restent ambivalents. Ils acceptent comme horizon proche une automatisation de leur atelier conforme à la programmation du système informatique de conduite et donc une perte d'autonomie et d'initiative dans leur travail. Dans le même temps, ils dénoncent une division du travail intenable parce qu'inadaptée aux réalités du travail de fabrication.

Ils instaurent un rapport de force avec leurs supérieurs hiérarchiques. Pour eux, la division du travail apparaît comme un ordre social à négocier. Leurs discours et leurs attitudes s'inscrivent dans l'histoire de l'atelier, surnommé le « village gaulois », mais dans lequel les clivages hiérarchiques et de métiers restent particulièrement marqués. Leurs marges de manœuvre se situent dans la complexité de l'organisation du travail de l'atelier, structurée autour du clivage entre les cinq équipes postées en 5 x 8 et le reste du personnel de l'atelier, journalier.

Les opérateurs reconnaissent que le nouveau système informatisé permet de réduire les interventions dangereuses sur le déroulement des procédés. Ils expliquent que l'automatisation progressive de l'atelier depuis son démarrage en 1987 a amélioré leurs conditions de travail. Leur exposition aux produits très toxiques et dangereux notamment a été réduite.

> Les conditions de travail se sont améliorées : on n'en prend moins dans la tête [des produits toxiques et dangereux]. Avant, on était huit heures dans l'atelier. Aujourd'hui sur un quart de huit heures, on est au moins la moitié du temps en salle de contrôle. – *Opérateur*

Toutefois, ils en regrettent la contrepartie : un déroulement réel des procédés qu'ils décrivent comme plus opaque. Ils éprouvent parfois des difficultés à établir un lien effectif entre ce qu'affichent les écrans en salle de contrôle et le déroulement des réactions chimiques dans les installations. De façon plus générale, ils critiquent un travail devenu passif et moins intéressant – le travail de surveillance-contrôle. Ils valorisent les pratiques de travail précédentes, impliquant un engagement corporel et cognitif conséquent. Bien qu'elles fussent plus dangereuses, ils estiment qu'elles constituaient pour eux l'« expérience physique » des installations indispensables à une conduite automatisée des *process* chimiques plus sûre.

> Avec l'ancien système, on pouvait tout faire. Là, c'est lui qui commande. Le risque avec l'ancien système c'est que les gens touchaient à tout. J'ai connu des ateliers qui fonctionnaient tout en manuel. Là, c'est le système informatique qui prend tout en charge. J'ai appris le métier sur place, quand tout se faisait à la main (l'opérateur a participé au démarrage de l'atelier en 1987). Je ne sais pas si l'automatisation est un plus pour l'humain. C'est un plus pour la chimie parce que le système fait toujours la même chose… Mais le jour où tout ça (en montrant du doigts les écrans et les murs de la salle de commande) sera figé, plombé, on ne ressentira plus les choses. – *Agent de maîtrise de quart*

Les opérateurs redoutent d'être dépossédés de leur métier. Ils anticipent une perte de compétences individuelles et collectives et s'inquiètent des dangers pour les jeunes générations d'opérateurs.

> Le risque, c'est de rester sur sa chaise. Quand le système sera figé, dans un an, on sera de plus en plus assistés. Pour les jeunes, ce sera plus dur, parce qu'ils ne connaissent pas l'atelier. Le risque, c'est que, pour eux, ce soit une console de jeux. Quand une colonne (distillation) s'emballe, il faut quand même savoir ce que c'est et réagir en conséquence. – *Opérateur posté*

Ces critiques sont partagées par la plupart des opérateurs. Cependant, ils considèrent l'automatisation poussée de leur travail comme inéluctable. Les opérateurs interviewés considèrent que les dysfonctionnements du nouveau système de conduite sont passagers.

Dans l'atelier, ils restent en retrait des discussions entre leur encadrement et l'équipe sur les difficultés de finalisation du système de conduite. Toutefois, ils se mobilisent pour critiquer d'une seule voix la situation de leur atelier. Ils s'appuient sur les dysfonctionnements de démarrage pour s'opposer à la division du travail qu'ils subissent et démontrer qu'ils manquent de moyens pour fabriquer dans les conditions imposées. Ils dénoncent la réduction progressive des ressources de l'atelier – notamment la suppression des postes d'appui à la fabrication et le non-remplacement des départs dans les équipes postées.

Les équipes se réunissent et écrivent un courrier de doléances au directeur des fabrications de l'usine pour obtenir la mise à niveau du matériel informatique et des installations, du personnel supplémentaire pour soutenir le travail de fabrication et une compensation financière pour l'ensemble des équipes. Ils menacent de se mettre en grève si la direction ne respecte pas ces demandes. Ce registre de mobilisation s'inscrit dans une histoire des formes de mobilisation collective (Giraud, 2009) propres à cet atelier depuis sa mise en service. Les opérateurs imposent le dispositif de négociation. S'ils s'appuient sur le CHCST pour dénoncer régulièrement leurs conditions de travail, ils reproduisent ici une stratégie d'action qu'ils ont déjà mise en œuvre par le passé, face notamment à un manque important de personnel. Ils y parviennent d'autant plus efficacement, que les mobilisations successives ont soudé les équipes face à leur hiérarchie et légitimé leurs modes d'action.

> On est assez solidaire dans les équipes. On menace de faire des débrayages (grèves avec arrêt de production) pour des choses que l'on estime justes. Par exemple, il y a deux ans, on était trois opérateurs pour les deux bâtiments de l'atelier (7 500 m^2). On a appelé le chef de service [ingénieur responsable de l'atelier] et on a menacé de se mettre en débrayage parce qu'on n'était pas assez pour assumer toutes les tâches.
>
> *Q. – Comment la situation a-t-elle évolué ?*
>
> On va dire que ça s'est amélioré. – *Opérateur*

Dans le même temps, les équipes élaborent des stratégies concrètes pour continuer à fabriquer. Comme nous l'avons évoqué, avec l'accord tacite de leur hiérarchie, ils adoptent des pratiques de contournement des hiérarchies inscrites dans le nouveau système informatisé : ils utilisent le *login* et le mot de passe de l'agent de maîtrise responsable de leur équipe pour accéder à un mode de conduite plus manuel et « sortir de produit ».

Les équipes obtiendront en partie gain de cause, notamment du personnel supplémentaire pour la maintenance des installations, la maintenance informatique et le suivi des procédés. Elles démontrent au passage à leur hiérarchie que l'automatisation croissante ne permet pas de remplacer les opérateurs mais nécessite au contraire du personnel d'appui supplémentaire.

Leurs revendications dépassent le cadre de la division du travail associée au projet de modification. Les équipes inscrivent ainsi leur action à plus long terme, afin de reconstruire des conditions de travail pérennes. Elles conservent ainsi et même renforcent leurs ressources et leur savoir-faire de mobilisation et de négociation collectives.

La situation dans l'usine chimique est bien différente.

Dénoncer sans se mobiliser

Le poste de dépotage conçu à l'issue du travail de l'équipe projet et notamment de *l'analyse de risques* reste très manuel : l'ensemble des vannes doivent être manipulées par les opérateurs, exposés à des risques importants en cas de fuite. Les critiques sont unanimes, les opérateurs en charge du branchement et du débranchement des wagons d'acide comme ceux qui surveilleront leur vidange depuis la salle de contrôle de l'atelier fustigent une installation dangereuse pour eux.

Plus précisément, les opérateurs et leurs représentants dans l'équipe projet – un opérateur délégué syndical Cgt, un agent de maîtrise journalier et l'infirmier de l'usine – critiquent une installation très manuelle avec de nombreuses vannes à manipuler, complexe et dangereuse pour des opérateurs très polyvalents et souvent déplacés au gré des besoins des différents ateliers, dans une usine en manque chronique d'effectifs.

> Ce qui me choque dans cette histoire, c'est que j'ai peur qu'un jour ou l'autre, l'opérateur pas trop bien formé fasse une bêtise. On voit comment la formation au poste de travail est faite. On voit que les gens sont déplacés. Là, c'est le *pool* à la journée qui va le faire. Ils font du conditionnement, ils vont à l'atelier 1, dans les petits ateliers, faire des branchements. Je pense qu'un jour ou l'autre, si ce ne sont pas toujours les mêmes personnes qui le font, il y aura des bêtises. C'est pas à la portée de tout le monde de faire ça, d'être efficace sur tout. – *Infirmier*

Les opérateurs s'inquiètent de la charge de travail supplémentaire pour des opérateurs postés qui ne donneront pas la priorité à la surveillance de la vidange des wagons.

L'atelier et le SUG, c'est différent. Les gens de l'atelier ne porteront pas la même attention au dépotage. Au SUG, ils ont une chaudière à surveiller en plus du dépotage. À l'atelier, ils sont deux pour dix écrans. Quand l'un va dans l'atelier, l'autre reste et il va avoir sept écrans à surveiller. Il va pas regarder le dépotage. – *Agent de maîtrise Fabrication.*

Ils reprochent également aux ingénieurs de l'équipe projet de se fonder sur une représentation idéale des activités de dépotage.

Des gens décident alors qu'ils n'ont pas d'expérience. C'est très curieux. Regardez par exemple... *(l'opérateur dessine au tableau les wagons et les vannes au niveau des branchements).* Ils se demandent dans quel ordre dépoter. Là il ne se mettent pas à la place des gens. Je suis inquiet. Il faut se mettre à la place des gens qui n'ont pas que ça à faire, c'est pour ça que beaucoup de vannes manuelles, c'est pas bon. Quand on discute en réunion, j'aimerais bien que les gens viennent voir sur le terrain. – *Opérateur Conditionnement/Dépotage*

Comme dans l'atelier pharmaceutique, les opérateurs inscrivent leurs critiques dans le constat plus général d'une dégradation des conditions de travail dans l'usine depuis une vingtaine d'années. Ils attribuent ces évolutions aux restrictions budgétaires successives, imposées par une direction du groupe industriel qu'ils décrivent comme plus soucieuse de la rentabilité que des conditions de travail et de la sécurité.

Quand je suis rentré à l'usine, les conditions de travail n'avaient rien à voir. Il y avait de l'argent et l'entretien se faisait.

Q. – Il ne se fait plus ?

Le préventif non, on fait beaucoup au coup par coup dans l'urgence...

Q. – Quelles sont les conséquences sur votre atelier et votre travail ?

L'atelier se dégrade plus vite. Quand on ne change pas les joints à la maison, ça fuit. Là, c'est pareil, mais ce n'est pas de l'eau ! Surtout au niveau des planchers, c'est impressionnant, les fuites sont importantes. On travaille toujours équipés de la même façon, mais notre appréhension a changé. – *Opérateur posté*

Selon eux, ces orientations ont également conduit à réorganiser le travail pour s'adapter notamment à des modes de production issues des principes du *Lean management*. Pour accélérer les rythmes de fabrication, les arrêts de production et la durée des phases de maintenance ont été réduits.

> Il faut *speeder* dans le sens de la fabrication, il faut aller à fond même si l'atelier s'arrête quinze jours après. Dans l'atelier, c'est huit semaines d'arrêt, les commerciaux veulent savoir ce qui sort, à quelle date et en telles quantités… Avant on prenait le temps d'intervenir maintenant on prend plus le temps dans le sens où le groupe chute nationalement et dans le monde, les conditions de travail changent. – *Opérateur posté*

Ces évolutions ont également accru les clivages entre les équipes postées et leur encadrement concernant notamment la gestion de la sécurité. Les opérateurs dénoncent le glissement de leur direction vers un discours axé sur la démonstration de sécurité au détriment de sa réalité effective.

> Dans la chimie, il y a eu une phase de production, une phase de sécurité puis une phase de rentabilité, maintenant, et qui se fait au détriment de la sécurité. Depuis sept-huit ans, c'est que l'argent, alors qu'il y a vingt ans, c'était la sécurité. On vous disait : « Vous arrêtez l'atelier en cas de problème de sécurité. » Maintenant, on le dit, on l'écrit mais… on ne le fait pas toujours. – *Agent de maîtrise, fabrication.*

Toutefois, s'ils partagent ces critiques et en discutent lors de réunions du CHSCT et dans les ateliers, ils ne se mobilisent pas pour protester auprès de leur direction. Comment comprendre cette absence de protestation autour d'un projet qui concerne pourtant l'un des postes les plus dangereux de l'usine ?

Leurs marges de négociation semblent beaucoup plus réduites que celles des opérateurs de l'atelier pharmaceutique. Le dépotage implique des groupes d'opérateurs qui travaillent très peu ensemble : les opérateurs du conditionnement qui branchent et débranchent les wagons d'acide et ceux, postés en atelier, qui piloteront et surveilleront la vidange des wagons. Ensuite, les collectifs d'opérateurs se sont désagrégés du fait d'une perte d'effectifs progressive et du développement de la polyvalence qui contraint l'ensemble des opérateurs à travailler dans plusieurs ateliers selon des rythmes variables et irréguliers imposés par les *plannings* de production. Enfin, dans une situation économique très difficile, les syndicats d'opérateurs (CGT majoritaire) dont le poids a considérablement diminué, hésitent à s'engager dans un bras de fer avec la direction, la priorité étant la sauvegarde de l'usine. De plus, ils peinent à construire des relations pérennes avec un encadrement renouvelé tous les trois à cinq ans du fait des trajectoires professionnelles des cadres dans ce secteur industriel.

Enfin, ils savent également que les autorités réglementaires ne constituent pas un appui pour négocier leurs conditions de travail, car elles dissocient risque majeur (pour l'environnement) et risques professionnels. Ces derniers relèvent de l'Inspection du Travail et ne font pas l'objet d'un examen particulier dans le cadre du projet.

Ainsi, les travailleurs de cette usine se résignent à une « coopération contrainte » (Dejours, 1998) avec leur direction. Leurs discours font apparaître un « enrôlement dans la guerre économique » (Dejours, 1998) pour la survie de leur usine. Tenus individuellement et collectivement à ces exigences, les opérateurs se retrouvent contraints à la loyauté à l'égard de leur direction et des objectifs qu'elle définit. Même s'ils jouent un rôle central dans la performance de l'usine, au prix de leur santé et de leur sécurité, la logique de rentabilité semble constituer l'unique cadre d'interprétation et de critique de la division imposée du travail. Au-delà d'une polyvalence exigée, les opérateurs sont réduits à un immobilisme lucide.

Conclusion

Les deux enquêtes retracées dans cet article illustrent les transformations successives des industries de flux que sont la chimie et la pharmacie en raison de pressions financières croissantes. Des formes hybrides d'organisations du travail ont été mises en place progressivement. Elles articulent gestion de la production en flux tendus et extension de l'exigence de polyvalence à l'ensemble des travailleurs, tout en conservant des clivages hiérarchiques marqués. Les rapports de coopération comme ceux de subordination en sont recomposés.

L'analyse de projets de modification a permis de souligner l'importance du rôle d'outils et de méthodes de conception, beaucoup moins étudiés que les dispositifs de gestion usuellement analysés pour critiquer l'ordre social du capitalisme et ses capacités à absorber les critiques qui lui sont adressées. L'*analyse de risques* comme l'*analyse fonctionnelle* ne sont pas seulement des outils, elles supportent des processus de négociation et de décision. Elles constituent également des supports efficaces de justification. Les deux cas étudiés montrent que les cadres (Boltanski & Chiapello, 1999) s'en saisissent bien plus facilement que les travailleurs. Leur poids tient également au fait qu'ils sont utilisés pour démontrer la conformité des propositions techniques auprès des instances réglementaires. Ces deux supports de conception légitiment un ordre social et matériel inscrit dans les dispositifs techniques et les installations modifiées. Ils soutiennent d'autant mieux les orientations du *management* de l'usine et du groupe industriel qu'ils sont mobilisés dans une organisation du travail en équipe projet qui reproduit les divisions déjà présentes dans l'usine. Fondés sur le déroulement des *process*, ils permettent aux ingénieurs et techniciens de mettre à distance le travail pour en redéfinir les contours. Toutefois, leur ambivalence dans leurs relations à la division du travail montre bien que les modes d'organisation mis en place et les principes revendiqués ne sont pas complètement cohérents. Or, ce sont ces divergences qui permettent de comprendre les difficultés quotidiennes dans opérateurs dans leur travail et dans leur rapport à ce dernier (Cousin, 2006).

Les travailleurs des deux usines critiquent explicitement la division du travail qu'ils s'apprêtent à subir. Toutefois, leur mobilisation pour en négocier les principes et les modalités concrètes dépend du poids des conflits socio-organisationnels et de leurs capacités de mobilisation collectives. Héritiers et acteurs d'une histoire de fortes mobilisations, les opérateurs de l'atelier pharmaceutique se saisissent de la division du travail imposée pour revendiquer des ressources d'appui à la fabrication. Cependant, ces opérateurs « intégrés » (Paugam, 2008) ne redéfinissent l'ordre matériel et social imposé qu'à la marge, car le manque de ressources qu'ils dénoncent n'est pas la conséquence du projet en cours. Les opérateurs de l'usine chimique sont également très critiques, face à une installation très manuelle et dangereuse. Cependant, éclatés par l'exigence de polyvalence et d'adaptation à des *plannings* et à des modes de production mouvants, ils ne se mobilisent pas. Ainsi, dans les deux cas, les travailleurs renoncent au moins en partie à leur « pouvoir d'agir » (Clot, 2008). Ils sont en quelque sorte contraint de coopérer à leur propre aliénation, aliénation matérielle car ils sont dépossédés de la possibilité de définir les installations et les outils de travail ; aliénation sociale du fait de la division instituée entre conception et exécution et de la délégation tacite aux opérateurs de la prise en charge des dysfonctionnements et de la responsabilité en cas d'erreur. Ce clivage entre travail de conception et travail d'exécution, mais aussi entre le travail attendu et valorisé, conforme aux principes de la division du travail qu'ils ont conçus, et le travail implicitement délégué, composante essentielle du « vrai travail », institue la division morale du travail. Pourtant, cette partie rendue invisible du travail est justement le pilier de la productivité et de la sécurité présentées comme objectifs premiers des usines.

Les phases de modifications de l'appareil de production technique et organisationnel contribuent à mieux comprendre les ressorts de perpétuation de l'ordre social du capitalisme. Leur étude révèle la manière dont les industriels optimisent les productions, organisent, rationalisent et contrôlent le travail en se saisissant des contraintes réglementaires. L'analyse des pratiques et des discours montre que les contributions des différents acteurs à cette perpétuation, même malgré eux, se jouent dans les interstices d'une hybridité organisationnelle et de leurs ambivalences à l'égard de la division du travail. Elles interrogent donc les modalités de régulation du travail, dans les industries du flux comme dans d'autres secteurs d'activité qui connaissent les mêmes évolutions.

Références bibliographiques

AKRICH Madeleine, 1993. « Les formes de la médiation technique », *Réseaux*, 60 (3), p. 87-98.

BIDET Alexandra, PILLON Thierry, VATIN François, 2000. *Sociologie du travail*, Paris, Montchrestien.

BOLTANSKI Luc, CHIAPELLO Ève,1999. *Le Nouvel esprit du capitalisme*, Paris, Gallimard.

CLOT Yves, 2008. *Le Travail sans l'homme. Pour une psychologie des milieux de travail et de vie*, Paris, La Découverte (La Découverte-poche. Sciences humaines et sociales 58).

COLMELLERE Cynthia, 2015. « Automatiser pour réformer les pratiques dans un atelier de la chimie pharmaceutique : chronique d'un échec annoncé », *in* J. Vannereau, C. Colmellere & S. Jakubowski (dir.), *Processus de normalisation. Enjeux et pratiques dans les organisations professionnelles*, Rennes, Presses universitaires de Rennes, p. 51-68.

COUSIN Olivier, 2006. « Quelle place accorder au travail ? », *L'Homme et la Société*, 162 (4), p. 59-77.

DARD Olivier, DIDRY Claude, LE BOT Florent, PERRIN Cédric, 2014. « Les mille peaux du capitalisme (I) », *L'Homme et la Société*, 193-194 (3), p. 11-16.

DEJOURS Christophe, 1998. *Souffrance en France. La banalisation de l'injustice sociale*, Paris, Le Seuil.

DODIER Nicolas, 1995. *Les Hommes et les machines. La conscience collective dans les sociétés technicisées*, Paris, Métailié.

DUCLOS Denis, 1991. *Les Industriels et les risques pour l'environnement*, Paris, L'Harmattan.

FRESSOZ Jean-Baptiste, 2014. « Autoriser, compenser et normaliser : la régulation de l'industrie chimique au XIXe siècle », *in* M. Dupré & J.-Ch. Le Coze (dir.), *Réactions à risque. Regards croisés sur la sécurité dans la chimie*, Paris, Lavoisier, p. 43-51.

FREYSSENET Michel, 1992. « Processus et formes sociales d'automatisation. Le paradigme sociologique », *Sociologie du travail*, 34 (4), p. 469-496.

GIRAUD Baptiste, 2009. « Des conflits du travail à la sociologie des mobilisations : les apports d'un décloisonnement empirique et théorique », *Politix*, 86 (2), p. 13-29.

HUGHES Everett C., 1951. « Mistakes at work », *The Canadian Journal of Economics and Political Science*, 17 (3), p. 320-327.

LALLEMENT Michel, 2000. « À la recherche des logiques de l'action », Ph. Cabin & J.-F. Dortier (dir.), *La Sociologie, histoire et idées. Les fondateurs, les grands courants, les nouvelles sociologies*, Auxerre, Éd. Sciences Humaines, p. 255-262.

LE BON Thomas, 2015. « Le travailleur taylorien : une "figure" dépassée ? », *L'Homme et la Société*, 195-196 (1), p. 87-102.

LINHART Danièle, 1993. « À propos du post-taylorisme », *Sociologie du travail*, 35 (1), p. 63-74.

—, 2010 [1994]. *La Modernisation des entreprises*, Paris, La Découverte.

LOMBA Cédric, 2014. « Des mondes de règles et de rentes », *in* P. Fournier, C. Lomba & S. Muller (dir.) *Les Travailleurs du médicament. L'industrie pharmaceutique sous observation*, Paris, Érès.

MAURICE Marc, 1993. « Les nouveaux systèmes productifs entre taylorisme et toyotisme », *Sociologie du travail*, 35 (1), p. 89-98.

NOBLE David, 2016 [Toronto, 1995]. *Le Progrès sans le peuple. Ce que les nouvelles technologies font au travail*, Paris, Agone.

PAUGAM Serge, 2008. *Le Lien social*, Paris, PUF (Que sais-je ? 3780).

ROT Gwanaële, VATIN François, 2016. « Surveiller les flux, contrôler les hommes : du travail et de sa division dans l'industrie chimique et nucléaire », *Sociologie et sociétés*, 48 (1), p. 97-116.

SÉRIS Jean-Pierre, 1994. *Qu'est-ce que la division du travail ? Ferguson*, Paris, Vrin (Pré-textes 6).

STROOBANTS Marcelle, 1993. *Savoir-faire et compétences au travail. Une sociologie de la fabrication des aptitudes*, Bruxelles, Presses de l'Université de Bruxelles.

TERSSAC Gilbert DE, 1992. *Autonomie dans le travail*, Paris, PUF.

THOMAS Robert J., 1994. *What Machines Can't Do? Politics and Technology in the Industrial Enterprise*, Berkeley, University of California Press.

VELTZ Pierre, ZARIFIAN Philippe, 1993. « Vers de nouveaux modèles d'organisation ? », *Sociologie du travail*, 35 (1), p. 3-25.

Quand l'ouvrier devient robot

Représentations et pratiques ouvrières face aux stigmates de la déqualification

David GABORIEAU
Lab'URBA (EA 3482), UPEM[1]

Lorsqu'une caissière de supermarché flashe le code-barres d'un article, un logiciel enregistre la sortie du produit et le commande automatiquement à l'entrepôt où sont stockées les marchandises, lequel enclenche la préparation ainsi que la livraison du produit en question. Cette procédure d'échange de données informatisées (EDI) donne le sentiment trompeur d'un flux continu s'écoulant avec légèreté. Mais ce flux d'informations a aussi son pendant matériel, le flux physique, qui nécessite quant à lui une activité de manutention exercée par des ouvriers. Ce sont des préparateurs de commande[2] qui soulèvent manuellement les colis et qui les déposent les uns après les autres sur des palettes en bois qui, chargés dans des camions, seront livrées aux magasins clients. Ils appartiennent à un secteur, la logistique, dont les « usines à colis » matérialisent le prolongement industriel des économies occidentales, moins tournées vers la production mais contraintes en retour de gérer l'approvisionnement continu des grands bassins de consommations (Benvegnù & Gaborieau, 2017).

[1] Laboratoire d'urbanisme ; Université Paris-Est-Marne-la-Vallée, 4-20 boulevard Newton, 77420 Champs-sur-Marne

[2] Parfois appelés magasiniers, *pickers* ou agent de tri, ils constituent la majorité du personnel des entrepôts observés (autour de 60 %), accolé aux métiers de caristes et d'agents de quai (réception et expédition). La logistique regroupe aujourd'hui 900 000 emplois en France (hors transport), dont 700 000 ouvriers, soit 13 % des ouvriers français, contre seulement 8 % au début des années 1980. Source : Insee, Enquête Emploi 1982-2012.

Pour que l'intensification et la traçabilité des flux dématérialisés se répercutent concrètement sur les flux physiques, de nouveaux outils instaurent un lien direct entre le travail humain et les automatismes du logiciel. Depuis le milieu des années 2000, dans plus de 70 % des entrepôts de la grande distribution alimentaire[3], les ouvriers préparateurs de commande travaillent avec un casque sur les oreilles et un micro devant la bouche. C'est une voix numérique, une voix de synthèse, qui leur transmet une à une les informations sur le type de colis à prélever. Ils valident chacun de leurs gestes en prononçant des mots clés à voix haute, à destination d'un logiciel de reconnaissance vocale. Présenté comme un gage de qualité et de traçabilité logistique, la commande vocale mesure également les colis prélevés par individu et par heure de travail, ce qui donne lieu à l'obtention de primes de productivité[4]. L'outil instaure un niveau élevé de formalisation et de contrôle du travail, il individualise les tâches et réduit le champ d'une activité qui tend à se limiter à des prises de colis rapides, sous guidage vocale. Pour désigner cette forme de travail à laquelle ils sont quotidiennement exposés, les préparateurs de commande disent ironiquement « avoir le nez dans le micro » (Gaborieau, 2012). Pour illustrer l'imaginaire auquel renvoie cette machine ainsi que les craintes qu'elle soulève, ces ouvriers convoquent également une figure moderne de l'automatisation, celle du « robot », qui semble pouvoir les désigner eux-mêmes.

Si le qualificatif de « robot » est aussi présent dans les discours de ceux qui travaillent en entrepôt, c'est bien parce que l'outil instaure un rapport homme/machine d'un type particulier. En plus de réduire l'autonomie des exécutants, le passage du support papier à l'interface informatique génère des nuisances relationnelles. Lorsqu'un préparateur de commande salue un collègue sans prendre le temps de retirer casque et micro, la voix synthétique lui adresse un formule toute robotique : « Répétez, ce mot n'est pas compris ». Pour autant, le concept de « robotisation » n'est pas satisfaisant comme outil d'analyse. Lorsqu'il est attribué au travail dans son ensemble, il contredit immédiatement ce qui est observable en

---

3 Enquête PERIFEM/INRS, *La Préparation de commande dans les plates-formes logistiques de la grande distribution française*, 2007.

4 Lesquelles peuvent dépasser les 300 euros, soit près de 30 % du salaire de base pour des niveaux de rémunération proches du salaire minimum.

entrepôt : des ouvriers dont l'activité principale s'exerce à la force des bras. Quant à une seconde acception, consistant à faire l'hypothèse d'une robotisation de l'ouvrier lui-même, elle se confronte directement à tout ce que le travail soulève de proprement humain, à toutes les subjectivités qu'il recèle, à toutes les interactions sur lesquelles il repose. Mais se priver d'analyser ce qui est exprimé sous ce vocable reviendrait à mettre de côté un enjeu d'analyse important du travail contemporain, lequel consiste à comprendre en quoi le robot peut agir en tant que stigmate auprès d'ouvriers confrontés au « taylorisme assisté par ordinateur » (Valeyre, 2001 : 136), comprendre les formes de résistance qui peuvent être déployées pour y faire face et leur portée politique.

Au-delà des répercussions concrètes de cet outil, mais à proximité de celles-ci, sa dimension symbolique mérite donc une attention particulière. Si le fait de dialoguer avec une machine, de répondre à ses ordres et de les valider à voix haute produit presque inévitablement un sentiment de gêne pour un observateur extérieur, c'est aussi le cas pour la plupart des ouvriers qui ont fait l'objet de cette recherche. En articulant des entretiens à des observations participantes longues[5], l'enquête a permis d'identifier en quoi le maintien dans cette activité nécessite effectivement une prise en charge symbolique, d'abord dans les discours, puis dans les pratiques, de cet outil étrange qui relie l'humain à la machine, l'ouvrier au progiciel de gestion. Comprendre les enjeux que soulève cette prise en charge est une autre façon de sonder les rapports homme/machine, un objet d'analyse dont les spécificités tendent à restreindre les débats à des enjeux techniques, historiques ou philosophiques. En retour, l'analyse des pratiques ouvrières de la technologie au travail encourage à questionner les discours savants produits à ce sujet et la portée politique des critiques formulées.

Faire avec le stigmate du robot

Du point de vue des représentations, « faire avec » consiste à construire un cadre de perception de l'activité et de soi au travail qui puisse entrer en

---

[5] Les données mobilisées sont issues d'une enquête s'appuyant principalement sur des observations participantes dissimulées menées en tant qu'intérimaire (de deux mois chacune, dans trois entrepôts) et sur des entretiens biographiques principalement conduits avec des ouvriers, parfois avec des cadres (n=49). Cf. Gaborieau, 2016.

cohérence à la fois avec des dispositions préalablement établies et avec un espace de représentation plus largement partagé au sein des groupes sociaux d'appartenance et de ceux que l'on côtoie. Dans ce cadre d'analyse, l'étiquette du « robot » permet d'identifier une partie de ce qui relève de la définition de soi dans un cadre organisationnel donné, en fonction d'une trajectoire antérieure et des aspirations futures et à destination d'un auditoire plus ou moins profane.

Être ou ne pas être un robot

Au fur et à mesure des entretiens conduits, la figure du « robot » est apparue comme une étape presque obligée de la discussion. Elle surgissait parfois dès les débuts de l'entretien, sans que le thème du rapport à la technologie n'ait été directement abordé par l'enquêteur. Le plus souvent, elle apparaissait en réponse à des questions portant sur les perceptions de la commande vocale. Arthur, préparateur de commandes « étudiant », interrogé alors qu'il était sorti de l'entrepôt, fait partie de ceux chez qui le vocabulaire employé exprime le rejet le plus violent. Il alterne, tout au long de l'entretien, l'usage de métaphores désignant l'aliénation mentale.

> *Enquêteur – C'était la première fois que tu voyais la vocale ?*
>
> – Ouais.
>
> *Enquêteur – Et tu en as pensé quoi ?*
>
> – J'ai failli me barrer, tout de suite ! Je trouvais ça trop glauque. Franchement ça fout les jetons. Il m'avait dit à l'intérim, vite fait, mais quand tu le vois c'est autre chose. La voix et tout, qui te fait des « répétez, ce mot n'est pas compris »… [*rire*]. Surtout au début, quand tu gères mal le truc, ça le fait tout le temps, tu deviens fou […] Mais c'est pour ça que tu te remets à fumer aussi. Franchement, quitte à être lobotomisé autant être *stone*. Il y en a qui écoutaient de la musique aussi. Je sais pas comment ils faisaient, avec tout le bruit et la vocale en plus. T'as l'impression qu'ils n'écoutent même plus la vocale, que c'est automatique, c'est des robots. – *Arthur, 29 ans, préparateur*

La volonté de départ immédiat à laquelle il fait allusion n'est pas illusoire, elle constitue une réalité bien connue des ouvriers comme des cadres. Il est effectivement fréquent que des intérimaires quittent l'entrepôt quelques heures à peine après y être entrés, renvoyant ainsi au groupe ouvrier la dure réalité des jugements extérieurs sur la forme de l'activité.

« Je peux comprendre, c'est spécial », semble approuver Gilles, ouvrier en entrepôt depuis quinze ans, avant d'insister sur le fait qu'« on s'habitue vite ». Arthur estime quant à lui ne s'être jamais réellement accoutumé à l'outil et insiste plutôt sur les palliatifs qui lui ont permis de tenir son poste pendant près de deux ans, comme le cannabis dont il explique avoir retrouvé la consommation au bout de quelques semaines en entrepôt.

Si le dialogue très répétitif avec la machine conduit effectivement les ouvriers à répondre à des signaux vocaux plus qu'à des mots prononcés, Arthur emploie tout de même la troisième personne pour évoquer les robots, s'appuyant sur l'exemple particulier des préparateurs écoutant de la musique « en plus ». Cette extériorité est une condition favorable, mais non nécessaire, à l'emploi de l'étiquette. Dans le même registre, Mounir, ancien préparateur devenu cariste, déclare en salle de pause que « La prep', c'est la merde, franchement, vous en mangez avec ça [*en montrant le casque*] ». Il revendique ce refus tout en précisant auprès des préparateurs qui l'entourent qu'il a « connu ça » et qu'il est toujours prêt à venir leur « donner un coup de main ».

Ce sont donc ceux qui sont sortis de l'activité de préparation, ou bien de l'entrepôt, qui peuvent manier avec le plus de facilité l'étiquette du robot. Les étudiants tels qu'Arthur sont ceux qui le font avec le plus de violence symbolique, du fait d'une extériorité plus marquée. Leur trajectoire antérieure ne les a pas confrontés durablement au monde ouvrier et à la dureté des méthodes de travail qui le caractérise, tandis que la trajectoire qu'ils anticipent pour eux-mêmes comprend une sortie rapide de ce monde. Les caristes ou les agents de quai, qui sont sortis de la préparation mais pas de l'entrepôt, ne peuvent affirmer un tel degré d'extériorité au travail sous commande vocale sans se confronter à la proximité de leur poste avec celui des préparateurs, ni à la possibilité toujours présente qu'ils y reviennent.

Les parcours professionnels antérieurs peuvent parfois conduire à exclure explicitement la figure du préparateur de commande « robotisé ». C'est plus particulièrement le cas pour certains « anciens », qui ont connu des expériences ouvrières jugées *a posteriori* plus contraignantes. Christine par exemple, ancienne préparatrice devenue réceptionnaire, fait appel à la figure du robot pour désigner une expérience de travail antérieure dans l'industrie agroalimentaire d'abattage et de découpe de volaille : « Là, c'est la chaîne, t'es robotisé, hein ». Elle mobilise le stigmate pour distancier son lieu de travail d'un monde usinier caractérisé par le travail posté sur chaîne. Les ouvriers ayant expérimenté des univers de travail les exposant aux risques chimiques – comme la métallurgie, la pétrochimie ou le bitumage des autoroutes – sont également plus enclins à définir l'entrepôt comme un lieu « pas pire qu'ailleurs » bien qu'ils évoquent moins directement la figure du robot que le spectre du cancer. Ces formes de perception rappellent qu'il n'est pas satisfaisant « de considérer l'organisation du travail et son déroulement concret comme un simple système de pressions, de contraintes, de sanctions et de gratifications appliquées à des êtres génériques, abstraits et interchangeables » (Pinto, Cartron & Burnod, 2000 : 147).

On retrouve cependant la figure du robot chez des préparateurs en poste qui qualifient ainsi leur propre travail, non sans une certaine dose d'ironie. Le ton humoristique s'accompagne souvent de métaphores consistant à représenter ou mimer l'automatisme sous diverses formes.

> On n'entend plus rien en fait, on n'y réfléchit même plus. On pense à rien en fait ! Ça passe directement au cerveau. C'est trop un truc de zombie en fait [*en mimant le balancement*] ! – *Jérémie, 23 ans, préparateur*

Le zombie, de même que le robot, évoque avec dérision les affres de l'aliénation au travail. Dans une interaction entre deux racks de stockage, un préparateur moquait le rythme effréné de son collègue en incarnant un personnage d'exorciste : « Esprit, sors de ce corps, fait revenir Alvin parmi nous ! ». De ces prises de parole au travail et hors travail ressort bien l'idée que le cadre contraignant de l'activité réduit les facultés d'expression de soi et conduit par là même à agir comme un autre que soi au travail. Mais ces modes de représentation se construisent en confrontation à d'autres possibles qui peuvent conduire à relativiser les effets « robotisant » de la commande vocale ou bien à relativiser la « robotisation » au regard d'autres contraintes.

Se présenter et être représenté comme un « robot »

Cette figure du robot n'est pas propre à l'entrepôt, ni à une époque récente. Danièle Linhart cite à ce propos le témoignage de Robert Lacey, ouvrier du groupe automobile Ford qui désignait l'usine comme « une sorte d'enfer où les hommes étaient devenus des robots » (Lacey, 1987 : 60, cité dans D. Linhart,

2015 : 81). Dans une période plus récente, on pense évidemment aux récits de Simone Weil (1951 : 51), de Marcel Durand (2006 : 48) ou de Robert Linhart (1978 : 41) qui contiennent de nombreuses allusions à la figure de l'ouvrier robotisé dont ils se portent témoins. En décrivant ce qui lui apparaît comme une « femme-machine », Robert Linhart se pose la question suivante : « Mais comment fait-elle ? ». Jean-Pierre Durand renvoie sur ce sujet au témoignage de Louis Géhin et Jean-Claude Poitou, deux anciens ouvriers de Renault-Sandouville, dont le vécu face à la « robotisation des postes » donne lieu à la rédaction d'une lettre ironique des robots, adressée aux ouvriers (Géhin & Poitou, 1984 : 228-239 ; cité dans Durand, 2004 : 423).

Une des difficultés à analyser ce point réside dans le fait que les discours ouvriers sur la robotisation portent une charge critique qui rejoint sur de nombreux points une démarche sociologique très ancrée dans la tradition française. Le robot est un support qui exprime à la fois l'émiettement des tâches, la répétition et le contrôle. Pour autant, la robotisation n'est pas un concept opérationnel si l'on considère la façon dont il rabaisse l'ouvrier à une dépersonnalisation totale dont on sait qu'elle n'est ni possible, ni fonctionnelle. En posant la question des effets du progrès technique sur l'identification à un métier, Yves Clot en vient à la conclusion suivante : « La fusion imaginaire de l'homme et de la machine débouche paradoxalement sur l'impossible identification du sujet aux actes qu'on lui prescrit » (Clot, 2008 : 314). C'est bien de cette impossible identification qu'émerge le maniement presque systématique de l'humour comme mode de distanciation.

Si le fait de se présenter comme un robot coïncide avec la production d'un stigmate pesant sur l'activité, il importe de comprendre en quoi il en ressort une identité forcément duale sans pour autant être contradictoire. Ce constat rejoint un axiome élémentaire de la sociologie interactionniste selon lequel coexistent une identité pour soi et une identité pour autrui, lesquelles ne se rejoignent pas nécessairement[6]. L'entretien mené avec Willy, préparateur de commande en CDI, est particulièrement révélateur sur ce point. Ce dernier utilise l'étiquette de robot à deux reprises, d'abord

---

6 Axiome dont la formulation la plus célèbre a été présentée dans Becker, 1985.

en se l'attribuant puis en la rejetant. En présence de sa conjointe, étudiante en master de droit, il surjoue la figure du préparateur robotisé :

> Ça te rend un peu abruti hein [*rire*]. Ouais, ne confirme pas, toi [*souriant à Laurie qui hoche la tête*] ! Non mais ça te rend un peu fou, quoi. Tu parles à une machine à longueur de journée, hein. C'est fou quoi, ça fait robot. Et quand elle comprend pas ce que tu lui dis… « Ok, ok… répétez, répétez… » [*en inclinant la tête de droite à gauche*]. *– Willy, 27 ans, préparateur*

Laurie n'est pas présente lorsque je reviens longuement avec Willy sur des détails de l'activité quotidienne et alors que celui-ci utilise à nouveau la métaphore robotique : « Moi, je m'arrête de temps en temps, je discute. On n'est pas des robots, hein ». Autant que la présence d'un tiers, c'est probablement le fait de discuter d'éléments concrets du travail quotidien qui amène ici à repousser l'étiquette. Mais la superposition de ces deux moments de l'entretien permet de souligner à quel point l'étiquetage est un processus qui ne peut être cantonné à la sphère individuelle, ni même à celle du groupe ouvrier, mais qui doit être compris dans l'interaction à autrui et au monde extérieur.

Si la présence de Laurie a ici permis d'illustrer de façon rapide la présence d'un autrui caractérisé, c'est aussi la présence de l'enquêteur qui doit être prise en compte. Puisque j'étais un collègue de Willy au quotidien, ce dernier ne s'adresse pas à un profane. Il demeure que la situation d'entretien le positionne face à un individu porteur d'un *ethos* universitaire, engagé dans une démarche critique à l'égard des procédures tayloriennes et dont la présence dans le monde ouvrier est évaluée comme temporaire. Sa réponse à la question « Tu en as pensé quoi ? » peut donc être comprise comme un schème narratif destiné à rencontrer l'adhésion de l'enquêteur. Pour prolonger cette idée selon laquelle les enquêtés sont encouragés « par un jeu de miroirs, à restituer à l'enquêteur l'image que lui-même ou ses prédécesseurs leur ont donnée d'eux-mêmes » (Mauger, 1991 : 139), il faudrait également poser la question des discours médiatiques susceptibles d'imprégner les récits. Le sujet soulève plus largement le rapport qu'entretient le monde social à l'égard du monde ouvrier, à l'égard des technologies et à l'égard de ces deux thèmes ensemble, mais on peut se restreindre à relever les productions qui concernent directement la préparation vocale.

Un des premiers articles de presse dévoilant le procédé vocal est paru dans le journal l'Humanité en avril 2009 et s'intitule : « Entre nous, on s'appelle les "petits robots" »[7]. Le titre confond manifestement le discours tourné vers l'extérieur et l'entre-soi ouvrier. En 2011, le journal en ligne *Rue89* publie un article titré « "Voice picking" : dans le casque, mon chef, cette machine » (Malcorps, 2011). Rédigé sur le ton de la dérision, le texte débute par une reproduction caricaturale du dialogue avec la machine : « "Bienvenue Robert. Vous avez deux commandes." ». Bien que les témoignages ouvriers insistent sur la fatigue ressentie, ils sont précédés de l'hypothèse suivante : « L'homme-robot dirigé par la machine ? On n'en est peut-être pas loin ». Les deux seules apparitions télévisuelles qui ont été recensées vont également dans ce sens. Dans un documentaire intitulé « Un monde sans humains ? » et consacré aux théories transhumanistes, on voit très rapidement un ouvrier ironiser : « On n'est plus tout seuls, on a quelqu'un qui nous parle »[8]. Dans un documentaire de la série *Cash Investigation* tourné en caméra caché, un préparateur de commande répond positivement au journaliste qui prononce lui-même : « J'ai un peu l'impression d'être un robot ? »[9]. Le monde académique n'est pas à l'abri de ces caricatures puisqu'un des rares articles scientifiques parus à ce sujet dans une revue française s'intitule « Les hommes robots des entrepôts » (Lagrange, 2015).

S'il est probable que les préparateurs de commandes interrogés aient été peu nombreux à accéder à ce type de production, le traitement du travail sous commande vocale alimente néanmoins la fiction inquiétante d'une aliénation poussée à l'extrême, d'une dépersonnalisation totale de l'ouvrier réduit à l'état de machine. Des procédés très proches de cet outil sont par ailleurs employés dans des films d'anticipation envisageant un avenir

---

[7] Paru dans *L'Humanité* du 27 avril 2009, p. 10.

[8] « Un monde sans humains », ARTE France et Cinétévé, diffusé le 22 novembre 2012, extrait cité à 1.28.30.

[9] « Travail : ton univers impitoyable », France 2 et France Télévision, diffusé le 26 septembre 2017, extrait cité à 00.21.50.

robotisé[10]. On peut donc tout à fait comprendre que face à ce type de situation, les préparateurs de commandes préfèrent anticiper l'étiquetage[11]. Ils désamorcent le stigmate en le formulant eux-mêmes, en anticipant sa formulation par autrui, en endossant sa charge symbolique plutôt que d'avoir à la subir passivement.

La contagion robotique

Autre dimension de la « robotisation », la crainte d'une contagion par la machine est apparue régulièrement dans les équipes côtoyées. Elle repose notamment sur le risque de perturbation de la locution sous l'effet de la répétition des mots clés et émane de préparateurs qui expliquent avoir confondu des mots du langage quotidien avec les mots clés prononcés dans le micro. Dans chacun des trois entrepôts retenus, au moins une scène observée en salle de pause avait trait à ce sujet.

> Christian, préparateur intérimaire de 36 ans, raconte une anecdote survenue la veille à son domicile. Alors qu'il regarde la télévision, sa femme lui demande s'il compte aller courir dans la soirée. N'étant pas attentif sur le moment, il lui répond le mot clé « répétez ». « Elle s'est bien foutue de ma gueule ! », ajoute-t-il en mimant l'abrutissement, ce qui fait rire l'assistance.

Ces anecdotes sont systématiquement ponctuées d'humour, de rires, raillées par certains et soutenues par d'autres. En entretien, Julien m'explique qu'il est « certain de dire plus souvent "ok" qu'avant », ce qu'approuve également Romain avec qui il fait équipe. À l'inverse, Anthony juge qu'il y a « beaucoup d'exagération là-dessus » et affirme n'avoir jamais ressenti une telle impression, de même selon Christine, approuvée par Gilles, son collègue et mari : « J'y crois pas trop, c'est un peu des trucs de fanfarons ». Les avis diffèrent également lorsqu'est abordée une autre forme de la contagion qui

---

10 Notamment dans le premier film de Georges Lucas, produit par Francis Ford Coppola, *THX 1138*, sorti en 1971, qui se déroule dans une société futuriste où les individus sont placés sous sédatif et dans laquelle le contrôle vocal est omniprésent.

11 Cette façon de retourner le stigmate en l'endossant de façon ironique a également été observée chez les travailleuses du sexe (Sanders, 2004). Dans ses travaux sur le quartier des Minguettes à Vénissieux, Pierre Gilbert constate quant à lui que les enquêtés avaient tendance à lui renvoyer une image du quartier conforme à celle qu'il était censé porter, c'est-à-dire miné par l'isolement, alors que les interactions quotidiennes étaient très fréquentes (Gilbert, 2012).

relève cette fois de la perturbation du sommeil. Ce cas m'a été rapporté dès les premières expériences en entrepôt – « Il y a des gens qui en rêvent la nuit » – mais seules deux personnes me l'ont signalé comme un vécu personnel. Jérémie, préparateur intérimaire, le relie aux troubles du sommeil dont il est l'objet depuis ses deux années passées à l'armée : « Maintenant ça va mieux, mais j'entends des “répétez” avant de m'endormir ». Romain évoque de façon plus ironique, lors d'une soirée passée entre collègues, ses « rêves sous commande vocale ». En réponse, un de ses collègues estime que « ce n'est pas étonnant vu le taf », mais ironise lui aussi en se demandant si ce n'est pas plutôt lié à leur consommation de cannabis.

En suivant à nouveau la démarche engagée, on peut considérer que ces points sont intéressants du fait des questions qu'ils soulèvent plus que des réponses trop rapides qu'ils pourraient suggérer. Et toujours en s'appuyant sur les conseils de Gérard Mauger, on peut affirmer qu'il « ne s'agit pas tant [...] de décider si l'impression que l'enquêté cherche à donner est vraie ou fausse, sincère ou simulée, réelle ou factice, que d'enregistrer l'impression que l'enquêté cherche à transmettre à l'enquêteur » (Mauger, 1991 : 139). Comme le stigmate du robot, c'est bien le rapport à l'emploi occupé qui caractérise l'usage ou le rejet des discours sur la contagion vocale. Ceux qui peuvent se permettre de le diffuser sont principalement ceux qui sont perçus et se perçoivent comme n'étant que de passage (les étudiants). Ceux qui sont en cours d'ancrage dans une position ouvrière qu'ils repoussent pourtant (les intérimaires) endossent le stigmate à la fois pour exprimer une critique du travail, pour s'en distancier par l'humour et pour se prémunir des attaques externes. Ceux dont l'ancrage est établi et qui sont pour la plupart parvenus à s'éloigner de la préparation (les anciens) évacuent davantage la question en l'associant à une boutade d'entrepôt. Pour ces derniers, il serait extrêmement pénible de concevoir l'activité quotidienne comme étant en capacité de nuire au langage.

Les répercussions d'un usage standardisé de la voix sur celles et ceux qui y sont confrontés ne sont pas propres au travail en entrepôt. Elles sont fréquemment remarquées chez les téléphonistes, poste où l'emploi du casque et du micro a préfiguré les outils de type commande vocale. Dans ses travaux précurseurs, Louis Le Guillant identifiait cette déformation du langage – « Les jeunes téléphonistes disent machinalement “allô” pour "bonjour" ou "une unité" en demandant un ticket de métro » (Le Guillant, 2006 : 115 ; Cassou dir., 1985 : 93) – comme l'un des symptômes de la « névrose des téléphonistes », sans pour autant insister sur ce point et préférant approfondir les questions liées aux rythmes de travail. Dans une recherche plus récente, l'ergonome François Daniellou mobilise quant à lui le cas d'une téléopératrice « qui se réveille en sursaut, la sonnerie dans le casque, c'était en rêve » (Daniellou, 2010 : 53). Comme on l'a fait pour les robots, on pourrait aussi lister les discours médiatiques ciblant ces métiers, comme cet article paru dans le journal *Libération* en 2001 dont l'auteur estime que « le téléphoniste est l'esclave de sa machine » (Gremillet, 2001).

Il est difficile de savoir ce qui, dans l'expression et les perceptions de ces perturbations, relève du rapport à la technologie, des tensions liées au contrôle et au rythme du travail, ou bien d'un malaise que l'on peut plus largement associer à la fermeture des parcours professionnels en entrepôt. Il faudrait certainement inclure ces trois dimensions de l'activité pour en faire l'examen détaillé. Dans tous les cas, le thème de la contagion questionne les répercussions de ce qui est subi au travail. Il les questionne du point de vue de l'individu qui peut légitimement craindre que les gestes et paroles répétés quotidiennement ne viennent entraver ses facultés physiques tout autant que mentales. Dans ces conditions, les contagions de la parole et des rêves sont un moyen pratique, parce que concret, d'exprimer la dépossession au travail et de la critiquer parfois, dans un langage qui fait immédiatement sens sans pour autant être dénué d'ironie sur soi-même et sur sa propre condition.

Repousser quotidiennement le robot

En formulant une identité pour autrui construite autour d'un ouvrier robotisé, les préparateurs de commande produisent une sociologie spontanée qui s'ajuste au rôle qui leur est assigné[12]. En revanche, l'observation *in situ* des pratiques de contournement du cadre machinique permet bien de constater que le rejet des automatismes imposés est un enjeu central de leur activité quotidienne, sans pour autant constituer l'expression d'une résistance collective.

12 On peut penser ici aux travaux d'Anselm Strauss décrivant le malade mourant incité à présenter un moi mourant au monde extérieur (Strauss, 1992 : 69).

Détourner : les jeux de mots

Dès les premières mises en œuvre, le dialogue avec une voix de synthèse a suscité l'ironie des utilisateurs dans les entrepôts observés. Les tonalités féminines ont rapidement été personnalisées par l'emploi de prénoms moqueurs ou de formule de politesse : « Monique », « la dame » ou « mademoiselle » selon les cas[13]. Lorsque la mécanique s'enraye, « la dame » est affublée de qualificatifs plus péjoratifs, d'insultes, l'expression « salope » étant la plus courante. Pour exprimer son mécontentement ainsi que pour montrer aux autres que c'est bien la machine qui est défaillante, ces insultes sont exprimées à voix haute, parfois criées. La terminologie employée renvoie à un univers de référence largement sexiste, ce qui souligne finalement le fait que les modes de personnalisation constituent un moyen de déborder symboliquement l'espace gestionnarisé en se déplaçant sur un terrain plus familier.

L'usage mécanique de la parole a également suscité l'apparition de pratiques ludiques dans le travail, de jeux sur les mots malgré l'aridité du lexique utilisé et comme une forme de réponse à celle-ci. Le mécanisme de reconnaissance vocale demeurant approximatif, il est possible de réaliser certaines validations en prononçant des formules originales, à condition que la phonétique demeure proche. Le code détrompeur « 5-1 » peut donc être remplacé par « sapin », le « 4-1 » par « catin » ou le « 2-2 » par « neuneu ». Dans l'un des entrepôts, l'enchaînement rapide de plusieurs détournements de ce type était appelé un « combo » par un groupe de jeunes ouvriers particulièrement habiles à ce jeu. La pratique n'est reconnue comme prouesse que si elle est effectuée sans ralentir le travail et s'exerce donc malgré le cadre machinique et non contre celui-ci.

À proximité des détournements s'appuyant sur la reconnaissance vocale, on trouve également des stratégies partagées qui s'approchent davantage du contournement. En pianotant les quelques touches du *talkman* accroché à la ceinture, certains préparateurs ont découvert qu'il était possible de réenregistrer les prononciations attendues par la machine. Cette méthode leur permet de duper le logiciel en lui indiquant des

---

[13] Ouvrière dans une usine de décolletage, Sylviane Rosière témoigne d'une personnalisation du robot similaire (Rosière, 2010 : 27).

sonorités autres que celles qui sont demandées. Par exemple, « six » est remplacé par la couleur « vert » pour éviter d'avoir à supporter les validations non souhaitées d'un chiffre dont la sonorité est trop proche de celle du sifflement généré par les chariots électriques. De même, au lieu de prononcer la formule « SPCB » – aussi longue qu'énigmatique[14] – pour valider une prise de produit au détail et non au colis, on enregistre le mot « détail » – plus significatif et plus court – ou bien simplement la syllabe « dé ». Le préparateur ne prononcera plus « SPCB 3 » pour la prise de trois détails, mais « dé-3 » ou « *destroy* » s'il veut en amuser un autre.

Si elles peuvent sembler anecdotiques au premier abord, ces redéfinitions d'une parcelle de l'activité doivent être jaugées au regard de la répétition des actes concernés et de la pénibilité qu'ils génèrent. Mais malgré les avantages que cela représente pour les préparateurs, les encadrants sont très peu au fait de ces possibilités. Sur les trois entrepôts observés, seule une direction a pris en charge le réenregistrement des mots clés, alors que la pratique était déjà mise en œuvre informellement depuis deux ans. En entretien, Yannick m'explique que ce sont des intérimaires qui ont introduit la méthode dans son entrepôt et que ses responsables ne voulaient pas le croire lorsqu'il est venu leur expliquer. Dans ces conditions, le contournement occasionne une double prise de distance : d'abord à l'égard d'une infrastructure déqualifiante et pénible, puis au regard d'une hiérarchie trop éloignée des réalités concrètes du travail ouvrier.

Contourner : les mémoires détrompeuses

Dans des conditions restreintes, le guidage vocal autorise des contournements qui dépassent le jeu avec les mots ou les aménagements de confort. Ces contournements s'appuient principalement sur les imperfections du dispositif de traçabilité : le progiciel ne contrôle pas directement le mouvement des flux mais enregistre des validations qui sont produites par l'humain. Pour s'assurer que les flux physiques sont bien synchronisés avec les flux d'informations, le dispositif contraint les préparateurs à énoncer à voix haute des « codes détrompeurs », c'est-à-dire deux chiffres qui figurent au-dessus de chaque emplacement. Mais en apprenant par cœur une partie de ces codes chiffrés,

[14] C'est seulement en m'entretenant avec plusieurs cadres que je suis parvenu à en trouver le sens : « Sous-Produit Pour Combien ».

certains préparateurs parviennent à reconquérir une marge d'anticipation. Ils peuvent ainsi valider fictivement des prises de colis, sans avoir à se déplacer.

Un entrepôt de la grande distribution pouvant contenir plus de 10 000 références différentes, la pratique se confronte évidemment aux limites de la mémoire et concerne principalement des produits dont les prises sont répétées. Les préparateurs sont néanmoins capables de retenir un très grand nombre de codes détrompeurs, ce que peinent à croire les responsables d'entrepôt. Il est en effet difficile de s'imaginer à quel point la répétition permanente d'un geste peut générer des facultés motrices ou mnésiques chez celles et ceux qui l'exercent quotidiennement. En témoigne la fascination exercée par les prouesses accomplies dans de nombreux métiers industriels, qu'il s'agisse d'une pièce découpée au millimètre près sans mesure ou bien d'une bobine de fil enclenchée en un fragment de secondes. Ces gestes sont parfois associés à un savoir-faire et valorisés comme tels, bien qu'ils soient tout autant des altérations qui résultent de l'extrême répétitivité des tâches en cycles opératoires courts.

Si tout préparateur est amené, au bout de quelques semaines de travail, à prendre conscience du fait que sa mémoire enregistre les codes détrompeurs, chacun n'utilise pas cette ressource de la même façon. Les anciens et les intérimaires spécialisés en logistique mobilisent ce procédé pour anticiper les prises de colis et construire de « belles palettes », c'est-à-dire des palettes bien équilibrées qui resteront stable pendant le transport. Plutôt que de suivre le scénario imposé, ils valident fictivement une liste de colis, reproduisent cette liste sur un support papier et s'offrent ainsi la possibilité d'empiler les colis dans l'ordre qui leur convient le mieux. Ils retrouvent ainsi une professionnalité qui était collectivement valorisée avant l'introduction de la commande vocale, une forme d'activité où la réflexion précède l'exécution. Mais chez les étudiants ou chez les intérimaires moins installés, la performance est plutôt associée à l'enchaînement fluide des gestes répétés.

> Si tu connais le code… En fait ça évite d'attendre, de regarder et de le donner devant. Bon, ça te fait gagner 2-3 secondes, mais ça permet d'enchaîner. Quand tu veux aller beaucoup plus vite… Enfin moi, ça m'arrivait de prendre de l'avance sur 2-3 *pickings*, comme c'est assez répétitif, tu sais que lui, c'est celui-là, « tac-tac-tac », tu le prends, et t'enchaînes. – *Julien, 23 ans, préparateur*

Comme d'autres, Julien ne pousse pas le contournement jusqu'à recréer une liste papier. Il n'anticipe donc pas la tâche à suivre mais se contente d'anticiper sur la tâche en cours, il s'offre la possibilité d'agir sans hésitation. Le gain se limite à quelques secondes, mais il est significatif pour un geste répété près d'un millier de fois par jour. Peut-être aussi important, cela lui permet d'atteindre un rythme de travail au niveau duquel l'enchaînement des gestes peut prendre la forme d'un jeu – le « tac-tac-tac » – dans une lutte contre la monotonie[15]. L'absence de sens intrinsèque au travail est ici constituée et il s'agit plutôt d'en évacuer les effets les plus désagréables. Alors qu'un type de représentation privilégie la reconstruction des schèmes traditionnellement associés au métier, l'autre engage le préparateur dans une immédiateté qui correspond mieux à l'exercice d'un « job » saisonnier ou intérimaire.

Contrairement à ce qui a pu être observé dans d'autres milieux industriels[16], ces pratiques informelles sont assez peu fonctionnelles, c'est-à-dire qu'elles ne relèvent pas d'une nécessité absolue pour réaliser le travail tel qu'il est exigé. Bien qu'adepte de la pratique, Sylvain en souligne les travers : « Mais après, ça engendre des erreurs, ça. Il suffit qu'un collègue passe, "Hey Sylvain tu fais quoi ?", et après je suis là, "Mince, j'ai validé ou pas ça, je sais plus" ». Ces oublis ou ces craintes d'oublis, en plus de constituer une perte de temps, sont générateurs d'une tension non négligeable. « C'est trop prise de tête » résume Yannick, en m'expliquant avoir abandonné cette pratique. Avec une certaine nostalgie, Jean-Paul reconnaît que « maintenant, vaut mieux suivre le truc, sinon tu te perds ». Il exprime ainsi le constat selon lequel les contournements sont finalement plus contraignants que le suivi de procédure dans des dispositifs de ce type. Cela montre en retour que les ouvriers qui maintiennent l'usage de la liste papier choisissent de privilégier la réappropriation d'une partie de leur activité à l'encontre d'un certain confort de travail et parfois au dépend du niveau de leur prime de productivité.

Il est également possible de jouer des tours au logiciel pour conquérir des temps libérés sur les temps productifs. Pour dissimuler ces temps de

---

15 Comme l'ont montré les travaux de Donald Roy puis de Michael Burawoy, sans pour autant s'attacher à la diversité des formes du jeu selon les positions et dispositions des joueurs (Roy, 1952 ; Burawoy, 2008).

16 Chez les ouvriers des abattoirs par exemple (Muller, 2005).

repos au regard du logiciel, les préparateurs valident artificiellement des tâches, celles qui correspondent à un code détrompeur appris par cœur ou bien celles qui ne nécessitent pas cette procédure, comme le filmage des palettes ou la dépose sur le quai. Ces pratiques peuvent mettre en scène des ouvriers assis sur une chaise en salle de pause, un café à la main, prononçant des mots clés à l'attention d'un logiciel censé les faire travailler. Réalisées devant un public averti, elles prêtent à rire, comme lorsque Moussa provoque l'hilarité de tous en revenant s'asseoir, après avoir badgé la fin de sa pause, le casque sur les oreilles et mimant les tâches qu'il est en train de valider artificiellement. Si ces temps conquis sont bien une dimension essentielle du confort quotidien, il ne faut pas sous-estimer la dimension symbolique d'un savoir-faire informel consistant à duper le dispositif gestionnaire. En poussant les ressorts comiques de cette pratique, les préparateurs se rappellent à eux-mêmes que le travail réel est d'abord celui qu'ils produisent physiquement et non ce que la machine enregistre. Ce point souligne également le paradoxe d'une traçabilité qui peut se retourner contre elle-même puisque les préparateurs de commandes parviennent à construire une fiction gestionnaire de leur propre travail en détournant l'enregistrement systématique des tâches.

La charge symbolique de ces contournements est d'autant plus importante à souligner que les temporalités conquises restent quant à elles très restreintes. Les préparateurs étant soumis à des impératifs de productivité, ils ne se préservent du temps que lorsqu'ils ont atteint les quotas. À l'inverse, bien que cette pratique soit plus rare, certains préparateurs utilisent les pratiques de contournement pour accroître leur productivité et dissimuler le fait qu'ils ne prennent pas de pause : entre deux passages par la badgeuse, ils réalisent des tâches qui ne nécessitent pas de validation vocale. Si cette autre forme du contournement demeure bien une prise de distance à l'égard du contrôle machinique et des temporalités normées, elle relève en revanche d'une soumission exacerbée aux formes objectives de l'exploitation.

Saboter : le bris de casque

La référence au bris de machine renvoie à une époque ancienne, le XIXe siècle, depuis laquelle il est désigné sous l'appellation de « luddisme », en référence à une composante du mouvement ouvrier anglais[17]. Dans la période contemporaine, rares sont les travaux de recherche où il est fait mention d'actes qui pourraient être désignés ainsi, ce qui illustre aussi le peu de place occupé par la critique des « dégâts du progrès »[18] , que ce soit dans le champ du travail ou ailleurs. Les récits ouvriers des XXe et XXIe siècles évoquent davantage des machines que l'on protège parce qu'elles symbolisent le maintien de l'emploi sur un territoire. Mais cette relative absence pose aussi la question de l'intérêt que les chercheurs portent à cette critique dont la faible légitimité dans l'entreprise comme au-dehors ne peut autoriser qu'un développement limité et souvent masqué.

C'est davantage pour souligner ce point que par souci de précision méthodologique que l'appellation « bris de machine » est ici employée. Dans le cas des entrepôts, les formes de destruction de l'outil sont doublement limitées. D'abord, elles ne touchent que la partie superficielle et accessible de la machine : le casque audio. En tant qu'infrastructure numérique, le logiciel ne se présente pas comme une machine qu'il serait possible de saboter ou de détruire en ayant recours aux formes traditionnelles de la conflictualité radicale en entreprise. Son maniement et plus encore sa programmation relèvent de compétences spécifiques qui sont peu présentes dans le groupe ouvrier. Ces pratiques sont aussi limitées parce qu'elles relèvent de l'acte individuel, exercé dans des moments de forte tension.

S'il est impossible d'évaluer précisément la fréquence des bris de casque, l'observation a confirmé que le cas se produit à échéance régulière. En entretien, Jérémie m'explique avoir « péter un casque une fois » et précise son intention en justifiant que « ça défoule ». Il évoque ce geste après avoir abordé les « moment de grosse galère » au cours desquels la reconnaissance vocale est défaillante. Dans un service des fruits et légumes, un moment observé mettait en scène un préparateur détachant son casque du boîtier, le jetant au sol et lui assénant un coup de pied. Contrairement à certaines formes de contournement, le bris n'est pas majoritairement réalisé de façon

---

17 On retrouve par ailleurs des occurrences françaises de ce mouvement (Jarrige, 2009) ainsi que des résurgences plus contemporaines (Biagini & Carnino dir., 2010).

18 Pour reprendre le titre d'un ouvrage collectif édité par la CFDT à une époque où le syndicalisme engageait plus explicitement des débats sur le contenu de travail et l'impact des technologies (CFDT, 1977).

démonstrative, les sanctions encourues limitant l'ampleur de l'expression. Dans la grande majorité des entrepôts, des panneaux d'affichage annoncent désormais le coût de revient d'un casque audio, de l'ordre de 160 euros, pour encourager le « respect du matériel ». À propos de l'apparition de ces affiches, le directeur d'un entrepôt reconnaît qu'« il y a un paquet de casque pétés, et parfois c'est plus ou moins intentionnel ».

S'ils expriment bien une forme de mécontentement, voire de protestation, ces bris de machine sont loin de constituer une forme de résistance collective aux dispositifs de gestion. Ils s'assimilent plutôt à des exutoires dans des moments où l'on ne parvient plus à encaisser le manque de prise sur son travail. Casser l'outil revient alors à réaffirmer son rôle, en se prouvant à soi-même peut-être plus qu'aux autres que les mains du manutentionnaire peuvent parfois jouer des tours à la machine. Le casque n'étant qu'une interface minimaliste de l'infrastructure informatique, il suffit d'en demander un autre, de prétexter des dégâts accidentels et de le brancher à nouveau sur le boîtier pour reprendre le travail là où on l'avait laissé. Pour autant, il ne faut pas négliger la force symbolique de ce geste et la place qu'il représente dans l'imaginaire collectif. Dans son analyse des transfuges luddites en France dans la première moitié du XIXe siècle, Michelle Perrot souligne qu'il s'agissait souvent d'un « luddisme symbolique », c'est-à-dire d'un moyen d'affirmation ou de pression plus que d'une optique de destruction de l'ordre machiniste (Perrot, 2010)[19]. Déporter cette analyse sur le phénomène plus restreint du bris de casque permet d'en souligner la portée sans en produire une surinterprétation.

Conclusion

Les ouvriers des entrepôts sont des travailleurs subalternes qui, dans un cadre où la contrainte prédomine, se donnent les moyens d'affirmer autre chose que le rôle auquel ils sont assignés et qu'ils traduisent en mobilisant la figure du « robot ». Cette distance au rôle protège l'ego, l'estime de soi, la personnalité ou l'intégrité de l'individu, elle permet à chacun de « dissocier ses possessions purement personnelles des attributs du rôle »

---

[19] Sur le luddisme comme opposition concrète et stratégique plutôt que théorisation critique du progrès technique, voir également : voir notamment Hobsbawm, 1952.

(Goffman, 1961 : 96). Leur renier cette faculté de dissociation, comme le font parfois les commentateurs critiques de ces formes de travail, revient à faire d'eux des monstres, à sacrifier leur dignité au nom d'une cause qui les concerne pourtant en premier lieu. Éviter cet écueil est un enjeu important pour la critique des technologies et du travail. Si le groupe ouvrier exprime parfois sa propre dépossession dans la formule « on est des robots », il peut aussi la traduire en capacité d'agir au travers de la négation « on n'est pas des robots » et ce basculement n'est nullement encouragé par des observateurs extérieurs brandissant l'effrayant « ce sont des robots ».

Le risque inverse consiste à critiquer le robot tout en relativisant l'impact des technologies, cette fois animé par une volonté de réaffirmer les capacités de résistance de l'humain au travail. Dans un rapport d'expertise consacré à la commande vocale, Philippe Davezies notait que « les préparateurs luttent avec le système. Ils s'efforcent en permanence de passer d'une position dans laquelle ils subissent passivement les instructions de la machine à une attitude proactive qui leur permet de reprendre la main » (Davezies, 2008 : 25). Nous avons bien constaté des tendances de cet ordre, mais les possibilités d'une réappropriation doivent cependant être relativisée au regard de l'encadrement par les dispositifs. Bien que « proactives », les pratiques ouvrières face à la dépossession sont peu en mesure d'aboutir à des reprises en main. Une partie d'entre elles consacre la dépossession et réduit l'activité à l'enchaînement rapide de gestes élémentaires, pour des satisfactions qui sont d'ordre monétaire lorsqu'il s'agit de toucher une prime ou de confort lorsque c'est la monotonie qui est combattue. Plus largement, la signification que prennent les arrangements et les contournements a évolué dans le sens du dispositif qui les encadre, elle s'est en partie reportée sur des satisfactions plus individuelles. Comme le souligne Danièle Linhart, on peut en retirer le constat selon lequel « les conditions du travail moderne [...] limitent le sens et la portée de la résistance au travail. Celle-ci se caractérise de moins en moins par des pratiques collectives à vocation politique ou citoyenne » (D. Linhart, 2009 : 82). D'où la nécessité de porter un discours critique qui ne se limite pas à la mise en exergue de ces formes concrètes de résistance mais qui s'appuie sur leur portée sociologique, sur leur capacité à soulever des idées et des valeurs communes au groupe.

Si la contrainte objective est difficilement contournable en entrepôt, sa prise en charge symbolique soulève en effet l'expression de références critiques qui, regroupées autour d'une sociabilité au travail relativement dense, forment un ensemble caractéristique d'une contre-culture ouvrière. C'est probablement par ce biais que le groupe est le plus à même de revendiquer une existence autonome et dissociée du rôle imposé. En déployant un « texte caché » (Scott J., 1990), un humour et des jeux qui lui sont propres, en s'appropriant des espaces et des temporalités dans l'enceinte de l'entrepôt, le collectif ouvrier produit un sentiment d'appartenance à une communauté spécifique. Il affirme une identité qui n'est plus tout à fait professionnelle, qui peine à s'exprimer dans le travail, mais qui se maintient au travail. En élargissant ce constat, on en retire le sentiment d'une classe sociale, la classe ouvrière, qui a perdu la revendication d'un rôle social valorisant mais qui maintient l'expression infrapolitique de valeurs propres, très critiques à l'égard des formes de l'exploitation, y compris de l'encadrement machinique du travail humain.

Références bibliographiques

BECKER Howard S., 1985 [éd. originale, 1966]. Outsiders. *Étude sociologique de la déviance*, Paris, Métailié.

BENVEGNÙ Carlotta, GABORIEAU David, 2017. « Produire le flux. L'entrepôt comme prolongement d'un monde industriel sous une forme logistique », *Savoir/Agir*, 39, p. 66-72.

BIAGINI Cédric, CARNINO Guillaume (dir.), 2010. *Les Luddites en France. Résistance à l'industrialisation et à l'informatisation*, Montreuil, L'Échappée (Frankenstein 1).

BURAWOY Michael, 2008. « Le procès de production comme jeu », *Tracés*, 14, p. 197-219.

CASSOU Bernard (dir.), 1985. *Les Risques du travail. Pour ne pas perdre sa vie à la gagner*, Paris, La Découverte.

CLOT Yves, 2008 [1995]. *Le Travail sans l'homme ? Pour une psychologie des milieux de travail et de vie*, Paris, La Découverte (Poche. Sciences humaines et sociales 58).

CONFÉDÉRATION FRANÇAISE DÉMOCRATIQUE DU TRAVAIL (CFDT), 1977. *Les Dégâts du progrès. Les travailleurs face au changement technique*, Paris, Seuil (Points. Politique 85).

DANIELLOU François, 2010. « Les mondes du travail », *in* L. Théry (dir.), *Le Travail intenable. Résister collectivement à l'intensification du travail*, Paris, La Découverte, p. 53.

DAVEZIES Philippe, 2008. *Enjeux de santé liés à l'utilisation de la commande vocale sur les plates-formes logistiques*, Lyon, Enquête exploratoire du CNAM.

DURAND Jean-Pierre, 2004. *La Chaîne invisible. Travailler aujourd'hui : flux tendu et servitude volontaire*, Paris, Seuil.

DURAND Marcel, 2006 [2e éd. revue et augmentée ; 1990]. *Grain de sable sous le capot. Résistance et contre-culture ouvrière : les chaînes de montage de Peugeot (1972-2003)*, Marseille, Agone.

GABORIEAU David, 2012. « "Le nez dans le micro". Répercussions du travail sous guidage vocal dans les entrepôts de la grande distribution », *Nouvelle Revue du Travail* [En ligne], 1. Mis en ligne le 10/12/2012 (consulté le 09/10/207) : https://nrt.revues.org/240.

—, 2016. *Des usines à colis. Trajectoire ouvrière des entrepôts de la grande distribution*, Thèse de doctorat, Université Paris 1 Panthéon-Sorbonne.

GÉHIN Louis, POITOU Jean-Claude, 1984. *Des voitures et des hommes. Les vingt ans de Renault-Sandouville*, Paris, La Découverte (Cahiers libres 393).

GILBERT Pierre, 2012. « L'effet de légitimité résidentielle : un obstacle à l'interprétation des formes de cohabitation dans les cités HLM », *Sociologie*, 3 (1), p. 61-74.

GOFFMAN Erving, 1961. *Encounters: Two Studies in the Sociology of Interaction*, Indianapolis – New York, The Bobbs-Merrill Company.

GREMILLET Muriel, 2001. « Esclaves de leur machine, les téléphonistes baignent dans le stress », *Libération* [En ligne]. Mis en ligne le 19/02/2001 (consulté le 10/10/2017) : http://www.liberation.fr/futurs/2001/02/19/proletaires-de-la-ligne_355180

HOBSBAWM Eric J., 1952. « The Machine Breakers », *Past and Present*, 1, p. 57-70.

JARRIGE François, 2009. *Au temps des tueuses de bras. Les bris de machines à l'aube de l'ère industrielle*, Rennes, Presses universitaires de Rennes.

LACEY Robert, 1987. *Ford. La fabuleuse histoire d'une dynastie*, Paris, Presses de la Cité.

LAGRANGE Didier, 2015. « Les hommes robots. Le management vocal dans un entrepôt logistique », *Nouvelle Revue du Travail* [En ligne], 6. Mis en ligne le 05/11/2015 : https://nrt.revues.org/2255. L'article a cependant été retiré le 18/09/2015 par le comité de rédaction « en raison de la présence de nombreuses citations sans guillemets ni références bibliographiques ».

LE GUILLANT Louis, 2006. *Le Drame humain du travail. Essais de psychopathologie du travail*, Ramonville-Saint-Agne, Érès.

LINHART Danièle, 2009. « Les conditions paradoxales de la résistance au travail », *Nouvelle revue de psychosociologie*, 7, p. 71-83.

—, 2015. *La Comédie humaine du travail. De la déshumanisation taylorienne à la sur-humanisation managériale*, Toulouse, Érès.

LINHART Robert, 1978. *L'Établi*, Paris, Éd. de Minuit (Double 6).

MALCORPS Sylvain, 2011. « "*Voice picking*" : dans le casque, mon chef cette machine », *L'Obs avec Rue89* [En ligne]. Mis en ligne le 05/11/2011 (consulté le 10/10/2017) : http://tempsreel.nouvelobs.com/rue89/rue89-economie/20110105.RUE9909/voice-picking-dans-le-casque-mon-chef-cette-machine.html

MAUGER Gérard, 1991. « Enquêter en milieu populaire », *Genèses*, 6, p. 125-143.

MULLER Séverin, 2005. « Le temps du démontage. L'adaptation collective aux contraintes de production dans un abattoir », *in* D. Linhart &

A. Moutet (dir.), *Le Travail nous est compté.* La construction des normes temporelles du travail, Paris, La Découverte, p. 215-234.

PERROT Michelle, 2010. « Les Ouvriers et les machines en France dans la première moitié du XIXe siècle », *in* C. Biagini & G. Carnino (dir.), 2010. *Les Luddites en France. Résistance à l'industrialisation et à l'informatisation*, Montreuil, L'Échappée (Frankenstein 1), p. 143-174.

PINTO Vanessa, CARTRON Damien, BURNOD Guillaume, 2000. « Étudiants en fast-food : les usages sociaux d'un "petit boulot" », *Travail et Emploi*, 83, p. 137-156.

ROSIÈRE Sylviane, 2010. *Ouvrières d'usine. Petits bruits d'un quotidien prolétaire*, Saint-Georges-d'Oléron, Éd. Libertaires.

ROY Donald, 1952. « Quota Restriction and Goldbricking in a Machine Shop », *American Journal of Sociology*, 57, p. 425-442

SANDERS Teela, 2004. « Controllable Laughter: Managing Sex Work Through Humour », *Sociology*, 38 (2), p. 273-291.

SCOTT James C., 1990. *Domination and The Arts of Resistance: Hidden Transcripts*, New Haven – London, Yale University Press.

STRAUSS Anselm Leonard, 1992. *La Trame de la négociation. Sociologie qualitative et interactionnisme,* recueil de textes publiés entre 1961 et 1985, réunis et présentés par I. Baszanger, Paris, L'Harmattan.

VALEYRE Antoine, 2001. « Le travail industriel sous la pression du temps », *Travail et Emploi*, 86, p. 127-149.

WEIL Simone, 1951. *La Condition ouvrière*, Paris, Gallimard.

Note critique

Productions de la société civile en Chine

D'un ouvrage à l'autre, d'une auteure à l'autre[1]

Nicole KHOURI
IMAF[2] (UMR 8171), Université Paris Panthéon-Sorbonne
CEsA, ISEG, Ulisboa[3] (Lisbonne, Portugal)

Wenjing Guo appartient à la génération des jeunes Chinois post-1980, celle-là même sur laquelle porte sa recherche, celle qui a bénéficié de la prospérité liée aux réformes économiques mises en place en 1978, celle de la politique de l'enfant unique édictée en 1996, celle aussi qui découvre Internet et les NTC, leurs usages et leurs avatars en Chine depuis 2002.

Étudiante en langue française à Canton, elle qui maîtrise déjà parfaitement le cantonais, le hakka et le mandarin, a accompagné en tant que traductrice et interprète Monique Selim, anthropologue, lors des entretiens de terrain (2005 à 2012) qui constituent le kaléidoscope des personnes dont il est question dans l'ouvrage de cette dernière (Selim, 2013). Pour W. Guo, c'est d'une part la plongée dans une histoire de la Chine, méconnue d'elle sauf par ce que sa grand-mère a pu lui transmettre, une histoire de famille marquée comme tant d'autres par tous les événements mouvementés de la Chine depuis 1949, parfois même remontant à plus loin. C'est aussi l'initiation à une manière anthropologique d'approcher un terrain qui l'a

---

1 À propos de Selim, 2013 et de Guo, 2015.

2 Institut des mondes africains ; Centre Malher, 9 rue Malher 75181 Paris cedex 04.

3 Centro de Estudos sobre África, Ásia e América Latina, do Instituto Superior de Economia e Gestão, da Universidade de Lisboa.

menée à une formation d'anthropologue et à une thèse soutenue en 2014 sur l'Internet à Canton reprise dans l'ouvrage étudié ici. Une partition où trois acteurs aux logiques différentes s'affrontent ou cherchent des solutions négociées : les internautes, l'État-parti et les entreprises fournissant services et contenus sur l'Internet. Pour les internautes, l'Internet est un instrument de communication, un outil de connaissance, un espace de mobilisations et d'affirmation de luttes expressives liées à la construction d'une expérience neuve d'autonomie sociale et politique, individuelle et collective ; pour l'État-parti, c'est un instrument indispensable de la modernisation économique inscrite dans la globalisation d'un capitalisme financiarisé, mais aussi un espace où s'exerce un contrôle politique qui peut être brutal (à l'instar des autres médias) ou subtil ; pour les entreprises, l'Internet obéit à une logique de marché arrimée à une compétitivité accrue des services à fournir aux clients. Loin d'être aussi tranchées, les frontières entre les logiques des trois acteurs vont se révéler poreuses.

Les deux ouvrages traitent des formes que prend l'émergence de la société civile à Canton. Le Guandong, région de migrations et d'échanges intensifs de la Chine méridionale avec le monde depuis quelques siècles, ouverte à l'appropriation des idées nouvelles, est désignée comme le laboratoire de la Réforme économique lancée en 1978 (dans le cadre des zones prioritaires de développement), puis de la Réforme sociale promue en 2008, et par rapport à laquelle se situent tous les mouvements qui sont examinés. Les deux ouvrages sont liés par une unité de lieu, de temps et d'action. Les terrains de recherche se déroulent entre 2005 et 2012 pour Monique Selim, entre 2010 et 2012 pour Wenjing Guo, et sont portés par le même souffle de l'approche et de l'analyse anthropologiques, à l'exception de la première partie de Wenjing Guo. Ce sont les raisons pour lesquelles après une présentation de ce qui est spécifique à l'un et à l'autre ouvrage, une lecture conjointe et croisée des acteurs s'est imposée dans ce compte rendu.

L'ouvrage de Wenjing Guo (2015)

Cet ouvrage comporte deux grandes parties, l'une consacrée à l'Internet en Chine (1994-2014), l'autre aux trois terrains observés à Canton : identité homosexuelle et Internet, combat environnemental à Panyu, et patrimoine culturel cantonais. Entre les deux parties s'insèrent des considérations méthodologiques précieuses. Une conclusion de six pages clôt l'ouvrage.

La première partie est une synthèse de l'ouvrage de Yang Guobin (2011) et d'autres sources bien connues aujourd'hui qui retracent l'évolution de ce nouveau média entre 1994 et 2008 : de l'ouverture d'une Chine connectée en 1994, à l'expansion de la régulation sur l'Internet entre 2000 et 2002, et enfin aux lois liées à sa gestion comme « terrain de bataille idéologique » entre 2003 et 2008 appelant à la responsabilisation de chacun. On est passé, comme l'écrit Yang Guobin, au contrôle d'un gouvernement comme unique responsable à une logique de gouvernance qui implique la responsabilisation tant des entrepreneurs que des internautes dans l'observance des normes édictées par le gouvernement.

2008 marque un tournant dans le durcissement de la censure sur l'Internet en raison de la divulgation des incidents et des mobilisations liées aux confrontations ethniques, émeutes de paysans, révélation de scandales (« écoles en miettes de soja », lait contaminé…). Comment « garder la face » alors que se préparent les Jeux asiatiques à Canton en 2010, prélude aux Jeux olympiques ? Pour gouverner, il vaut mieux faire participer. Parallèlement aux arrestations déjà bien rôdées des opposants et des dissidents politiques, l'État encourage les cadres et les fonctionnaires du Parti à créer leurs blogs. Apparaîtront les dissensions entre les pouvoirs à l'échelle locale, régionale et l'obligation d'intervention pour le pouvoir central (la révolte des habitants et paysans du Wukan en 2011, ses modes de mobilisations et ses résultats toujours remis en cause jusqu'à aujourd'hui en sont une illustration). L'Internet contribue à forger un visage bienveillant des dirigeants.

Les contestations et les mobilisations qui utilisent l'Internet, tout comme la multiplicité des sites pornographiques, ont constitué un bon alibi pour faire avancer l'idée de la nécessité « sécuritaire » (morale et politique) qui a pris de plus en plus d'ampleur avec la crainte des répercussions des révolutions arabes en 2011, l'affaire Snowden et les revendications des minorités ethniques, Ouighours du Xinjiang assimilés à des terroristes. Cet État autoritaire et monopoliste moderne repose sur trois piliers : « sans la sécurité d'Internet, il n'y aura pas de sécurité de l'État ; sans informatisation, il n'y aura pas de Modernisation » (p. 81).

Le thème d'une « société harmonieuse » avancé en 2006 évolue vers l'élaboration de l'idée d'une réforme sociale, intégrée à celle du développement scientifique. Canton, à l'instar de quelques autres villes (Shanghai, Shenzen, Chongjing, Pekin) constitue un laboratoire pionnier où la notion de *gongyi* (intérêt public, bien-être public) suppose l'engagement de gens ordinaires pour résoudre les problèmes sociaux, à l'opposé d'une philanthropie sous tutelle du gouvernement ou de riches personnalités.

Du côté de l'État, le rêve d'une société harmonieuse nécessite donc des partenaires (volontaires et bénévoles) dans cette cogestion, la mise en place de dispositifs d'incubation, de formation, d'évaluation des projets en amont, de bilan en aval, la revitalisation d'anciennes organisations de masses (Ligue de la jeunesse et Fédération des femmes), la délégation des services sociaux à des organisations sociales certifiées afin de canaliser et de contrôler le bouillonnement des acteurs sociaux sur Internet et en-dehors. Les procédés de régulation du métier de travailleur social (fonctionnaire, contractuel) ainsi que les manières de résoudre les tensions inévitables au sein des nouveaux centres de travail social (entre les bénévoles et les comités de quartier, entre le gouvernement de la ville et les habitants du quartier) seront envisagés au fur et à mesure de la mise en marche de l'expérience.

La période qui s'étend entre 2009 et 2014 (p. 60 à 117) est une synthèse personnelle de l'auteure qui pose les contextes politique et médiatique en interaction avec des mobilisations d'acteurs. L'incubateur Yi Fu, fondé en 2006, est analysé comme un cas exemplaire d'injection du marché dans le social empruntant largement aux modèles globaux de *Venture Philantropy* et de *Corporate Social Responsibility*. C'est aussi un exemple de logique qui veut couler les initiatives locales *grass root* dans un processus d'institutionnalisation par la financiarisation et de professionnalisation par la performance.

Comment aujourd'hui la vie privée des habitants de Canton – pénétrée par la consommation et les NTC, par les modèles d'organisations sociales et d'ONG venus particulièrement de Hong Kong et des États-Unis, mais aussi par la toute-puissance des normes édictées de l'État-parti dont les modalités de contrôle sont de plus en plus subtiles et sophistiquées – peut-elle se transformer en actions collectives qui défendent les droits humains contre les logiques de l'intérêt, contre celles du pouvoir et contre celles d'un capitalisme financier globalisé ? C'est en prenant au sérieux le rôle très particulier dévolu à l'Internet par la génération post-1980 que W. Guo a tenté de répondre à cette question.

La seconde partie de l'ouvrage, que nous traiterons simultanément avec le kaléidoscope des groupes analysés dans l'ouvrage de Monique Selim, est consacrée au suivi des internautes-acteurs « ordinaires » et à la manière dont ils sont investis dans les rapports sociaux et politiques restitués sur leurs terrains de militance : un groupe d'homosexuels construit autour d'une « mère modèle » qui réunit des milliers d'internautes sur son blog, un groupe d'habitants mobilisés contre la construction d'une usine proche de lieux d'incinération des déchets et enfin une association d'internautes défendant la langue et la culture cantonaises dans les diverses formes de son patrimoine matériel et immatériel.

L'ouvrage de Monique Selim (2013)

Trois grandes parties sont consacrées aux « groupes », aux catégories, et aux mobilisations collectives qui parlent et agissent dans le champ des métamorphoses des relations entre l'État-parti et la société à Canton (p. 25-283). En reprenant les dénominations choisies par l'auteure, un premier ensemble qui oscille entre « reconnaissance du sujet et encadrement collectif » rassemble des gérontes emblématiques, des fous exemplaires, des autistes rééduqués et s'intéresse à l'émergence du soin psychique dont le Bonheur est la nouvelle marchandise promise par la pléthore de cabinets psy qui ont fleuri à Canton, à l'image du *Gross National Happiness*, marchandise économique et idéologique dans d'autres sociétés asiatiques. Les volontaires modèles, la défense de l'environnement et la quête de la nature ainsi que les mobilisations urbaines forment un second ensemble qui oscille entre « contestation et intégration ». Enfin, l'efficacité symbolique du genre qui concerne les femmes éduquées face au travail, les journalistes assignées et les mères à la recherche d'une autre vie forment un troisième ensemble situé entre les « normes sexuelles et les revendications ».

Très brièvement, nous rendons compte du premier et du troisième ensemble propre à l'investigation du terrain de Monique Selim. Le second ensemble sera inclus dans une lecture croisée de thèmes communs aux deux auteures.

Pour les générations plus âgées (gérontes fréquentant le centre ou parents de « fous stabilisés ») les investissements actuels dans leurs nouveaux « collectifs » de vie attestent à la fois d'une rupture et d'une continuité encore prégnante de l'héritage maoïste qui a marqué leur jeunesse (modèle du sacrifice et de l'héroïsme, « servir le peuple »). Ces phalanstères fonctionnent comme une « famille heureuse », dans le partage des tâches, des diverses compétences et des responsabilités d'animation et de gestion, s'ouvrant sur une reformulation de leurs expériences généalogique et biographique, autrefois mutisées, recoupant les grands moments de l'Histoire collective mouvementée depuis les années 1949. Les parents de « fous stabilisés » qui atterrissent dans un collectif de jour après un long et chaotique parcours de soins vivent cet espace comme une oasis de solidarité à condition de mettre hors champ leurs blessures individuelles liées à toutes les convulsions idéologiques qu'ils ont subies et qui ont pu rendre fou un proche. Comme le notait déjà Gregorio Bermann (1974 : 169) après ses visites en 1955, 1965 et 1967 dans les hôpitaux psychiatriques de Nanjing et Pékin et après avoir entendu les récits des « conversions idéologiques » successives : « Est-ce que les étrangers se rendent compte qu'il y a des milliers de conversions subites ou lentes qui transforment une personnalité ? Le pathétique de chacune de ces conversions, les processus de transformation de soi-même, les dures séances de critiques et d'autocritiques, la lutte personnelle, puis avec ses parents, entre époux, membres d'une même famille et amis, constitue un long et difficile processus. »

Les parents d'enfants autistes appartiennent à une génération plus jeune (post-1970 et post-1980). Sont mis en exergue les rapports de domination normatifs de l'État-parti dans la vie privée. Dans le cadre de la loi de 1979 qui impose l'enfant unique dans un système de parenté patrilinéaire, les situations qui contreviennent sont particulièrement dramatiques surtout pour les femmes (perte de l'emploi, amende élevée, avortements provoqués, honte et sanctions). L'enfant mâle tant attendu est à l'origine de multiples stratégies de dissimulation de la grossesse. À sa naissance, l'enfant est caché, mis en tutelle souvent chez ses grands-parents. Honte, double culpabilité des parents et surtout des mères qui ont donné naissance à un enfant autiste, donc doublement hors norme.

Quant au troisième ensemble de thèmes, un chapitre est consacré au *gender studies* portés par des femmes universitaires aux statuts divers et qui, dans leur rencontre avec ce champ d'études, parlent d'une illumination qui leur a permis de penser autrement leur condition sociale et politique marquée par les discriminations qui les affectent, que ce soit dans la famille, l'éducation, le marché du travail et la profession. Les plus âgées parlent d'un processus de libération dont le point de départ n'est plus un garant symbolique (tel que Mao a pu l'être), mais le message rencontré lors d'une bourse d'études dans une université américaine ou lors d'un stage à Hong Kong. Le message est sommaire, total dans sa formulation : être soi et s'engager personnellement ou collectivement contre toutes les injustices mentionnées, y compris dans le combat sur le front académique pour l'implantation des « études de genres ». Certaines d'entre elles, dans le souci d'allier marxisme et féminisme, militent dans le cadre de la Fédération des femmes, afin d'influencer, donner des conseils, participer aux décisions. Si la diversité de ces engagements rappelle les divers courants du féminisme en France dans les années 1970 et 1980, il ne reste pas moins que ces études ont des effets fulgurants, comme le souligne fortement Monique Selim, « ouvrant une brèche énorme dans le corps politique et social : le droit à la jouissance subjective, non finalisée, échappant aux armatures de l'efficacité reproductive, économique et politique » (p. 198).

Les deux autres terrains, celui des femmes diplômées des grandes universités cantonaises et celui des journalistes et éditrices, ont en commun de saisir de l'intérieur, à partir d'itinéraires propres, la manière dont elles construisent à la fois leur vie matrimoniale, familiale et professionnelle. Le constat d'un *double bind* que leur imposent les deux marchés (celui du mariage et celui de la profession) laisse peu de marge aux plus jeunes, celles nées après 1980, pour lesquelles il vaut mieux sacrifier la profession plutôt que d'être une « femme restante ». Par contre, les plus âgées, « protégées » des lois des deux marchés, évoquent un autre temps où l'égalité leur avait permis de se dégager d'un conservatisme social qui, aujourd'hui, contraint fortement leurs cadettes. Quant aux femmes journalistes, elles sont confrontées aux mêmes problèmes professionnels que leurs camarades masculins (enveloppes rouges et harcèlements divers concernant le recueil des informations, écriture d'articles sur des thèmes dits “sensibles”). Les solutions pour les cantonner dans un journalisme supposé féminin, les dédiant aux thèmes liés à l’aménagement de la vie quotidienne (agriculture biologique, écoles, transports, projet de toilettes publiques pour femmes, investigation dans les centres pour handicapés…) se sont vite avérées une pure illusion tellement ces thèmes sont toujours très lourds d’implications politiques.

La conclusion de l’ouvrage reprend d’une manière serrée la réflexion apparue çà et là concernant la spécificité des relations entre l’État-parti et le marché, le marché et la question éthique exprimée dans les revendications *grass root* des citoyens. Cette réflexion situe l’expérience chinoise dans un cadre plus large et nous interroge sur ce qui fait l’unité structurante des deux faces jamais conciliables de notre nouvelle historicité, dans laquelle toutes nos sociétés sont embarquées : l’opposition entre une économie financière globalisée d’une part et les exigences et les droits du sujet humain de l’autre, signant les tensions, les pratiques et la nature des conflits où paradoxalement le sujet de droits est à la fois un objet de marché et le sujet de l’éthique.

Des terrains et des acteurs qui se recoupent

Groupe d’homosexuels (Wenjing Guo) et mères de l’école Steiner (Monique Selim)

Il s’agit de deux terrains aux thèmes bien différents qui nous interrogent sur le rôle et la fonction symbolique des mères en Chine, renouant avec des réflexions déjà abordées il y a plus de quarante ans par Julia Kristeva (1974). Le rôle des femmes et la fonction de la famille ont, en Chine, une spécificité que le monothéisme occidental ne connaît pas. « Si l’on n’est pas sensible aux femmes, à leur condition, à leur différence, on rate la Chine. Ce n’est même pas la peine de s’y intéresser » (1974 : 15), disait-elle. Wenjing Guo nous relate l’expérience de la mère d’un homosexuel, connue sous le nom de « Maman Shang », qui crée un blog en 2008, espace de communication globale, et qui permet à de nombreux homosexuels hommes ou femmes de construire leur représentation sexuelle hors de l’aberration où les confine le regard social, les aidant à exister individuellement et/ou collectivement. Ce blog sera aussi à l’origine de la mise en place d’une structure, la FPAH (familles, parents, amis des homosexuels) qui, ne trouvant aucune acceptation dans le cadre des organisations sociales légitimes, s’inscrit dans un premier temps dans le cadre de la lutte contre le Sida, lutte tolérée et même soutenue par le gouvernement et les fonds internationaux. En 2012, le débat est vif entre Maman Shang et le cofondateur qui s'est lancé dans un élargissement de la lutte contre la discrimination des homosexuels, pour la légalisation de leur droit au mariage et qui s'implique aussi dans les causes liées au genre, tel le réseau LGBT. Pour elle, cet élargissement est risqué et va à l'encontre de la représentation des femmes en tant que « mères » (de et pour tous les homosexuels) selon les normes sociales chinoises. Elle défend l'apparence apolitique de son blog qui, par sa dimension privée et familiale, la protège des affrontements politiques.

Dans un tout autre registre, ce sont les mères de l'école Steiner, située à la périphérie de Canton, qui nous offrent dans le cadre de cette école alternative et d'un cadre de vie en accord avec la nature et le développement personnel, la vision de ce que peut être « une institution féminine totale ». Elles « font carrière » pour leur enfant, font couple avec lui, réaménagent les agencements familiaux dans la disjonction des lieux de vie (les maris demeurés sur leurs lieux de travail assurent le financement), et elles se prennent à rêver à vieillir ensemble dans cette communauté/famille de femmes.

Ces deux terrains, apparemment éloignés, mériteraient d'être approfondis dans le sens d'une recherche sur les modes d'anxiété et de défense des femmes appartenant à la société chinoise androcentrée actuelle. N'étant plus instituées par la parole d'un père symbolique comme à l'époque maoïste, c'est à travers leurs fils et à leur corps défendant qu'elles se réalisent. Vestiges d'un premier modèle familial à filiation matrilinéaire, présence en pointillé du taoïsme ?…

Combat environnemental (Wenjing Guo) et quête de la nature (Monique Selim)

La croissance dans laquelle s'est engagée l'État chinois se traduit aussi en termes de dommages : pollution, problèmes de santé publique, nuisances et déchets de différentes natures. Monique Selim nous présente des « écophiles » aux multiples profils qui puisent leurs informations sur l'Internet (biodiversité, changement climatique, écologie, santé, nutrition), construisent leurs itinéraires personnels ou collectifs et évoluent au sein d'une Nature supposée bienveillante. Certains défenseurs de la baisse d'émission de carbone postent sur l'Internet des propositions innovantes pour chaque jour de la semaine, prônent l'usage de la bicyclette pour la ville de Canton, organisent des camps d'été dans les sites naturels de la province et sont par ailleurs engagés dans la protection des animaux sauvages (pourtant appréciés dans la cuisine cantonaise), pour lesquels ils reçoivent des financements étrangers (*Ford Foundation, World Conservation Society*-WCS). Des jeunes Cantonais post-1980 s'étant installés dans la vie (mariage, profession, enfants) s'interrogent sur leur environnement terriblement pollué et cherchent à se nourrir sainement. Pour eux, l'aventure de la nature est centrée sur la recherche de fournisseurs/cultivateurs de denrées saines et fraîches qu'ils trouvent souvent auprès des minorités Yao et Dong qu'ils exhortent à la reconversion des terres en agriculture biologique.

Comment passer de la sensibilité de ces classes moyennes urbaines à la question environnementale, à la cause de villageois expulsés de leurs terres ou encore à une mobilisation dans leur contexte urbain immédiat ? C'est ce que nous donne à voir Wenjing Guo à travers l'action d'internautes propriétaires, habitants de classe moyenne, dans un condominium, Jardinaqua, situé à Panyu (ville séparée de Canton par la rivière des Perles et reliée par un pont). C'est sur le forum privé de ce condo qu'ils lanceront leur mobilisation contre la construction imminente d'une usine d'incinération des déchets annoncée en 2009. L'Internet jouera un rôle crucial dans la recherche d'informations techniques et scientifiques concernant la pollution induite par ce type d'usines ainsi que dans le lancement de diverses mobilisations. Leurs luttes n'auront rien de virtuel, et c'est dans la confrontation avec les instances locales qu'ils prennent conscience des dimensions insoupçonnées de leur adversaire (coalition d'intérêts entre des fonctionnaires locaux et l'entreprise chargée des travaux) et qu'ils expérimentent une sorte de démocratie à la base qui fortifie dans un premier temps leur identité de groupe. Face à cette mobilisation dont les retentissements sont à la fois nationaux et internationaux, la mairie de Panyu annonce la suspension du projet en raison de la préparation de la ville de Canton aux Jeux asiatiques de 2010. La mobilisation retombe. Pour les uns, indifférents à la cause environnementale globale, l'usine peut être construite plus loin, pour les autres, le début d'une prise de conscience les amènera à fonder la « Famille verte » en 2010. Les groupes de *chat*, les thèmes de discussion sur l'Internet permettent d'élargir leur horizon sur la question des déchets recyclables et les solutions à envisager : bénévoles de différents condos mobilisés pour le tri des déchets, création d'un modèle de tri à la chinoise pris en charge « par les forces populaires » et reproductible à l'échelle de toute la Chine. Sans poursuivre les péripéties du mouvement, quelques militants de la première heure fonderont un an plus tard *Eco City* qui répond mieux, selon eux, à un souci d'efficacité et d'expansion de la lutte et se propulseront parallèlement sur d'autres fronts citoyens et philanthropiques (telle la cause des enfants perdus ou des malades sans ressources). Ils se perçoivent comme des éveilleurs de conscience, des consultants, des passeurs, des médiateurs pour une coopération entre les autorités et les citoyens. *Eco City* est typique de ce qui, dans une ONG, concilie la conviction et la responsabilité personnelle avec l'idée de *gongyi* mise en avant par le gouvernement dans sa version de la « société harmonieuse ». Le parcours d'Alon que retrace Wenjing Guo (2015 : 238-257) est exemplaire et fort représentatif d'un acteur social qui maintient la tension entre la liberté d'expression populaire et le contrôle des pouvoirs publics, lucide aussi sur le piège du militantisme bénévole lorsqu'il se convertit en profession au sein de ces nouvelles « organisations sociales ». Pour Wenjing Guo, « il n'est ni une exception ni un cas atypique dans les dynamiques sociales et politiques en Chine » (2015 : 253).

Mobilisations urbaines (Monique Selim.), en quête du patrimoine culturel cantonais (Wenjing Guo.)

Les actions des microgroupes d'internautes activistes regroupés autour du site G 106 (2008), fondé par des lycéens post-1990, et de Lingliai (2010) ne sont pas sans rappeler celles de la *Cantonese Association* créée en 2004 et sur le site de laquelle, à l'échelle mondiale – diaspora cantonaise oblige ! –, toutes sortes de propositions d'actions étaient mises en ligne et actées contre le dépérissement de la langue cantonaise face à l'imposition de l'usage du mandarin dans l'Éducation nationale. Ce front culturel et linguistique a toujours été largement soutenu par la presse locale et régionale. Mais c'est le programme de rénovation urbaine de Canton et la démolition des vieux quartiers commencée il y a une dizaine d'années, ainsi que la proposition de la conférence consultative de la province du Guandong en 2010 en vue de diminuer le nombre des émissions en cantonais à la télévision, qui mettent le feu aux poudres, ravivent les débats sur l'Internet et dans la presse locale, et conduisent à de nombreuses manifestations centrées sur la défense de la langue et de la culture cantonaises. La mobilisation des jeunes internautes autour de la démolition d'un vieux quartier, pose la question : que conserver, pour qui et comment ? Depuis 2008/2009, ils organisent les visites guidées du quartier, dispensent des cours de langue cantonaise, produisent un documentaire, récoltent les récits de mémoire des derniers habitants (fragments d'une histoire proche ou plus lointaine qui risque d'être balayée, qui les concerne directement car ils sont nombreux à y avoir habité, eux ou un des membres de leur parentèle, avant d'avoir été relogés à la périphérie de la ville), présentent une exposition de photos et même un dossier d'évaluation du plan d'urbanisme, toute chose qu'ils incluront dans leur projet pour se constituer en ONG. Pour le gouvernement central et celui de la province, très soucieux de présenter une image multiculturelle et multiethnique de la Chine, Canton est bien le lieu idéal pour la promouvoir dans la mesure où aucune velléité d'autonomie territoriale ou politique ne s'y pointe. Pour les jeunes urbains éduqués, diversement mobilisés autour de la « réhabilitation » des vieux quartiers, leurs projets rencontrent le grand marché de l'écotourisme national et international et correspondent aux ONG bénies par le gouvernement et les injonctions de l'UNESCO sur la conservation du patrimoine matériel et immatériel. Étrange lutte urbaine que celle qui laisse hors champ les habitants du quartier, auxquels ils ne prêtent souvent aucune autre aspiration que celle de faire monter l'indemnité au déguerpissement !

Au terme de ce parcours,

L'originalité et le grand intérêt des deux ouvrages n'est ni dans le traitement des institutions ni dans l'examen de la littérature sur l'Internet, mais dans la saisie du moment particulier situé en amont d'une possible institutionnalisation des luttes, c'est-à-dire celui de la captation de ce qui est au plus proche de ce qu'Alain Touraine appelle un mouvement social dans une société moderne, mélange d'approches subjectives et d'exigences morales qui mettent en débat le sens de l'engagement des acteurs dans les organisations légales qui leur seront proposées. L'expérience de chacun dans son for intérieur tisse la toile de cette marche vers la démocratisation qui s'éprouve dans ce que chacun vit et dit à la croisée de ses relations professionnelles, affectives et militantes.

Pour les générations jeunes, c'est l'entrée massive dans la société de consommation et l'usage de l'Internet et des réseaux sociaux qui leur permettent de se rendre visibles et expressifs de leurs droits, de leurs indignations et de leurs mobilisations pour une société civile à ses balbutiements. Ici, les consommateurs tout comme les usagers des NTC devancent ce qui relève des normes, du droit et de la société civile dans sa distanciation avec l'État-parti autoritaire, lequel laisse très peu de place à l'élaboration d'un système politique proprement dit.

Dans les deux ouvrages les acteurs ne sont jamais réduits aux effets produits par la situation, même si le comportement de ceux qui exercent l'autorité détermine fortement les conduites de ceux qui leur sont soumis. C'est en renversant ce raisonnement et en partant des buts des acteurs, en tenant compte de leurs revendications et des propositions de ceux qui participent à une action collective et qui en attendent des résultats pour eux en terme de condition de travail, de sécurité financière et de reconnaissance, que ces deux ouvrages signent leur posture propre tout en s'inscrivant dans une réflexion de l'ici et du maintenant.

L'objectif des actions présentées a résidé davantage dans l'action elle-même, expressive, plus que dans son résultat. De nombreuses mobilisations ont tellement transformé les participants que l'expérience libératrice et le vécu démocratique a pu l'emporter sur les résultats escomptés, expérience et vécu qu'ils gardent comme un capital, une ressource pour l'action d'un lendemain à mûrir. Les auteures ont pris la peine de nous transmettre la capacité de voir, d'analyser et de concevoir de ces citoyens qui fonderont la « société civile de demain », les laissant formuler la nature de ce qui les menace, ainsi qu'un ensemble propre des manières de faire reconnaître leurs droits.

Il est vrai que peu de place a été accordée à la face sombre de la société chinoise, ici cantonaise dans les ouvrages présentés et qui, comme toutes les autres sociétés prises dans la globalisation, défendrait, d'une part, la violence de l'État-parti dans sa rhétorique sécuritaire et, d'autre part, le désir de sécurité de ses citoyens, qui seraient prêts à le lui rappeler si celui-ci venait à faillir. Avançant sa volonté de moralisation des institutions politiques et sociales, l'État-parti n'a d'ailleurs pas tardé à durcir la censure en 2014, à adopter en 2015 la loi sur la Sécurité nationale qui relève désormais du devoir des organisations sociales et de tous les citoyens, et en 2016 à promulguer celle sur les ONG étrangères, dont le ministère de tutelle passe des Affaires sociales à la Sécurité publique. Contraintes par de nouvelles mesures juridiques et légales, l'espace d'expression des organisations sociales et des associations en est fortement affecté, possibilité dont elles jouissaient, même faiblement, dans la période couverte par les deux ouvrages.

Sans céder aux sirènes des seules analyses institutionnelles desdits appareils idéologiques et politiques et au poids toujours plus contraignant d'un capitalisme global et financier, les deux auteures poursuivront les trajectoires des acteurs pris dans l'étau de ce nouveau contexte inauguré en 2014. Terrains et analyses alimentent leur ouvrage *Des sexualités globalisées à l'avant-garde ?* (Selim & Guo dir., 2017).

Références bibliographiques

BERMANN Gregorio, 1974. *La Santé mentale en Chine*, trad. française d'A. Barbaste, Paris, F. Maspero.

GUOBIN Yang, 2011. *The Power of Internet in China. Citizen Activism Online*, New York, Columbia Universit Press.

GUO Wenjing, 2015. *Internet entre État-parti et société civile en Chine*, Paris, L'Harmattan, 329 p.

KRISTEVA Julia, 1974. *Des Chinoises*, Paris, Éd. des Femmes.

SELIM Monique, 2013. *Hommes et femmes dans la production de la société civile à Canton (Chine)*, Paris, L'Harmattan, 304 p.

SELIM Monique, GUO Wenjing (dir.), 2017. *Des sexualités globalisées à l'avant-garde ?*, Paris, L'Harmattan.

Comptes rendus

Pierre NAVILLE, *Vers l'automatisme social ? Machines, informatique, autonomie et liberté*, Paris, Syllepse (Mille marxismes), 2016, 328 p.

Avec *Vers l'automatisme social ?*, Pierre Naville propose une interprétation globale des transformations du travail et de l'emploi survenues au cours de la vague d'automatisation d'après-guerre, caractérisée par la diffusion des microprocesseurs dans l'industrie. Non limitée à une simple description des conséquences techniques qu'entraîne l'automation pour les entreprises et les salariés concernés, l'originalité de l'analyse de Naville se trouve dans la recherche de la signification profonde de l'automatisme comme rapport entre hommes et machines. En effet, aux chapitres plus empiriques consacrés à l'application concrète de l'automation et son étendue dans l'industrie et la société, le sociologue français enquête sur les transformations du rapport homme/machine sous l'angle de l'aliénation au travail.

Pour la rédaction de cet ouvrage, l'auteur s'appuie sur un ensemble d'études menées dans des usines en France dont les données sont élaborées et communiquées entre 1955 et 1962. Un premier rapport de synthèse des résultats fut publié au CNRS en 1961 sous le titre *L'Automation et le travail humain*. La première édition de cet ouvrage est parue en 1963 chez Gallimard avec le titre *Vers l'automatisme social ? Problèmes du travail et de l'automation*. La version publiée par l'éditeur Syllepse en 2016 constitue la deuxième édition existante en langue française. Outre le texte original de Naville, on y trouve une préface de Pierre Cours-Salies, ainsi que trois autres textes figurant en annexe de cette nouvelle édition : un entretien de Pierre Naville avec *France Observateur* (daté du 21 novembre 1963), un entretien réalisé avec Jean-Marie Vincent publié sur la revue *Critique de l'économie politique* (octobre-décembre 1977) et la traduction de la préface à la seconde édition espagnole de l'ouvrage (Mexique, 1980).

Dès les premières pages, l'auteur donne une définition technique de l'automatisme, entendu comme « le système qui se meut lui-même, autrement dit qui dispose en lui, ou dans un système associé, de sa propre source d'énergie » (p. 92). Selon cette définition, sous le terme « automates », nous pouvons donc regrouper tous les dispositifs fonctionnant sur la base de l'application de processus automatiques à n'importe quelle activité, ce qui exclut l'intervention de l'homme dans le mouvement de ceux-ci. L'automatisme remonte à l'histoire de l'humanité. Au fil du temps, celui-ci s'est étendu et a englobé plusieurs dimensions. Si le piège du chasseur peut être considéré comme étant le prototype ancestral d'une machine automatique (celle-ci développe la capacité de déclencher une action autonome dans autre chose que son corps), avec la machine à vapeur du XVIIIe siècle, l'automatisme est envisagé sous l'angle de la conservation et de la dégradation de l'énergie. À l'époque de Naville, l'électricité, les gaz, le pétrole, l'énergie électronique et nucléaire fournissent des énergies continues, plus puissantes et mobiles par rapport à la vapeur. De plus, la technologie de la chimie et de la pétrochimie impulse l'automatisme. Dans ce cadre, celui-ci « ne s'appuie plus seulement sur la répétition autonome d'un cycle de mouvement mécanique ; il dérive d'un enchaînement dûment organisé et contrôlé de réactions internes de la matière à traiter (dans certaines conditions de température, de pression, de volume, de densité, etc.) » (p. 92).

C'est d'abord la réalité empirique de ce nouveau type d'automatisme qui suscite l'intérêt du sociologue. Au cours de ses enquêtes, Naville constate d'abord un déséquilibre dans le degré d'automatisation entre les différents départements d'une entreprise, les entreprises d'une même branche et les entreprises des branches différentes. La première conclusion qu'il en tire est que l'automatisme n'est pas un phénomène homogène. Son développement dépend moins des facteurs purement techniques que des conditions sociales et économiques de production. Les investissements, les perspectives de marché, les garanties étatiques et la centralisation des transports influencent les choix techniques de production et le développement de l'automation (p. 107).

L'impact de l'automatisme sur la structure de la main-d'œuvre industrielle s'exprime, selon Naville, sur quatre niveaux. Tout d'abord, les *changements quantitatifs* concernent les variations relatives aux différentes catégories d'emploi et les déplacements/remplacements du personnel d'un atelier à l'autre au sein d'une entreprise. Sur le premier aspect, Naville souligne comment, en cas de suppression d'emplois, il est difficile d'établir quelle est la part qui revient à l'automatisation et celle qui revient à des conditions économiques générales. Au niveau de l'entreprise, les transferts internes impliquent un reclassement qualitatif du personnel, une modification des qualifications requises, l'adaptation de la formation pour ces qualifications, etc.

D'autre part, les *changements structurels* entraînent l'éclatement d'anciens métiers, d'anciennes catégories de qualification et/ou d'emplois non qualifiés ; une nouvelle division du travail au sein de l'atelier dès lors s'installe (p. 124). Bien que la structure intégrée du système de production automatisé exige la continuité dans la production, les temps d'arrêt sont courants. Le travail d'entretien et de surveillance devient donc crucial. Il s'agit d'un travail différent de celui de la chaîne en marche et voué de plus en plus au maintien du fonctionnement correct du cycle automatisé. On assiste à une séparation technologique entre opérations de fabrication et de contrôle et une réintégration des tâches d'entretien dans le secteur productif. L'entretien n'est plus une tâche annexe, mais devient une forme directe du rapport de l'homme avec la machine en fonctionnement (p. 159). Les ouvriers d'entretien augmentent et leur prestige et la qualification sont supérieurs aux ouvriers de fabrication classique.

Selon un troisième niveau, il y a aussi un *changement de valeur* dans la mesure où l'automatisme engendre une mutation dans la définition traditionnelle du rendement au travail. En effet, dans un système automatisé, l'individu ne peut plus être rapporté exclusivement à son propre travail individuel. Le rendement est strictement programmé dans et par la machine. Les différents opérateurs remplissent des fonctions variées qui exigent des qualités momentanément différentes, dont la responsabilité collective est la plus recherchée en raison de la valeur du matériel utilisé et du coût engendré par des interruptions de la production. Dans ce cadre, le travail au rendement individuel disparaît progressivement pour faire place à des formes de travail au rendement collectif (prime de productivité par ateliers ou au niveau de l'entreprise ; p. 137).

Enfin, on assiste aussi à un *changement de comportement* des salariés dans la production automatisée. Alors que celle-ci permet de diminuer le temps de travail passé sur les machines, les « vides » qu'elle produit ne sont pas comblés par des loisirs, mais par des activités annexes telles que les contrôles supplétifs, conférences et cours de perfectionnement, réunions de mise au point, etc., c'est-à-dire des activités mises au service des affaires de l'entreprise (p. 140).

Pour Naville, les changements empiriques induits par l'automatisme altèrent les formes classiques de l'aliénation que connaît l'ouvrier à la chaîne de montage et qui ont été analysées déjà par Karl Marx. Dans l'industrie, ce type d'ouvrier est à la fois soumis à un outillage qui ne lui appartient pas, séparé du produit de son travail et subordonné à une classe sociale adverse. Il est isolé par rapport à l'ensemble du procès de production ; il manque d'emprise sur les décisions de production et l'organisation rigide de son travail limite le développement de relations sociales. Le travail vivant objectivé dans l'outillage et les machines apparaît comme une puissance qui domine le travail vivant effectué par les ouvriers au cours du procès de production. Dans ces conditions, le système automatisé des machines devient le *sujet* réel de la production alors que l'ouvrier n'est qu'un *objet* subordonné à la force motrice centrale des automates (p. 289).

Dans l'entreprise automatisée, écrit Naville, il y a *renversement dialectique du rapport entre sujet et objet*. Hommes et machines entretiennent une *relation d'indépendance mutuelle relative* dans la mesure ou « l'auto-asservissement devient un des principes internes du fonctionnement des systèmes automatiques » et les travailleurs « commencent à s'émanciper de la tutelle directe du capital matérialisé dans ces systèmes » (p. 286). Cela est dû à la dissociation entre les opérations des machines et les opérations des hommes impulsées par l'automation. Cette dissociation a un effet ambivalent. Si elle accentue l'aliénation de l'individu, devenu de plus en plus étranger au fonctionnement des machines, elle permet aux hommes d'assurer indirectement un contrôle plus complet sur un cycle de production donné. De plus, il semble que l'automatisme permettrait une liberté accrue pour l'individu. Sa mobilité au sein de l'entreprise s'accroît et, en raison des exigences techniques accrues, son intégration dans l'équipe de travail est renforcée.

Il y a aussi une distanciation entre l'homme et la matière œuvrée. Les opérateurs humains se préoccupent de moins en moins de chacune des opérations techniques effectuées par les machines. Ils se limitent à contrôler celles-ci par l'intermédiaire de signaux et de mesures qu'ils interprètent et auxquels ils réagissent par l'émission d'autres signaux. Dès lors, les opérateurs voient leur connaissance sensible de la matière diminuer. Mais les tâches de surveillance et de contrôle obligent les salariés à mieux connaître une série de propriétés scientifiquement déterminées des matières et/ou des produits utilisés. En bref, l'individu perd le contact direct avec le matériau, mais il peut le retrouver par l'intermédiaire de mesures et de signaux, parfois à un niveau plus élevé de compréhension. Ce glissement des fonctions humaines vers une lecture ou interprétation de signes dans le procès de production constitue l'une des principales nouveautés causées par l'automation (p. 228). L'entreprise (ou l'industrie) devient un lieu où hommes et machines communiquent selon un langage commun codifié où les trois systèmes d'opérations matérielles, les signes d'interprétation et les actes humains sont en relation mutuelle. Cette connaissance reste toutefois potentielle, car elle suppose des programmes de formation, de polyvalence d'emploi et de participation des salariés à l'organisation (p. 235-236).

Cette distanciation entre homme et machine a un effet sur l'utilisation et la conscience du temps (p. 236). D'une part, l'automation implique une nouvelle structure temporelle axée sur la désynchronisation d'une série de rythmes de vie et de travail. À l'époque de Naville, les « 3 fois 8 » s'imposent comme norme temporelle et d'organisation du travail. D'autre part – et c'est l'élément central –, le rythme de travail des opérateurs ne correspond plus au rythme de travail des machines. Dans ce contexte, un paradoxe émerge. Si l'individu est plus libre par rapport aux rythmes de travail des machines, sa préoccupation pour le fonctionnement des machines devient constante. Cela engendre une succession de tensions et de relâchements, de vides, d'ennuis et d'alertes qui se traduisent par une conduite temporelle troublée (p. 237). Le temps de travail envahit le temps du non-travail.

Si l'automatisme contribue à la transformation des formes de l'aliénation classique, il ne conduit pas à son élimination. Le sentiment de dépersonnalisation et de désidentification entre l'homme et l'opération qu'il contrôle persiste. Pourtant, il acquiert une nouvelle connotation. Une sorte « d'aliénation positive » semble émerger de la dissociation des opérations effectuées par les machines et les hommes, ainsi que par la distanciation des hommes avec la matière traitée. Selon Naville, la connaissance accrue du procès de production et les opportunités des travailleurs et travailleuses s'élargissent. La technique favorise « la coopération intelligente entre les œuvres et les opérateurs, qui restitue au produit un caractère commun... » (p. 292). Ce concept d'aliénation positive prend tout son sens en relation à l'étendue de l'automatisme qui dépasse les frontières de la firme pour « couvrir tout système technique conçu et utilisé en vue d'un effet implicitement ou explicitement mesurable, quel qu'il soit » (p. 93).

Pour Naville, l'une des spécificités de la technique actuelle réside dans le potentiel du machinisme généralisé qu'elle entraîne dans des domaines variés comme les activités commerciales, les activités de communication, de gestion de soins, d'éducation, etc. En plus de cette unification des divers domaines de la vie sociale sous l'égide de l'automatisme, celui-ci stimule l'intégration des opérations, produit une évolution des principes qui gouvernent le travail automatique dans les domaines les plus divers vers la *simplicité* et l'*homogénéité*, implique une importance croissante du travail de conception, de préparation, d'expérimentation et d'entretien, accélère et multiplie des changements à un rythme inconnu jusqu'à présent. Enfin, il exige une capacité accrue de choix des hommes et une mobilité des produits, des services et des êtres humains (p. 297-298). Cet automatisme social implique une dépense nerveuse et sensorielle, ainsi qu'une éducation de plus en plus considérable pour les êtres humains. C'est dans ce sens que l'automatisme nourrit une conception plus large des capacités de l'homme et des ressources de la société (p. 299).

Face à la prolifération des rapports institutionnels et scientifiques sur le thème de la « digitalisation de l'économie » ou sur la « révolution numérique », souvent accompagnée par des discours alarmistes quant aux prétendus effets néfastes sur l'emploi, l'ensemble de textes recueillis dans le présent ouvrage fournit au lecteur des outils théoriques précieux pour appréhender ces nouveaux phénomènes sous l'angle du rapport entre hommes et machines. D'une part, l'automatisme est appréhendé dans sa totalité comme étant un phénomène social. Sa signification ne peut pas être réduite à la seule dimension technique. De plus, les orientations et l'étendue de l'automatisme doivent être recherchées avant tout dans la spécificité d'une période socio-économique déterminée, notamment en termes de perspectives économiques (profits anticipés), de structure des marchés, centralisation des transports, politique d'investissement, etc. (p. 107). D'autre part, l'analyse de Naville nous oblige à penser les effets de l'automatisme au-delà des frontières de l'entreprise, car celui-ci concerne toutes les sphères de la société (production, consommation, santé, transports, loisirs, etc.). Cela permet une prise de conscience autour des potentialités de l'automatisme en vue de la (ré)organisation de la vie en société sur la base d'une libération de la force créatrice des individus.

Mais pour que ces perspectives libératrices se réalisent, Naville appelle à une maîtrise collective de la technique. Cela implique la possibilité, pour les travailleurs et travailleuses, de prendre des décisions sur les orientations fondamentales du procès de production automatisée et d'en récolter les fruits en termes d'élargissement des connaissances et de partage du travail. Pour Naville, l'automatisme permet seulement de discerner une condition technique de la liberté de l'homme dans l'industrie, elle n'en crée pas par elle-même les conditions sociales. En effet, souligne l'auteur, « les conditions sociales, ce sont les hommes qui les déterminent, et non les machines » (p. 89).

En effet, souligne Naville, le potentiel d'émancipation de l'automatisme est tributaire de la force relative des « organisations ouvrières et sociales » de son époque. Selon l'auteur, celles-ci sont les seules à même de pouvoir contester le monopole des employeurs sur l'usage et l'application de la technologie en modifiant le rapport de force social en faveur des salariés. « Aujourd'hui, il revient aux organisations ouvrières et sociales, confrontées à ce gigantesque mouvement de l'automation que les savants ont mis en branle, la tâche d'en étudier le contrôle, qui ne peut être abandonnée aux financiers, aux fonctionnaires ou aux ingénieurs » (p. 89). Il est vrai qu'aujourd'hui la force de ces organisations n'est plus la même et les discours autour du potentiel d'émancipation des nouvelles technologies peinent à se faire entendre dans un contexte de crise économique et politique qui affecte à la fois la profitabilité des entreprises et les institutions contemporaines du capitalisme. Dans ce cadre, la monopolisation du discours managérial autour de la digitalisation de l'économie ou encore de la révolution numérique laisse entendre que l'usage des nouvelles technologies sera utilisé pour consolider le rapport de force en faveur des employeurs plutôt que pour favoriser la liberté des personnes, notamment celle des salariés.

Aris Martinelli
IDESO, Université de Genève (Suisse)

***

Valérie NÈGRE, *L'Art et la matière. Les artisans, les architectes et la technique (1770-1830)*, Paris, Classiques Garnier (Histoire des techniques 11. Série Recherche 7), 2016, 324 p.

Artisan, architecte, technique sont de ces mots communs qui ont l'apparence de l'évidence, mais qui s'esquivent dès qu'il s'agit de les cerner et de les définir plus précisément. C'est que ces catégories mouvantes ont une histoire, une genèse, une évolution et des représentations diverses, de la part des acteurs concernés eux-mêmes comme des autres. C'est à cette histoire que s'intéresse Valérie Nègre dans son étude intitulée *L'Art et la matière. Les artisans, les architectes et la technique (1770-1830)*, publiée dans la collection « Histoire des techniques » des Classiques Garnier en 2016. Avec ce livre, l'historienne se propose de « repenser ce groupe d'artisans et d'architectes constructeurs oubliés » dans leur manière de penser et représenter la technique, et plus globalement de repenser les rapports entre art, technique et société au début de l'époque contemporaine.

En situant son enquête à cheval sur les XVIIIe et XIXe siècles, soit aussi sur la limite conventionnelle entre époque moderne et époque contemporaine, l'auteure s'inscrit dans la lignée des travaux qui, en opérant de même, relativisent cette césure académique et soulignent les continuités et les dynamiques entre ces deux temps. Mais elle ne cherche pas ici à embrasser l'ensemble de ces deux siècles ; elle se resserre sur une période plus précisément circonscrite : les années 1770 à 1830. Elle part du constat qu'après 1830 et les Trois Glorieuses, les écrivains et les historiens de l'art se sont intéressés, voire enthousiasmés, pour la culture populaire et ses réalisations, et notamment aux objets des artisans considérés comme des émanations d'un art véritablement national et populaire, mais sans toutefois s'intéresser aux personnes des artisans. Par ailleurs, la fin du XVIIIe siècle est le moment où l'architecte s'affirme comme artiste et prend ses distances avec l'ingénieur et les artisans, les constructeurs. Le livre revient sur l'origine de cette esthétisation de l'architecture-pur produit de l'esprit en réfléchissant au contraire à sa matérialité. Si les architectes se détachent des constructeurs, à l'inverse, les années 1770 sont celles d'un mouvement de réhabilitation des « arts et métiers », dont témoigne par exemple l'*Encyclopédie*, dans un contexte où l'État encourage le perfectionnement des techniques. Les maîtres-artisans participent ainsi à la constitution d'un « espace public » de la technique et aux progrès de la construction. Les années 1770 correspondent aussi à un moment d'affaiblissement des privilèges de la librairie, ce qui permet la multiplication des écrits spécialisés, qui reflètent aussi l'intérêt de la société pour ces questions techniques. Confrontés à d'autres sources (rapports, maquettes, dessins…), ces livres permettent de s'intéresser aux savoirs des artisans dans la lignée de l'épistémologie artisanale proposée par Pamela H. Smith et du *material turn* de l'historiographie qui rompt avec la séparation entre l'esprit et la main, la *technè* et l'*épistémè*[1]. Enfin, en suivant l'auteure dans son enquête entre artisans et architectes, on comprend que dans cet espace socioprofessionnel émerge entre 1770 et 1830 la figure nouvelle du constructeur (le mot apparaît vers 1800). C'est ce mouvement qui constitue le véritable fil rouge du livre et qui lui donne sa cohérence. Valérie Nègre suit ce groupe des constructeurs à travers une série de portraits qui alimentent son analyse. Mais plutôt que de les présenter à la manière d'un dictionnaire raisonné, elle choisit trois entrées : « décloisonner les arts », « réinventer les matériaux » et « écrire, dessiner et modéliser la technique ».

La première partie s'organise autour de l'examen de plusieurs lieux de sociabilité : le Salon de la Correspondance, la Société pour l'encouragement des Arts, ainsi que trois sociétés révolutionnaires. La première, par exemple était fréquentée par Nicolas Fourneau, dont la figure se retrouve dans les autres parties du livre. Compagnon du Devoir et maître charpentier, il y expose régulièrement de nombreux objets, notamment les modèles et les maquettes qui l'aident lors des cours de dessin qu'il donne aux compagnons du Devoir. Loué dans ce salon, où les architectes se montrent peu, l'artisan est souvent reçu beaucoup moins chaudement par l'Académie d'Architecture, en particulier dès qu'il semble sortir de son domaine technique pour aller vers l'abstraction géométrique. La figure

---

1 Pamela H. SMITH, *The Body of the Artisan. Art and Experience in Scientific Revolution*, Chicago – London, University of Chicago press 2004. Cf. aussi Richard SENETT, *Ce que sait la main. La culture de l'artisanat*, Paris, Albin Michel, 2010.

médiatisée de Fourneau participe de cette revalorisation des Arts et Métiers qui marque la période et d'une critique des positions académiques. La Société d'encouragement des Arts n'est également fréquentée que par une dizaine d'architectes, dont un seul académicien. Ceux-ci sont plutôt des entrepreneurs, c'est-à-dire de ceux dont l'Académie cherche à se distinguer dans le même temps. Ils sont fils d'entrepreneur, habitués à côtoyer des milieux intellectuels et professionnels divers et ne se contentent pas de construire des maisons mais saisissent des sujets d'actualité pour présenter leurs projets d'édifices ou d'aménagement urbain à travers divers médias et ainsi se faire connaître. Tout en faisant la promotion des artisans, ces deux sociétés comptent finalement peu de maîtres. Les sociétés révolutionnaires se veulent plus démocratiques et plus ouvertes, et il s'y trouve en effet davantage d'artisans, mais elles n'échappent pas à une certaine fermeture par la suite. Le Lycée des Arts, par exemple, renonce à l'idée d'accueillir tous les hommes méritants, ce qui ne va pas sans alimenter quelques frustrations et désillusions. Cependant, en encourageant ces « praticiens », elles irritent l'Académie qui leur reproche d'envahir l'architecture d'ignorants.

La seconde partie consacrée aux matières explore une nouvelle approche de l'architecture, centrale dans la recherche de l'auteure (ainsi que le souligne le titre du livre lui-même). Les matières révèlent un décalage entre les critères rationnels d'utilité et d'économie, de l'Académie et des constructeurs, et les critères, moins rationnels, de dépassement de la nature et de recherche d'expressivité. Une première étude de cas retrace la mode éphémère du carton, critiqué pour son côté factice mais encensé par ailleurs pour ses aspects pratiques et ses qualités plastiques, y compris par l'Académie. La seconde est consacrée à « l'argile marbre » inventé par Léonard Racle. Artisan potier, architecte et ingénieur, revendiquant pour lui-même le titre d'architecte-artisan, admiré par Voltaire, il permet de revenir sur les figures de l'architecte et de l'artisan et sur la place de l'invention technique en architecture. Contre l'idée d'une inventivité artisanale innée et instinctive, Racle soutient que « le praticien inventif » raisonne. L'habileté technique de Racle associe deux éléments contraires (le marbre et l'argile) par une transformation radicale de la matière. Les ciments, enfin, comme ceux de Loriot, inventeur prolixe bien connu dans les années 1750-1780 et souvent primé, fascinent pour leur capacité à imiter et à surpasser la nature. Ce goût pour les matériaux factices exprime un mouvement d'esthétisation de la technique dès les années 1770. L'invention de Loriot est très populaire et bénéficie du soutien royal et de plusieurs académies (dont l'Académie des sciences), mais elle est en bute à l'hostilité de l'Académie d'architecture.

Les différentes façons de médiatiser la technique font l'objet de la dernière partie du livre. L'auteure y part d'abord à la recherche de la participation des artisans du bâtiment dans la *Description des Arts et Métiers* et dans l'*Encyclopédie*. Dans le premier, trois des quatre traités des arts de bâtir sont dus à des artisans. Dans l'*Encyclopédie*, les deux architectes Jean-François Blondel et Pierre Patte sont secondés, pour les dessins, par Jacques-Raymond Lucotte qui, par ses activités professionnelles, tient une position intermédiaire entre gens de métiers et architecte. Selon Valérie Nègre, « les savants font appel à des artisans sachant dessiner ». Le traité du charpentier Fourneau est aussi composé à partir des dessins qu'il utilisait pour ses cours. Donc, le savoir des artisans ne se transmet pas uniquement par la parole et le geste mais aussi par le dessin (et les modèles). Les praticiens se font connaître en multipliant les publications et en s'inscrivant dans un espace public de la technique. Toutefois, les architectes déprécient le savoir des artisans. Nicolas Le Camus de Mézières oppose « la théorie (éclairée par la science) à la pratique des artisans (« remplie d'erreurs ») ». Mais il critique également ses confrères trop préoccupés par le décor et qui dédaignent la construction. De même, Pierre Patte laisse volontairement de côté les écrits des artisans dans son ambition d'appuyer l'art de bâtir sur la science. Il distingue la construction de l'architecture et critique la faible compétence des architectes dans l'art de construire. Jean Rondelet pense lui-aussi qu'un architecte doit connaître la théorie et les opérations pratiques tout en repoussant la pratique des artisans auxquels il ne se réfère jamais. Ces trois-là ignorent les écrits des maîtres artisans pour mieux établir le statut de constructeur.

Certes, ces maîtres artisans qui savent écrire ne constituent sans doute qu'une frange du monde artisanal. L'auteure n'en est pas dupe et elle invite dès l'introduction à les prendre dans leur singularité et non comme des figures représentatives des gens de métiers dans leur ensemble. Évoluant dans un univers de praticiens riche et diversifié, elle semble parfois perdre son lecteur en route, notamment dans les deux chapitres consacrés aux toiseurs et à Jean-Nicolas Gardeur, qui fournit la Cour en objets en carton, qui ne sont ni maîtres artisans ni architectes, mais elle sait très bien rassembler les fils de sa démonstration dans la conclusion. Les entrepreneurs comme Gardeur et les toiseurs sont des praticiens de la construction. Autrement dit, ils appartiennent aux côtés des maîtres artisans et des architectes à ce monde des constructeurs qui s'affirme dans la période étudiée. Le livre est soutenu par une vraie thèse qui en fait la force et il se lit aisément grâce à une écriture précise mais simple et fluide qui a su éviter le piège du jargon technique.

Cédric PERRIN

***

Bruno TEBOUL, *Robotariat. Critique de l'automatisation de la société*, Bluffy, Éd. Kawa, 2017, 251 p.

L'ouvrage de Bruno Teboul, préfacé par Yann Moulier Boutang et postfacé par Ariel Kirou, est un travail critique ambitieux, novateur et original. Il aborde un champ très large et la totalité des effets de la numérisation et de l'automatisation ; il se positionne politiquement avec clarté. L'auteur est un adepte du *peer to peer*, de l'économie du partage et de la distribution, du *free speech*, *free of charge*, c'est-à-dire de l'univers potentiel du web générique d'avant les plateformes, les GAFA, les monstres prédateurs et le « dataclysme ». Dans une partie consacrée à la cybernétique, B. Teboul rappelle que Wiener soulignait la nécessité de socialiser la cybernétique au risque d'une catatrophe. Il regrette : « … il ne s'agit plus de connaître le pourquoi mais seulement le quoi ».

L'auteur mène une charge vigoureuse contre la gouvernementalité algorithmique et voit dans la « datafication » une forme de naturalisation et la forclusion de l'émancipation : « La gouvernementalité algorithmique tend plutôt à forclore de telles perspectives d'émancipation en repliant le processus d'individuation. » Le monde qui se dessine se présente comme un double du monde statistique peuplé de *data*, dans lequel le sujet politique a perdu sa liberté et son autonomie. Cette « disruption destructrice » produit un nouvel « élitariat » domicilé dans la *Silicon Valley*.

Aux prédateurs géants l'auteur oppose la permaculture, protégeant les hommes, la terre et une distribution équitable des ressources. Il dresse une critique argumentée des NBIC (nanotechnologies, biotechnologies, informatique, science cognitive) lorsque leurs prétentions deviennent démiurgiques dans l'idéologie transhumaniste.

Si cet ouvrage sillonne quelques pistes déjà tracées, l'un de ses mérites est d'appliquer des réflexions bien partagées et d'analyser les conséquences dans des secteurs tels que l'emploi, le revenu universel, l'ubérisation du travail, l'agriculture, la démocratie. Il va au-delà de la simple critique ou de la pure réprobation pour proposer des ouvertures souvent originales, politiques et sociales. En effet, réguler, encadrer, et par qui, ne suffit pas lorsque manque un projet alternatif véritable ici présent.

Bernard Hours

***

Michel LALLEMENT, *L'Âge du faire. Hacking, travail, anarchie*, Paris, Seuil (La couleur des idées), 2015, 441 p.

À distance des exigences imposées par le marché et les grandes organisations bureaucratiques, les membres des *hackerspaces* et autres laboratoires de fabrication font du travail une fin en soi, sans que personne ne s'impose d'objectifs, de délais, de contraintes. « Juste l'envie de faire pour soi. » Dans son introduction, l'auteur confirme cette définition et fait valoir que le *hackerspace* de la baie californienne constitue, selon lui, « un des meilleurs terrains pour apporter, à travers (l') anarchisme (des *hackers*), des éléments de réponse empirique à la question du capitalisme et de ses normes contestataires ». Le livre comprend trois parties : « Aux sources du mouvement faire », « Noisebridge » qui est le terrain-laboratoire des *hackers* inventorié par l'auteur, enfin « Le monde *hacker* aujourd'hui », avec ses terrains, ses figures et son rayonnement.

Dans la première partie, l'objectif de l'auteur est de comprendre comment, avec le mouvement faire, peut se manifester un tel désir de "bidouiller", qui tranche avec les représentations habituelles du travail. Bidouiller signifiant : « aimer triturer les choses, pouvoir imposer des trucs, explorer ».

Dans le premier chapitre sur le mouvement faire, l'auteur raconte la naissance, à Berlin, du *hacking* et son succès principalement aux États-Unis. Il montre qu'effectivement certains *hackers* sont entrés dans la mouvance capitaliste, notamment le fondateur de Apple. Il reste que « certains porteurs du mouvement, qui sont les premiers à en tirer des bénéfices pécuniaires, surfent aujourd'hui sur la vague du faire. Peu soucieux de gratuité, et très loin des mouvements sociaux anticapitalistes, ils soulignent la (pseudo) propension “naturelle” de chacun et de tous à devenir *hackers* ou *makers*. Nous naissons *makers*, certains d'entre nous peuvent devenir hackers ». Enfin, Lallement ajoute qu'« en rupture avec les anciennes représentations du travail, le *hacking* constitue un foyer de recomposition multiforme où des acteurs d'horizons divers agissent en fonction d'un nouveau modèle de société dont les contours exacts restent à définir. »

Sur ce point, bien que séduit par son argumentation, nous ne pouvons, pour notre part, suivre l'auteur. Il est impossible, à partir d'une tentative tout à fait légitime de la part d'individus et non de groupes sociaux, de prétendre créer une ébauche d'institutionnalisation de leurs actes, de leur vécu apparemment commun, d'y voir des « recompositions multiformes » (autrement dit des formes sociales) et encore moins de soutenir que ces recompositions concourent à la définition éventuelle d'une nouvelle société.

Dans le deuxième chapitre, intitulé « D'est en ouest », qui constitue une brève histoire des *hackers*, l'auteur note que la première génération de hackers avait pour ambition de faire de l'ordinateur un outil d'émancipation, de contestation antibureaucratique et non un instrument de contrôle collectif. Il rappelle qu'il ne faut pas confondre les crackers qui tendent de dérober des données grâce à l'informatique avec les hackers dont les exigences éthiques sont réelles. Mais nous ajouterons qu'on ne sait trop si elles font référence à un politique déjà présent dans la société moderne, même si les visées du libéralisme économique et du néolibéralisme autonomisent par trop l'économique et, dans sa suite, le travail.

Le troisième chapitre, « Le creuset californien », insiste tout particulièrement sur le fait que, pour beaucoup d'ingénieurs, l'ordinateur porte les mêmes promesses que le LSD, à savoir participer à l'extension des capacités de l'esprit humain et à la création d'une nouvelle activité économique. Pour ce faire, Google a organisé, pour ses ingénieurs, un « petit paradis » en Californie. Il y a, de plus, une homologie entre la culture Google et la contre-culture californienne. L'idée de Google est de laisser aux ingénieurs un temps d'autonomie dans leur travail, car c'est dans ce temps que se multiplient les inventions et créations. Mais les pratiques sociales qui résultent de cette liberté peuvent être et sont le plus souvent en contradiction avec celles des *hackerspaces* de la baie californienne.

Dans le quatrième chapitre, « *Hackers* et *hackerspaces* de la baie », l'auteur montre que le petit groupe des producteurs de la baie fonctionne en prenant toutes ses décisions sous une forme consensuelle, comme s'il s'agissait d'un contre-modèle à la grande firme américaine.

La deuxième partie, sur *Noisebridge*, rappelle d'abord que le *hacking* bouscule les formes traditionnelles d'activités productives. Le faire crée du lien social, selon Lallement. Est-ce si sûr ? Ne s'agit-il pas plutôt de liens interindividuels qui pourraient ou non devenir des liens sociaux ? La plupart des individus *hackers*, hommes ou femmes, notamment à *Noisebridge*, sont issus des classes moyennes supérieures.

Le cinquième chapitre, « Faire communauté », à partir d'une multitude d'exemples que nous ne pouvons citer, montre au lecteur que le mythe fondateur qui, aux États-Unis, assure l'éthique de l'égalité (communautaire), et la croyance que le progrès économique sert la cohésion sociale est travaillé par une tension irréductible qui oppose, d'un côté, l'exaltation de la réussite, du succès, de la confiance en soi, de l'intérêt individuel, de l'autonomie, et, de l'autre côté, l'altruisme, le lien social, la solidarité, le partage des valeurs communes. *Noisebridge* témoigne de cette tension. Son projet est de permettre à chacun de faire ce qu'il aime, de travailler comme bon lui semble, de *hacker* (bidouiller) en toute quiétude. N'importe qui peut passer la porte, se servir d'un outil ou s'installer derrière un ordinateur. La communauté et ses projets ne s'opposent pas nécessairement à l'individu et à ses envies. Il s'agit de transformer une activité normale en un travail conforme aux valeurs du monde *hacker*.

Sur ce point, on peut faire valoir qu'il s'agit toujours d'individus, de leurs envies, et de la manière dont ces hommes et ces femmes, avec leurs envies, parviennent à constituer une communauté, à ne pas s'opposer à elle, ni elle, lorsqu'elle est constituée, à ceux et celles qui y sont, à ceux et celles qui y viennent. Mais, là-dedans, où est le politique ? Où est le social par rapport au politique ? Il semble que tout parte de l'individu, des individus, dans le meilleur des cas d'un lien social sans rapport social. Quel rôle peut jouer *la* politique ? Et en quoi la communauté peut-elle agir sur *le* politique et sur *la* politique ?

Le chapitre sixième s'intitule significativement « De l'éthique à la pratique ». Par exemple, selon l'auteur, la reconnaissance que les *hackers* peuvent tirer de leurs activités démultiplie en retour le plaisir de *hacker* et la capacité de faire. L'auteur n'évoque pas le désir de faire chez le *hacker*. L'activité venue de son désir de faire engendre, par la reconnaissance d'autrui, le plaisir de *hacker* et sa capacité de faire. Il serait important, selon nous, de le dire, pour échapper à tout naturalisme. Est favorisée la coopération des forces individuelles au profit de l'efficacité et de la créativité. D'où la valorisation des outils techniques et un décuplement des possibilités. Les divisions sont structurantes. Dans les *hackerspaces,* les interactions physiques favorisent les coopérations et, plus souvent, les décalages de classes et d'ethnies, les oppositions de sexe, les différences statutaires. L'alimentation des tensions et des conflits appellent un minimum de régulation sociale.

Là encore, une série de questions se pose : d'abord peut-on passer de l'éthique à la pratique ? Encore faudrait-il savoir où se situe l'éthique et plus précisément les morales collectives et personnelles en référence à l'éthique. En principe, l'éthique ne se situe et ne prend sens que dans le politique, tout comme le droit, c'est-à-dire dans des principes *a minima* universalisables. Que les *hackers* et les *hackerspaces* y fassent en partie référence, sans nommer ces principes : par exemple, don, sacrifice, transmission, permis/défendu, autorité, altérité, reconnaissance, réciprocité, rapport à autrui, identité, à lire *L'Âge du faire*, on ne peut guère en douter. Mais, à n'être pas situés explicitement par rapport au social et à l'individu dans le social, dans le commun de principes communs (avec leurs expressions culturelles diversifiées), les inventions, les créativités, les possibilités des *hackers* et des *hackerspaces* se trouvent singulièrement restreintes.

Venons-en au septième chapitre, « Faire commun ». L'auteur rappelle que le problème du consensus dans les *hackerspaces* renvoie à celui de la manière de devenir *hacker*. À s'en tenir à *Noisebridge*, où la décision est collective, cette décision suppose, même s'il y a de grosses tensions, que les *hackers* soient capables de mettre de l'eau dans leur vin. La régulation par le consensus appelle nécessairement, à un moment donné, parce que les petits groupes sont dans des grands groupes, voire dans des sociétés, la délégation de pouvoir et la décision par vote. Ce qu'apporte la recherche du consensus, c'est-à-dire la décision collective dans un petit groupe, c'est bien, pour le grand groupe, voire la société, l'idée à retenir qu'à la base une démocratie directe est fondée sur un consensus, autrement dit sur des décisions qui s'obtiennent en mettant de l'eau dans son vin. Mais demeure tout aussi nécessaire, à partir de cette démocratie directe (qui n'existe réellement qu'en Suisse et d'une manière quasi informelle et peu vérifiable) des délégations de pouvoir et des décisions par vote. Dans la démocratie représentative, il peut y avoir et il y a des erreurs. Les sociétés modernes démocratiques représentent à peu près la moitié des sociétés actuelles. La démocratie représentative n'y est qu'oligarchique. La démocratie directe peut faire aussi des erreurs. « La volonté générale peut errer » disait déjà Rousseau, comme nous le rappelle Stéphane Corbin dans sa belle thèse sur cet auteur. Mais, pour le moment, l'expérimentation du consensus se borne à de petits groupes comme les *hackerspaces*.

Dans le huitième chapitre, « Devenir *hacker* », l'auteur fait remarquer que les *hackers* de la baie, héritiers des pratiques contestataires des années 1960, sont convaincus que l'art et la technique peuvent changer le monde. Lallement insiste à nouveau sur le fait que l'écrasante majorité des *hackers* du nord de la Californie est issue des classes moyennes supérieures. Il note que « devenir *hacker* serait un moyen privilégié pour compenser un déclassement social dont les conséquences subjectives sont amplifiées par les douleurs infligées par une culture américaine que les jeunes gens concernés jugent conformiste à l'excès ».

Dans sa dernière partie, « Le monde *hacker* aujourd'hui », Lallement prend parti. Deux tensions, selon lui, sont particulièrement significatives aujourd'hui dans le monde *hacker*. La première concerne le mode d'activité à privilégier, soit le *cracking* ou détournement de données, soit le *making* (le faire) ; la deuxième concerne le matériau à *hacker* (des groupes à la société tout entière). Ces deux tensions, toujours selon l'auteur, en recouvrent une troisième : c'est qu'un même appétit de liberté fonde la doctrine anarchiste et le capitalisme le plus débridé. Pour notre part, nous pensons que, dans l'anarchisme et dans le capitalisme, cette liberté n'est pas de même nature sociale et politique. C'est à partir de ces trois tensions que l'auteur pose la question de savoir si les innovations que porte le mouvement faire sont irrémédiablement condamnées par un capitalisme en recomposition structurelle. Dans les derniers chapitres, l'auteur va s'efforcer de montrer pourquoi sa réponse est négative.

Dans le neuvième chapitre intitulé « Le *cracker*, le *techie*, le militant », Lallement rappelle que, demeurant toujours proches d'actions pirates, certains *hackers* sont spéculateurs et plus souvent encore en marge de la légalité. Les *crackers*, ajoute Lallement, sont des forbans qui pénètrent illégalement dans des systèmes, afin d'y voler ou détruire les données à des fins multiples (idéologiques, défi gratuit, espionnage). À *Noisebridge*, les escroqueries dues au *cracking* organisé ont toutes été condamnées. Le terrain *craker-maker* oblige, à notre avis, à un choix. Le *hacking* est légitime socialement, politiquement, juridiquement. Le problème est de savoir à partir de quel degré d'excès transgressif le *hacking* devient *cracking* illégitime, jusqu'à quel degré d'excès non transgressif il demeure légitime socialement et politiquement, même s'il est juridiquement et légalement illégitime.

Ce qu'on appelle le *freeganisme* présuppose la mise en dehors du système capitaliste, mais il ne défend ni l'exploitation de l'environnement ni les injustices sociales inhérentes à la structure du pouvoir du capitalisme. La communauté s'oppose, à *Noisebridge*, à une conception élitiste du *hacking*. Celui-ci est avant tout une forme de spiritualité, un art de vivre. À l'élitisme du *hacking* s'opposent ceux et celles qui assimilent le *hacking* à de la bidouille qui aide à vivre et à survivre dans un monde dont on conteste l'ordonnancement. « La culture du faire demeure écartelée entre un idéal de perfection technologique et un souci d'action politique, l'articulation entre les deux faisant plus que jamais débat ». Un auteur, Kevin Kelly, cité par Michel Lallement, écrit : « Lorsque la multitude qui détient les moyens de production travaille pour obtenir un objectif commun, et partage ses produits, quand elle contribue à l'effort sans toucher de salaire et en récolte les fruits sans bourse délier, il n'est pas déraisonnable de qualifier ce processus de socialisme ». Le *techie* est à la fois technicien et acteur. Le politique serait le politique humain du *hacking*.

Le dixième chapitre parle de la liberté et du marché, des ambiguïtés que ce rapport soulève. Pour articuler faire et formes, des temps forts peuvent être mis en évidence. Le premier est celui des controverses et des « coups d'éclat » liés à la question des intérêts individuels, que la naissance d'Internet a pu motiver ; le second marque comment les *hackerspaces* et les *hackers* eux-mêmes ont pu s'accommoder, en pratique, de la tension liberté/marché. Quatre formes de la liberté dans l'intervention des logiciels : liberté n° 0, faire tourner un programme en vue d'atteindre n'importe quel objectif ; liberté n° 1, pouvoir accéder au code source d'un programme et le modifier si l'on en a envie ; liberté n° 2, pouvoir aider un proche ou dupliquer et fournir des copies d'un programme à qui le souhaite ; liberté n° 3, pouvoir contribuer au collectif en s'impliquant et en fournissant des copies des versions modifiées d'un programme. Pour Barlow, le cyberespace se tient en dehors des fonctions matérielles, il n'est pas là où vivent les corps. Chacun peut y exprimer ses idées, aussi singulières qu'elles puissent être, sans crainte d'être réduit au silence ou à une norme. Est donnée une définition de l'autorité peu compatible avec celle du politique et de son implication au social : « L'autorité émane de l'éthique, de l'intérêt individuel éclairé et du bien public ». Les règles qui structurent les échanges sur Internet à partir de 1995, dont l'ensemble est surnommé la « Nétiquette », préconisent, par exemple, de ne jamais oublier que son interlocuteur est un être humain, de ne pas blâmer les administrations-systèmes pour leur politique envers les utilisateurs, de ne jamais présumer qu'une personne parle au nom de son organisation. L'engagement du *hacker* se veut, selon Barlow, politique au sens de *la* politique – mais est oublié, selon nous, en grande partie *le* politique On pourrait dire, par exemple, que Barlow n'indique pas de limites précises qui permettent le refus, la résistance, la lutte contre le fanatisme religieux ou autre. Le *credo* libéral s'exprime en laissant de côté les inégalités, le racisme, la pauvreté, l'homophobie, les discriminations sexuelles, le consumérisme, la pollution, la précarité. Il n'ignore pas ces « pathologies », mais l'idéologie californienne consiste, selon ses détracteurs, à faire croire que, dans l'utopie numérique, tout le monde pourra être à la fois riche et célèbre. Sans se rebeller ouvertement contre le système, les travailleurs du virtuel ont accepté que le héros des temps postmodernes soit un entrepreneur *hacker* à succès. S'y ajoute la croyance aux vertus de la croissance, notamment celle du marché et de l'informatique.

Dans cette optique, par rapport au logiciel libre (*free*), la préférence pour l'*Open Source* est fondée sur des critères de performance (donc de pratiques), tandis que les logiciels libres relèvent d'un dispositif éthique (respecter la liberté de l'utilisateur, promouvoir le sens de la communauté). Mais, note Lallement, le mouvement *Open Source* se propose de travailler à la prospérité pour tous sur la base de technologies distribuées et décentralisées.

Les *hackers* californiens considèrent le partage de l'information comme une exigence morale, non comme un outil individuel d'investissement. Mais ce partage de l'information comme exigence morale est lié à une éthique qui, elle-même, selon nous, entre dans le politique, marque l'implication du politique au social et suppose la mise en évidence des degrés de légitimation et de légitimité approximatives, degrés d'excès légitimants et approximativement légitimes, c'est-à-dire ne prétendant pas, par exemple, à l'égalité et à la justice absolues, parfaites, mais aussi des degrés d'excès délégitimants, illégitimants et illégitimes, notamment ceux qui se manifestent globalement dans le capitalisme mondial.

Dire que le faire est gouverné par une éthique du travail étrangère aux exigences de rentabilité est quasiment illégitime. En effet, la tentative totalitaire stalinienne faisait fi de la rentabilité des entreprises et a ruiné les pays où celle-ci n'a pas du tout été prise en compte. Dire que ce faire étranger aux exigences de rentabilité n'est pas l'ennemi du marché est une contradiction dans les termes qui porte en elle le risque de l'illégitimation et de l'illégitimité ; car un marché qui n'est pas rentable est nocif au plus grand nombre. Adopter plus ou moins le marché n'est certes pas adopter seulement la rentabilité et *a fortiori* le surprofit capitaliste, mais c'est néanmoins reconnaître au marché sa place légitime approximative.

Selon l'auteur, les *hackerspaces*, et notamment *Noisebridge*, mêlent intérêt individuel et intérêt collectif, pratiques désintéressées et innovations marchandes, don et contre don. On approche là tout doucement d'une déséconomisation qui ne serait pas un refus pur et simple de l'économique, lorsqu'il prend place (mais pas toute la place) dans le social, le politique, le culturel de la société moderne.

Est-ce une alternative actuelle au marché que d'allier liberté de créer, sens du partage et refus des hiérarchies oppressives matérielles ? Est-ce qu'il suffit d'avoir du goût pour les logiciels libres pour en venir individuellement et collectivement aux valeurs de partage et de liberté ? Nous en doutons. Dans les années 1990, écrit l'auteur, les entreprises de la *Sillicon Valley* ont réussi à mobiliser les valeurs de la contreculture pour donner vie à un capitalisme capable d'exploiter la subjectivité et la créativité[2].

Les *hackers* d'aujourd'hui pratiquent l'art du judo social en se servant du marché comme d'un matériau au profit d'inventions contestataires. Nous pouvons faire remarquer à Michel (Lallement) que l'invention contestataire est là depuis longtemps, qu'elle n'a pas attendu le *hacking* ni le *making* pour se manifester, et qu'enfin la nécessité de tenir compte du capitalisme actuel pour alimenter la subversion collective et individuelle (et non l'inverse), ne fut-ce qu'en utilisant transports, voire techniques produites dans un but de surprofit et de surpuissance, n'a rien d'un art. Se servir du marché actuel tel qu'il fonctionne ne délégitime pas les contestataires, mais pose néanmoins à ceux et à celles qui luttent des problèmes sans cesse à résoudre, quasiment au coup par coup et avec prudence.

Trois conclusions engagent respectivement le lien entre faire et travail, la fabrique démocratique de la décision, le statut de l'utopie en sociologie contemporaine.

L'auteur pense d'abord, contre Weber, que la cage d'acier de la rationalisation n'est pas implacable. Et en cela nous le suivons.

De même sommes-nous d'accord avec Philippe Bernoux et son livre déjà ancien (1981). Des éléments d'argumentation dans ce livre commençaient déjà d'apparaître avant même 1968. Sans doute furent-ils avivés par la révolte de 1968, puis par l'expérience, en tant qu'ouvrier d'entreprise, de Bernoux. Selon Lallement, l'hétéronomie, reprenant l'idée de « travail à soi », n'est jamais totale. De nombreuses poches d'autonomie apparaissent. Cela n'est pas suffisant pour créer une légitimation et une légitimité sociales et politiques approximatives du travail. Comme l'a confirmé, dans ses dernières publications, Patrick Cingolani, cela peut néanmoins contribuer à

---

2 Cf. sur ce point et d'une autre manière, Luc BOLTANSKI & Ève CHIAPELLO, *Le Nouvel esprit du capitalisme*, Paris, Gallimard (Collection Tel 380), 2011.

une nouvelle manière, chez certains précaires, de vivre leur précarité, pour y trouver des possibilités de création et d'inventivité.

Mais ni Lallement, ni Bernoux, ni Cingolani ne prétendent qu'il y a un écart entre le « travail à soi », le travail ouvrier ou les « révolutions précaires » et le système. Tout au plus cela permet de penser qu'il n'y a pas et qu'il n'y a sans doute jamais eu de société capitaliste, mais une société moderne sur laquelle s'est greffé le capitalisme comme excès global illégitime.

L'autonomie des *hackers* et des *hackerspaces* est présentée comme une tentative d'autonomie d'individus (et non, à proprement parler, de groupes, plutôt d'individus se mettant ou non en groupe), à l'écart et, parfois, contre le libéralisme économique et le néolibéralisme. Au fond, le *hacking-making* est en soi positif, puisqu'il commence à affirmer réellement une liberté individuelle dans une communauté d'individus. De plus, il s'agit en somme d'une utopie concrète et non d'une utopie en surplomb.

Pour notre part, nous pensons que Bernoux ou Cingolani, travaillant, comme Lallement, sur des groupes réels, sont prudents. Des individus se réunissant ne font pas un groupe social, ne produisent pas nécessairement, en tant que tels, communautairement, du lien social, encore moins des rapports sociaux. Chez Bernoux et Cingolani, la question *du* politique est sous-jacente à l'idée même de création, de possibilité de création par des groupes et des individus dans leurs groupes sociaux. Rien de tel dans le monde du *hacking-making*. Des individus, hommes ou femmes, pour la plupart de classe moyenne supérieure, se disent anarchistes, produisent des objets, des techniques matérielles ou idéelles peu importe. À notre avis, cela ne fait pas un mouvement social, tout au plus une tentative d'exister, dans le meilleur des cas (*Noisebridge*), en tant qu'individus, mais en n'exprimant leur légitimation et leur légitimité sociales et politiques approximatives que par rapport à l'excès global illégitimant et illégitime capitaliste. Que cette tentative soit positive, l'auteur nous en convainc. Mais l'on distingue mal sociologiquement et anthropologiquement sa signification et son sens. La question qu'elle pose n'est pas tant le problème des rapports entre faire et travail, faire et liberté, faire et capitalisme. Cette tentative est, surtout, à partir des questions que pose l'auteur, un sujet à débattre.

Louis Moreau de Bellaing

***

Isabelle BRUNO & Emmanuel DIDIER,
***Le* Benchmarking*. L'État sous pression statistique*, Paris, Zones (La Découverte), 2013, 157 p.**

Avec le *benchmarking*, le livre de Bruno et Didier s'attaque à un de ces mots-valises du langage managérial qui comptent sur la tonalité anglaise du phonème pour laisser opérer une fonction liturgique analogue au latin dans la célébration des offices avant Vatican II. Comme phonème à large spectre sémantique, le *benchmarking* renvoie moins à une *pratique* telle que la rationalisation, le *management* participatif ou le *management* par projet plus récemment, qu'à un *dispositif*, nous disent les auteurs. Mais cette enquête ne risque-t-elle pas de se conclure sur le sentiment de confusion et de vide que suscite l'extension de son champ d'utilisation, sous l'action de consultants en quête de nouveaux marchés ? Le grand apport des auteurs se situe dans la généalogie improbable de cette notion, qui, au-delà de sa logique de classement, repose sur *une évaluation quantitative de la qualité* en apportant un éclairage sur les organisations à partir de leurs résultats.

Une logique de classification

De ce point de vue, le *benchmarking* peut être rapporté à ce que les auteurs nomment – en reprenant Foucault – une technique « environnementale » de gouvernement moins directe que la discipline et le contrôle (p. 30), dans la mesure où elle opère un alignement des conduites à partir de l'évidence que cette technique permet de dégager. Au terme du tableau très large présenté dans le premier chapitre, la dimension la plus manifeste de cette technique que représente le *benchmarking* est la *concurrence* organisée autour de la comparaison d'évaluations quantitatives. Son levier est le *classement* – symbolisé dans le monde universitaire par le fameux « classement de Shanghai », pris à son tour comme cible des politiques nationales –, le *baromètre* sous une forme euphémique ou le *ranking* rendu possible par la notation opérée par les clients. À cet égard, le rapprochement avec le stakhanovisme (évoqué p. 25) risque d'induire en erreur dans la mesure où le travailleur soviétique s'affronte à la norme du

Plan pour mieux la dépasser et se dépasser : la vertu cardinale est ici le courage et le dévouement au service d'une cause, en l'occurrence celle du socialisme et de l'économie collectiviste soumise au bien public. Plus éclairant serait probablement la figure historique du *Hit Parade* ou des *Charts*, dans le monde de la musique enregistrée, qui permet de mettre en rapport les excentricités d'un groupe ou d'un chanteur (en termes de drogues, de chorégraphies, de vocalises, de *riffs*, saisis comme des manifestations de créativité) avec un record en terme de ventes. Ainsi, le *benchmarking* accompagne une montée de la quantification, mais, s'il s'inscrit dans une « gouvernance par les nombres »[3], ce sera moins comme la visée d'objectifs quantitatifs fixés *a priori* que comme la méthode permettant d'identifier les meilleures pratiques (*best practises*) en termes de résultats, avant d'en déduire des procédés à retenir pour arriver à ces résultats et des objectifs à mettre en œuvre pour atteindre ces procédés dans les organisations ayant des performances inférieures.

Aux sources du *benchmarking*, le contrôle de la qualité

Le terme de *benchmarking* est parti à la conquête du *management* dans les années 1980, sur la base de la réponse managériale apportée par l'entreprise américaine Xerox, *leader* de la photocopie et de la photocopieuse, au défi lancé à son encontre par la firme japonaise Canon. La démarche est lancée par le PDG de Xerox, Charles F. Christ, qui en fait un plan de survie pour l'entreprise tout au long des années 1980 par comparaison des produits et des formes d'organisation de sa firme avec ceux de ses concurrents. La démarche prend une dimension plus large à partir de la synthèse que livre en 1989 un ingénieur logistique de cette entreprise, Robert C. Camp, dans l'ouvrage *Benchmarking. The Search for Industry Best Practices that Lead to Superior Performance*, qui va devenir une référence. Dès lors, l'enjeu n'est plus de comparer les résultats de deux entreprises, mais ceux de services pouvant appartenir à des entreprises relevant de secteurs différents et donc en dehors d'une situation de concurrence.

La démarche engagée chez Xerox, qui se retrouvera chez d'autres, répond à l'offensive de l'industrie japonaise dans les années 1980 en sortant d'une

---

3 Alain Supiot, *La Gouvernance par les nombres, cours au Collège de France (2012-2014)*, Paris, Fayard – Nantes, Institut d'études avancées, 2016.

production bon marché mais peu fiable, pour arriver à une production innovante de qualité. On voit ainsi se dessiner une filiation menant du *management* de la qualité au *benchmarking*, à partir de ce détour nippon, qui tient à l'influence de statisticiens américains, comme notamment W.E. Deming, un des initiateurs de l'*American Society for Quality Control* au cours de la Seconde Guerre mondiale. Si l'on remonte d'un cran, nous arrivons à Walter A. Shewhart, ingénieur des *Bell Labs* qui ramène la qualité à une question de seuil de tolérance à ne pas franchir en appliquant des contrôles par échantillonnage pour formaliser la démarche et se passer d'un contrôle systématique. Puis Shewhart élabore les *control charts*, traduction en langage exotérique de calculs complexes qui permettent aux opérateurs de prendre part au contrôle qualité et de connaître son efficacité. C'est cette potentielle remise en cause du monopole des ingénieurs sur l'organisation du travail qui explique, pour les auteurs, le faible succès de la démarche aux États-Unis, en la condamnant à s'exporter au Japon où elle trouve un terrain adapté à son développement.

Extension du champ du *benchmark*

La démarche qualité initiée par Shewhart et Deming trouve un prolongement dans le privé, avec les pratiques de Xerox et l'ouvrage de Camp. Elle trouve également un accueil favorable dans le secteur public, avec l'ambition de réduire le poids de l'État au cœur de la politique de Reagan. « Faire mieux, avec moins », le slogan se décline dans un *executive order* de 1986 qui ouvre la voie à une mise en chiffres de la qualité des services publics pour mieux veiller à l'efficacité de l'argent public. Les linéaments de ce qui deviendra la LOLF en France s'y devinent aisément.

L'ouvrage présente ensuite la mise en œuvre de la démarche sur différents terrains, tels que la police, l'hôpital, l'université ou les normes de gouvernance mises en œuvre par la Commission européenne. Le grand intérêt de ces présentations est de donner à voir un processus où la démarche s'impose d'elle-même, à partir de convergences contrintuitives, telle que celle qui s'établit, au-delà de la violence des propos, entre Jean-Paul Proust, le préfet de la « police de proximité », et Nicolas Sarkozy, le prophète de la « politique du chiffre ». Cela correspond à ce *management* par l'évidence des résultats, dégageant le politique de cette embarrassante réflexivité qui requiert le débat avant l'action, pour arriver à une sorte de pilotage automatique. Même chose avec la Commission européenne qui, sous l'influence de pratiques inspirées par la Table ronde européenne des industriels, se plie au *benchmarking* dans l'exercice de la « Méthode ouverte de coordination » (MOC) pour comparer les performances des États dans différents domaines, de l'emploi au déficit budgétaire.

Le *benchmarking* étend le champ de la performance compétitive tant dans les entreprises qu'au niveau des États et des organisations internationales (notamment la Commission européenne). L'ouvrage permet de cerner le caractère indéfini de la quantification de la qualité sous-tendue par ce mantra du *management*, tout en identifiant son principal effet. Le *benchmarking* conduit à abandonner la considération des ressources et des combinaisons productives innovantes pour s'en tenir au dépassement des résultats existants. Il désarme les ingénieurs au profit des contrôleurs de gestion, en laissant les opérateurs se débrouiller avec leurs chiffres ; il détourne la statistique de toute considération sur les populations et les ressources, pour laisser le *ranking* universel s'épanouir.

Cette démarche, par sa focalisation sur le résultat (la fin justifie les moyens) trouve un écho dans l'expérimentalisme pris comme garant de la scientificité par une orthodoxie économique à la dérive[4], que l'on retrouve dans l'entourage présidentiel sous la figure de l'économiste Marc Ferracci, actuellement conseiller auprès de la ministre du Travail. Le *benchmarking* comme culte de l'évidence se rapproche également de cette notion de *gouvernance* récemment explorée par l'*Homme et la Société*[5], par sa capacité à décérébrer le pouvoir en ramenant son exercice au contrôle de gestion et aux tableaux de bord que pratique aujourd'hui une élite formée dans les écoles de commerce, … les *business schools*.

Claude Didry

***

---

4 Pierre CAHUC & André ZYLBERBERG, *Le Négationnisme économique*, Paris, Flammarion, 2016.

5 Bernard HOURS, « La bonne gouvernance est-elle bonne pour les sociétés ? », introduction à « La gouvernance entre promesses de futur et aliénation », *L'Homme et la Société*, 199 (1), 2016, p. 7-8.

Ève BRENEL & Virginie VALENTIN (dir.), *Esthétique, sens et personnage dans les arts de la scène*, Paris, L'Harmattan (Logiques sociales), 2015, 137 p.

Sous ce titre apparemment très orienté – il s'agit d'un terrain bien délimité : les arts de la scène – se dissimule une théorisation, ou au moins son esquisse assez précise qui fait entrer en ligne de compte la culture au sens savant du terme : le théâtre, le cinéma, la chanson, mais aussi le politique et la politique. Car on ne peut s'y tromper, tant l'intérêt de l'ouvrage est d'inscrire, dans des types de société diversifiés : la France actuelle, Cuba castriste, etc., le rapport de l'acteur au spectateur. Or, il nous semble qu'à bien y réfléchir, les auteures, lorsqu'elles parlent d'acteurs (avec une critique du personnage) et de spectateurs, introduisent, dans leur argumentation, une mise en cause délibérée d'un stéréotype. Ce dernier veut que, lorsqu'il y a un acteur, un agissant devant soi, celui qui lui fait face, le spectateur se contente de le regarder, d'admirer ou non son jeu, son habileté, son savoir-faire, son art de gouverner ou de choisir. En fait, ce qui nous est présenté par les auteures, c'est une tentative de compréhension et un désir de faire comprendre aux lecteurs et lectrices qu'il ne peut y avoir seulement un agissant et un regardant qui approuve ou non, voire, en analysant les individus, des agissants et, en face d'eux, des regardants approbateurs ou non. Il y a, parce que cela relève à la fois de l'autorité, du don, d'une ascèse, d'un refus de la confusion et néanmoins, d'un désir d'alliance, d'aimance, sinon de plaisir, implication de l'acteur au spectateur et, en quelque sorte, action du spectateur avec et sur l'acteur. Nous prétendons que ce type d'implication réciproque n'est pas réduit aux arts de la scène, mais est l'un des éléments légitimants et légitimes de la condition humaine.

Il faut faire attention aux petits livres qui, apparemment ni par leur titre ni par leur format, ne se présentent comme de première importance. Mais, en fait, quand on les lit et relit, nous nous apercevons qu'ils découvrent un phénomène nouveau. Chacun et tous, nous le connaissons déjà, mais nous ne parvenons pas à en commencer réellement l'explicitation. C'est le grand mérite de ce livre de la tenter.

Comment si l'on peut dire, les auteures s'y prennent-elles ?

Très simplement, en faisant défiler devant les lecteurs et lectrices une actrice, un clown, une chanteuse, un « traitement scénique » spécifique, un mythe, le personnage, puis le personnage et l'acteur, enfin les techniques du corps.

Dans un bref avant-propos, Ève Brenel et Virginie Valentin rappellent que ce livre est issu d'un colloque organisé en novembre 2011 à la Bibliothèque nationale de France (BNF). La réflexion a fait dialoguer histoire, anthropologie, sociologie et esthétique. L'anthropologie esthétique est celle, figurative, que développent actuellement les auteures. L'intérêt des chercheurs et chercheuses porte sur la formation des œuvres artistiques, sur l'opération de façonnage en quoi elles consistent, mais aussi sur la « culture des apparences » et sur la manière dont elle inscrit l'humain dans le monde. Faisant référence à Leroi-Gourhan, Brenel et Valentin soulignent que les arts primitifs et les arts de la scène sont destinés à signifier et constituent un langage émotionnel.

Virginie Valentin consacre le premier chapitre du livre à Antonia Méric, dite « La Argentina », une danseuse internationalement reconnue, morte juste avant la dernière guerre. Elle a créé en chorégraphie un genre, le flamenco théâtral. Le localisme du flamenco parvient, grâce à elle, à toucher à l'universalité de l'émotion, esthétique. Collaborant avec des musiciens et des poètes de son temps, notamment Manuel de Falla et Fédérico Garcia Lorca, la Argentina mêle le savant et le populaire dans le souci de faire à la fois revivre la tradition du flamenco et lui donner, par un travail de métissage esthétique du populaire et du savant, toute son extension artistique. Il s'agissait en somme de faire vivre, pour les spectateurs comme pour les danseurs et danseuses, un savoir enraciné, en lui donnant une autre dimension qui, pour les uns et les autres, l'universalise.

Sylvain Fagot, dans le second chapitre, s'empare du personnage du clown, plus particulièrement, de l'Auguste. Celui-ci, dit l'auteur, incarne les caractéristiques d'une humanité extravagante qui exprime l'aspect émotionnel de l'homme, ce quelque chose d'indestructible et de contestataire contre l'ordre social de la communauté. Ce que le clown, l'Auguste, exprime, c'est beaucoup plus qu'une mise en cause de son intégrité physique ; c'est sa personnalité et sa sensibilité sociale. Le rire du spectateur le fait exister, mais on pourrait dire que le clown fait exister aussi le spectateur en le faisant rire.

« Piaf, un mythe de la voix » : par ce titre, Catherine Dutheil-Pessin résume ce qui fait la voix de Piaf. C'est d'abord la voix populaire et gouailleuse d'une chanteuse de rue, mais dont la raucité toute particulière est remarquée par un créateur de spectacles. Puis, formée peu à peu par ceux qui prennent Piaf en charge, aussi par les paroliers et parolières et les musiciens qui composent les chansons – Piaf fut aussi sa propre parolière –, cette voix devient mythe, comme « explication du discours », selon la définition du mythe donnée par Barthes. La chanteuse incarne sa voix en même temps qu'elle chante. « La voix comme corps » est « l'opérateur symbolique » par lequel se déroule l'identification de la chanteuse à la fois à ce qu'elle joue et à elle-même. Il y a bien souffrance, passion, compassion, si l'on veut, mais, dans le ressenti du spectateur, cette voix qui exprime ses sentiments et affects devient sienne, la voix du spectateur, comme si, sans le savoir, il se l'appropriait. Dans une chanson de Piaf un peu oubliée, le Clown, elle parvenait, sur scène, à faire de chaque spectateur de la salle entière, semble-t-il, ce clown en petite robe noire qui chantait son destin comme l'Auguste du précédent chapitre offre au spectateur sa propre irrationalité à voir et à ressentir. Mais Piaf, dans ses chansons écoutées et/ou vues, « sortait, comme le dit Cocteau, de sa poitrine étroite, les grandes plaintes de la nuit ». C'est par la dimension sacrificielle de la voix et du jeu du corps qu'elle rejoint au plus profond de lui-même l'être humain qui l'écoute et/ou la voit.

S'approchant encore plus près de cette conjonction acteur/spectateur qui, selon nous, est le grand thème du livre et qui lui donne, au-delà des arts de la scène, toute sa portée, Jean-François Dusigne raconte comment, jouant sur scène des personnages réels dont certains pouvaient être dans la salle, en les retrouvant ensuite hors scène, il comprend que son jeu d'acteur fait partie de leur histoire. En la racontant, ils l'interpellent pour lui rappeler tel détail, comme s'il pouvait le connaître. Mais, plus encore, alors qu'il joue un bourreau, ce dernier, présent dans la salle avec sa femme et ses enfants, vient le féliciter, après le spectacle, de la justesse de son jeu d'acteur, au point que lui, acteur, finit par douter que son vis-à-vis fût réellement un bourreau responsable de la mort de nombreuses victimes, ce qui était pourtant la réalité historique. « Le processus du jeu, dit l'auteur-acteur, sans faire référence à Diderot et à son Paradoxe du comédien, prend la vie courante à rebours. »

C'est du mythe lui-même que parle Pauline Vessely, dans le cinquième chapitre. Elle choisit le mythe de Carmen, mis en scène si l'on peut dire par Mérimée dans sa nouvelle (tirée d'un fait divers), transcendé déjà par Bizet dans son opéra, puis, selon l'auteure, impliqué à Cuba, au politique, à la politique et à la « révolution castriste ». L'imaginaire y est incarné par une cubaine, Alicia Alonzo, à la réputation internationale. Carmen « s'y mue en emblème du lien social ». L'auteure rappelle que cette position s'inscrit entre soumission aux normes traditionnelles et ambiguïté de la place des femmes à Cuba ; elle permet d'organiser le mythe émancipateur. Paradoxe qui participerait à la création d'un « espace de liberté » ou « zone d'incertitude », pour reprendre une expression qui fut d'abord, avant d'être celle des deux sociologues cités, celle de l'historien Philippe Ariès. Production d'un lien particulier au sacré et à son mythe fondateur, la « révolution castriste s'incarnant dans le quotidien et lui donnant vie à travers des personnages humains ».

Geneviève Schwoebel, dans l'avant-dernier chapitre, montre comment « le personnage est mis à nu par le spectateur ». Il y a, écrit l'auteure, dans la scène moderne et, selon nous, aussi ailleurs, une défection du personnage. De même, selon R. Abirached dans son livre *La Crise du personnage dans le théâtre moderne*, le personnage comme personnage est mis en cause. Dans le théâtre de Beckett, par exemple, il perd son nom comme personnage ; il s'ensuit le passage par le zéro, le rien qui « met en fragilité tout l'humain ». Une rencontre émotionnelle se produit entre le spectateur ou plutôt le regardant et celui ou ceux qu'il regarde. Il est difficile de répéter l'exemple cité par l'auteure, tant il est atroce. Mais ce *punctuum* dont parle Barthes, ce quelqu'un, ce quelque chose nous atteint, nous touche. Nous sommes la seule autorité pouvant interpréter, comme le disait Lefort, ce que l'acteur, et l'auteur de l'œuvre, nous font entendre et voir.

Enfin, Jean-Marc Leveratto donne une dernière « preuve » de la confluence regardant/regardé, regardé/regardant, en rappelant le partage entre nous des techniques du corps, quelles que soient les formes culturelles qu'elles peuvent prendre, comme le montre l'article de *Mauss*. Mais s'agit-il seulement de théâtre, de danse, de chansons, de clowneries ? Ne s'agit-il pas, pour nous répéter, très simplement d'un élément sinon oublié, au moins peu explicité, de la condition humaine ?

Louis Moreau de Bellaing

***

Monique SELIM & Wenjing GUO (dir.), *Des sexualités globalisées à l'avant-garde ?*, Paris, L'Harmattan (Anthropologie critique), 2017, 310 p.

L'intimité du sexuel, dans cet ouvrage qui devrait faire date, n'est pas contestée. Mais les auteurs remarquent qu'elle doit être désormais globalement destinée à être affichée et rendue visible. La gestion collective de cette intimité sexuelle devenue orientation sexuelle – encadrant ses dimensions personnelles : lesbien, bisexuel, transsexuel, LGBT – prend place, une place centrale, dans les programmes des organisations internationales et dans celui des petites ONG. L'ouvrage se donne comme finalité d'explorer la primauté contemporaine des droits sexuels sous différents angles et à partir de terrains divers : Chine, Vietnam, Laos, Bolivie, Cameroun et France. La perspective d'anthropologie critique se veut, ici, « attentive aux logiques subjectives et singulières ». Les auteur(e)s prennent leurs distances avec leur société, notamment par l'entremêlement des terrains et leur confrontation croisée. Les individus qui s'expriment dans des sociétés répressives et conservatrices le font derrière un avatar en ligne. Il s'agit de restituer des expériences existentielles et leur cadre général de production. Sont pris en compte des logiques symboliques, des enjeux politiques et économiques, des idéologies progressives et régressives.

Toujours en introduisant en quelque sorte à la compréhension de l'ouvrage, Monique Selim recherche la position des plateaux LGBT (lesbien, gay, bisexuel, transsexuel) entre normes globales et logiques singulières. L'une des caractéristiques idéologiques de la période actuelle est ce que l'auteure appelle la « polyvocité sexuelle ». Il s'agit d'une nouvelle grammaire identitaire. Les normes globales sexuelles et les normes de la polyvocité sexuelle s'adjoignent à une troisième possibilité des modes de personnalisation et de libération en jeu : « l'injonction à être soi dans la fabrique d'une singularité sexuelle ». Féminisme, genre, dissolution de la dualité sexuelle homme/femme permettent, selon l'auteure, la recomposition d'une matrice des pluralités sexuelles infinies et mouvantes. Les droits à la reconnaissance et à l'identité « creusent la tombe » des droits sociaux dont le caractère général serait pourtant, selon les acteurs, le « mépris » et le « déni » des singularités. Proposition discutable, selon moi, dans la mesure où les droits sociaux n'ont jamais pu faire abstraction des droits individualisés, et *vice versa*. Mais, dans la perspective d'une certaine instrumentalisation des orientations sexuelles, apparaît bien, comme le note l'auteure, dans tous les pays, le pôle de l'État face à ce qui était considéré auparavant comme des déviances sexuelles. On entremêle libre arbitre et destin. « La pluralité sexuelle relève à la fois d'une volonté personnelle et d'une ontologie irréfragable ». Des rapports ont été faits, dans huit pays, en collaboration active avec les acteurs locaux. Les rapports se terminent par une série recommandations. L'État s'y montre comme autorité législative, morale et imaginaire, dans le paradigme des droits humains LGBT. Les sociétés y sont vues comme un agrégat d'individus détenteurs de droits qui doivent, selon la spécificité de leur profil, faire communauté. La société idéale serait alors une somme de communautés distinctes, avec des droits communs. Dans les normes globales de genre, c'est un processus de hiérarchisation et d'imposition qui est en jeu. Elles sont un instrument de légitimation personnelle pour les sujets, mais aussi de consolidation de la communauté à laquelle ils appartiennent. Elles sont actrices idéologiques de la globalisation, aux côtés des femmes toujours victimes.

Sans dénier les traumatismes engendrés par l'écart avec les normes sexuelles dominantes (notamment la norme masculine), le dessein de l'ouvrage, d'après Monique Selim, est de proposer un autre regard à partir de situations concrètes que les investigations s'efforcent d'embrasser dans toute leur complexité et leurs contradictions. « Naviguer entre intériorités subjectives et édifications capitalistiques globales ouvre de nouvelles fenêtres sur des possibles actuels. [...] Les traverses des désirs (peuvent) s'imposer à l'attention comme offres partagées dans l'imaginaire et appelant à être élaborées dans une finalité de connaissance ». L'auteure pense qu'il est possible de multiplier les exemples où les sujets suggèrent ou imposent plus ou moins brutalement leurs désirs à l'anthropologue. Le projet de l'ouvrage est de montrer comment des désirs divers s'élaborent, s'articulent, se confrontent, se coagulent dans une conjoncture capitalistique, mais ce projet se différencie des tentatives d'enfermer la « logique des désirs » dans des hyperdéterminismes, car ceux-ci s'inscrivent précisément à l'encontre de toute hypothèse libératoire et potentiellement subversive.

Poursuivant sa tâche d'introductrice à l'ouvrage, Monique Selim s'interroge sur ce qu'elle appelle des appartenances sous gouvernance globale. Son chapitre prend tout son intérêt dans la manière dont, à travers des champs idéologiques, imaginaires et symboliques comme le sexe, la religion, la parenté, l'origine, elle montre comment des processus de dissolution et de recréation se mettent en place, constitutifs des modes d'identification spécifiques à la gouvernance globale et à la globalisation du capitalisme. En ce sens, les droits sexuels – dont il est difficile de contester la légitimité – deviennent des instruments d'un marché du sexuel, isolé du social, du politique et de la politique, avec des retours vers le traditionalisme patriarcal ou matriarcal, ou avec la prétendue avancée vers la diversification des sexes conçue comme libération des identités. La gouvernance globale, assumée par les États, vient appuyer, confirmer ou interdire telle modalité de la marchandisation ou de la retraditionalisation. En ce qui concerne la parenté, on peut prendre l'exemple de la gestation pour autrui (GPA dont l'auteure montre qu'elle ne s'exerce pas seulement du nord au sud, mais également d'est en ouest – des femmes chinoises en couple pouvant demander à d'autres femmes, chinoises ou indiennes par exemple, d'assumer la grossesse de leur enfant. Ce qui ne disqualifie pas la GPA en elle-même, mais la manière dont elle est instrumentalisée, et financiarisée. L'origine, elle, s'est rebiologisée, alors qu'elle avait commencé à se socialiser. Sur un plan idéologique, elle appelle à une gouvernance par les communautés d'origine. L'origine passe ainsi au statut d'identité, d'appartenance, là où les sexualités n'apparaissent plus que comme des compléments éventuellement marchandisés. Quant à la croyance religieuse, elle peut devenir une marchandise idéelle que l'on peut prendre et déguster ou rejeter. Comme telle, elle stigmatise les sexualités diverses et/ou encourage les sexualités traditionnelles. Du point de vue de la gouvernance, il semble que se mette en place une nouvelle gouvernance capitaliste fondée sur l'automatisation intégrale, l'universalisation des interconnexions, la sécurité prédictive et surtout la communication personnalisée. Monique Selim s'élève, à juste titre, contre une psychodémocratie et semble pencher vers le *dissensus* et la production d'existences singulières. Est-ce suffisant ?

Wenging Guo, dans son chapitre « Homosexuel·l·es en Chine en ligne », présente d'abord une association internationale qui a son site sur Internet : Blued, qui est également une entreprise de lutte contre le sida. C'est, semble-t-il, par le biais de ce type d'associations dont le site peut être capté en Chine, que d'abord les homosexuels hommes, minoritaires et stigmatisés – la mention « maladie mentale » pour l'homosexualité n'ayant été supprimée en Chine qu'en 1999 – peuvent se manifester sur Internet. L'un des premiers sites d'homosexuels est celui de Maman Shang, une mère dont le fils est homosexuel, qui devient, par son site, la « mère » de beaucoup d'homosexuels chinois. C'est sans doute grâce à Maman Shang que Junwei, un homosexuel qui a rompu avec sa famille, parvient à créer un site sur Internet, d'abord si l'on peut dire, à titre personnel pour faire connaître sa propre histoire, puis à titre collectif, en y attirant des homosexuels en mal de reconnaissance. Mais, à la différence du site de Maman Shang, qui démontre l'intention d'être protecteur et soumis à la loi, sans conflits avec le gouvernement chinois, le site de Junwei se veut contestataire et revendicatif, ce qui l'expose à la censure et aux persécutions de l'État totalitaire. Néanmoins, les deux sites, faisant cause commune, ne s'opposeront jamais frontalement et Maman Shang sera invitée à jouer un rôle dans le site de Junwei. Wenjing Guo ne cache pas que la « légalisation » des sites homosexuels par l'État chinois n'est qu'une manière de pouvoir les censurer et de prévenir toute critique du gouvernement. Après les deux premiers sites de Maman Shang et de Junwei apparaît un site homosexuel lesbien qui prend de l'importance. Mais Wenging Guo est consciente que l'apparente libération de l'homosexualité en Chine par le biais d'Internet, qu'il s'agisse de l'homosexualité masculine ou féminine, demeure enclose dans les « plateaux » du genre que le sigle LGBT entretient et s'inscrit, qu'elle le veuille ou non, en Chine comme ailleurs, pour les temps qui viennent, dans la globalisation capitaliste.

Dans le cinquième chapitre du livre, Monique Selim ne reprend plus sa tâche d'introductrice. L'article de Wenjing Guo sur les homosexuels hommes et femmes de Chine en ligne a suffisamment, si l'on peut dire, “déblayé le terrain” pour qu'elle puisse, sur ces sujets nouveaux, entreprendre elle-même une explication. La population abordée, la même que dans le chapitre précédent, est une minorité sexuelle le plus souvent oubliée, lorsqu'elle n'est pas stigmatisée : les lesbiennes chinoises. Mais ce n'est pas seulement sur Internet que leur rôle est analysé, c'est, ici, en politique, et je me permets de le dire, parce que l'auteure elle-même le dit, dans *le politique* et la politique. Car ces lesbiennes chinoises ont affaire à elles-mêmes en groupe ou individuellement dans le politique tout simplement humain qui est le leur : ne pas se nuire entre elles, ne pas nuire à autrui, s'opposer à leurs adversaires sans les massacrer, mais elles ont affaire aussi avec le gouvernement chinois dont il s'agit, pour elles, de mettre en cause les décrets arbitraires et les censures.

Monique Selim pose au départ la question du genre et des normes globales de genre et s'interroge sur les appartenances communautaires de jeunes femmes lesbiennes de la ville de Canton. Elle veut appréhender les différents cheminements qui les ont orientées vers un engagement au caractère potentiellement total : non seulement sexuel, mais aussi professionnel et politique, à plus ou moins haut risque selon le degré de leur investissement.

Dans un premier temps, l'auteure insiste sur la retraditionnalisation marchande des femmes. Le nouveau dirigeant chinois semble tendre vers le conservatisme et remettre en cause les assouplissements qui étaient apparus, vis-à-vis de la tradition chinoise et du statut des femmes, sous Mao et les dirigeants qui lui avaient succédé. Même si le sort des femmes n'était guère égalisé par rapport à celui des hommes – la jeune fille devait et doit bien souvent, par exemple, payer les études de ses frères cadets –, la politique de l'enfant unique, les lourdes amendes qu'elle entraînait pour celles et ceux qui enfreignaient la règle, s'est d'abord assouplie, en autorisant deux enfants uniques à avoir deux enfants. Cette dernière mesure a été abolie en 2015, permettant à tous les couples d'avoir deux enfants. Mais, dit l'auteure, les femmes accumulent sur leurs épaules les fardeaux les plus lourds des normes sexuelles en vigueur dans la société chinoise. Leur destin semble marcher à grands pas vers le passé.

Abordant le problème des normes sexuelles et des normes globales de genre, l'auteure définit les premières comme prescrivant des comportements et des rôles dans la dichotomie permanente de la distinction entre homme et femme. Elle définit les secondes comme constituant désormais un outil de gouvernance globale permettant une fluidité sans limite des identifications et autorisant des sexualités flottantes, polyvoques et multiples. Les ONG de défense des homosexuels, implantées en Chine, se sont consolidées en se spécialisant dans la prévention du sida. Or, des lesbiennes qui avaient commencé à militer dans ces ONG rassemblant principalement des hommes ont perçu l'atmosphère qui y régnait comme reproduisant la domination masculine qu'elles fuyaient. Ces dernières se sont autonomisées des ONG d'homosexuels. Dans le même moment, sur le chemin de cette émancipation, elles se sont vues offrir une aide pléthorique d'organisations étrangères. Celles-ci ont leur relais dans les grandes métropoles chinoises : des organisations chinoises clefs qui font transiter des financements. L'une d'elle, désignée anonymement sous le nom de Kappa, se révèle très présente à Canton, où 2012 est le point de départ d'une véritable explosion du mouvement lesbien. La trame des actions a souvent été inventée au cours de formations dispensées par des ONG spécialisées sur le genre. Dans les universités, les enseignants qui entrent dans la voie du genre connaissent les dangers qu'ils encourent et tentent de les limiter, tout en maintenant la ligne de leur enseignement. Outre les formations et les enseignements universitaires, les jeunes activistes lesbiennes animent des « cafés » dans les bars. Ces rencontres dans les bars constituent pour elles un ressourcement permanent : tantôt elles y jouent, dans des saynètes, leur propre personnage, tantôt elles se retrouvent dans l'assistance qu'elles dynamisent. Exposés à l'action d'un État-parti monopolisateur, des groupes naissent, disparaissent, renaissent plus tard. « Nous créons l'histoire, », dit l'une des jeunes filles et elle ajoute : « Les radicales rendent le monde meilleur. »

Dans une rubrique intitulée « Questions de méthode », l'auteure rappelle sa collaboration avec Wenjing Guo, qui l'a fait entrer dans les groupes lesbiens de Canton qu'elle a pu ainsi fréquenter. Enfin, Internet a servi aussi de pôle d'informations. À travers des biographies, l'auteure montre comment l'argent, le poids des financements, jouent un rôle pour ces jeunes lesbiennes qui veulent leur liberté non seulement sexuelle, mais aussi matérielle. Les groupes sont précaires. Si on confronte un groupe solidement implanté avec l'appui de Kappa et un groupe en voie de déclin, avec des financements épars, on voit les aléas de la mobilisation et l'importance des subventions étrangères dans les dynamiques en jeu. On le voit aussi dans les biographies. Une jeune fille recrutée dans un groupe comme responsable de la propagande s'avoue perdue, laissée sans conseils et avec de faibles ressources pour cette tâche. Elle a d'autant moins confiance en elle que sa mère n'a pas cessé depuis sa naissance de lui asséner qu'elle était laide.

D'un côté, note l'auteure, il y production de subjectivités rebelles, de l'autre des armatures financières. Les jeunes lesbiennes se saisissent de toutes les fenêtres ouvertes sur Internet pout penser autrement qu'on leur enjoint de le faire en Chine. Peu leur importe puisqu'elles avancent sur les chemins de la liberté. Les processus de subjectivation les projettent dans une société civile globale à peine aperçue. La performativité de la polyvocité sexuelle, qui est au cœur du féminisme, peut être troublée, oscillante.

Auprès des hommes gays, les sentiments à la réception féministe des activistes lesbiennes ne sont pas unanimement partagés. La « déviance » sexuelle en regard de l'orthodoxie de la société provoque, chez les dominants hommes, une surenchère normative. Il y a une rigidification des normes et un désir immense d'atteindre une pleine réalisation de soi dans le cadre de conformité en jeu, ce qui induit l'appartenance au Parti. Néanmoins, de jeunes gays apprécient, chez les jeunes lesbiennes, la radicalité, la professionnalité, l'intellectualité et le branchement sur le monde global. En revanche, la génération plus âgée des homosexuelles ne parvient pas à s'intégrer à la nouvelle moins âgée. Les exemples cités par l'auteure montrent l'emprise des normes sexuelles qui règnent encore dans la Chine du XXIe siècle.

Le problème est de savoir si le genre est un outil de politisation ou de dépolitisation des acteurs et actrices. Deux facteurs doivent être pris en compte : la nature de l'État et l'implication dans les rapports de domination qui articulent sexe et politique. Se pose aussi la question des potentialités d'émancipation ou d'aliénation que revêtiraient les normes de genre et leur appel à une diversification sexuelle sans limites. L'expansion du marché capitaliste rend indissociables les marchandises matérielles et celles idéelles. L'identité sexuelle devient une marchandise comme une autre qui se vend, s'achète, se choisit à partir de l'immense marché globalisé que donne à voir Internet. Le marché, en délégitimant l'enveloppe idéelle, imaginaire, symbolique, culturelle, religieuse des liens sociaux, attaque les règles de subordination des appartenances de sexe. La transnationalisation des normes de genre, accompagnant le développement capitaliste, fait du genre un produit marchand et néanmoins émancipateur pour des individus dont la préoccupation la plus grande concerne leur droit à la jouissance sexuelle selon son code personnel.

On peut s'interroger également sur la classe sociale des acteurs et actrices touchés par la transnationalisation des normes de genre. L'éventail des positions et des origines sociales corrobore une présence massive de membres de couches sociales moyennes et moyennes inférieures souvent issus de milieux ruraux et ouvriers.

De jeunes lesbiennes de Canton ont été accusées et arrêtées pour trois de leurs actions : l'occupation des toilettes publiques masculines, la performance des jeunes femmes en robe de mariage blanche tachée de sang rouge, pour protester contre la violence domestique, l'action de placer un peu partout des autocollants pour lutter contre le harcèlement sexuel. La lutte contre ce harcèlement s'est également manifestée, mais non suivie d'arrestations, par la consommation en public de pieds de porc salés.

Dans un chapitre intitulé « Les archiveuses du lesbianisme », Marine Gilis fait l'histoire du Centre lesbien d'archives et de documentation qui existe depuis 1984 (le CLDA). Elle s'interroge sur l'impact des nouvelles technologies et sur les processus de globalisation de la mémoire lesbienne, enfin sur la dynamique du CLDA. L'essor des mouvements homosexuels se fait d'abord aux États-Unis et n'apparaît guère en France, en ce qui concerne le mouvement lesbien, avant 1968. En Allemagne des collectifs naissent dans les années 1970. Des témoignages sont publiés. La création du CLDA confirme la construction du lesbianisme politique au sens du politique et de la politique, mouvement déjà commencé dans les années antérieures, avec les lesbiennes radicales qui, fort justement, et sans s'attaquer aux hommes très directement, s'en prennent au système que, quelle que soit leur bonne volonté à le combattre, ils continuent, par éducation et habitudes, à entretenir : temps de parole moindre pour les femmes, par exemple, dans les réunions où des hommes sont présents. Une mémoire du lesbianisme se constitue, dont les archives du CLDA témoignent, liens et réseaux d'échanges durables, histoire commune des luttes dans l'espace francophone européen entre les militantes qui se définissent comme les « copines ». Apparaissent la revue *Retour des Guérilleros*, l'association Respect. Au CLDA sont archivées, au cours des années 1990, des informations diverses recueillies sous le nom du fond Asie et qui enrichissent les connaissances et la recherche sur des pays non occidentaux. Le numérique permet d'envisager de nouvelles formes d'engagement à distance. L'auteure craint néanmoins que le CLDA ne soit perçu comme un musée par la nouvelle génération et plaide « pour une circulation facilitée de l'histoire des luttes, un certain rapport à l'immédiat et une exigence de renouvellement ».

Monique Selim intitule le sixième chapitre « Des génies ventriloques au Laos ». Les jeunes homosexuels, explique l'auteure, trouvent un refuge éventuel dans les cultes aux génies. L'auteure lie des champs contrastés : un État-parti figé, coupé de la société, beaucoup d'ONG, des rituels de possession qui puisent leur essor dans la croissance économique. Au Laos, de solides barrières conduisent à bâillonner la sexualité et à faire taire celles et ceux qui en parlent. Comme le montrent les exemples donnés, le rôle des ONG est ambigu : les choix de sexualité d'hommes et de femmes de haute compétence sont perçus par elles comme trop visibles. Les ONG s'attachent à offrir d'elles l'image la plus conforme possible. Les cultes des génies sont, dans les années 1990 comme autrefois, des révélateurs des transformations de la société laotienne. S'y manifestait alors une forte opposition à l'État-parti et un souhait d'ouverture au marché capitaliste. Aujourd'hui, par la voix de génies, se font entendre les affects personnels et les flux collectifs de transgressions de toutes sortes. Dans les cérémonies, les plateaux LGBT rayonnent de potentialités. Les cérémonies contemporaines se marquent par une *hubris* pouvant aller jusqu'à l'obscénité. L'extraordinaire éclosion de nouveaux génies s'est accompagnée de multiples vocations médiumniques. Les génies s'adaptent au nouveau capitalisme. Ils prennent n'importe qui, tout comme n'importe qui peut s'instituer médium. Les autels sont prêts à accueillir les divinités les plus variées et à sacraliser tous ceux qui y prétendraient. L'alliance entre la population et ses génies ouvre la voie à d'autres avenirs possibles. Elle fait pendant à l'union des ONG avec l'État-parti, plus tournée vers le passé. Au Laos comme ailleurs, les modes de réception des plateaux LGBT et genre constituent des noyaux centraux d'idéologies globales accompagnant le capitalisme financier.

Patience Biligha Tolane présente, dans le huitième chapitre, la travailleuse du sexe chinoise au Cameroun. C'est à partir de 2005 que la Chine, succédant aux Français qui y cherchaient des matières premières, a entrepris de commercer avec le Cameroun. Dans le même temps, des travailleuses du sexe chinoises sont apparue à Douala, la capitale économique et à Yaoundé, la capitale politique. Mais elles faisaient concurrence aux prostituées camerounaises qui en assassinèrent quelques-unes. Les prostituées chinoises se réfugièrent dans des hôtels de passe et dans des salons de massage dirigés par l'une d'entre elles. La prostitution est interdite au Cameroun depuis 1972. La prostitution chinoise est réservée principalement à une clientèle de classe moyenne et bourgeoise. L'auteure s'interroge sur les motifs qui ont amené des jeunes filles et jeunes femmes chinoises à la migration en vue de vendre leur corps. Nées en Chine, souvent de couples ayant dû payer l'amende pour le deuxième ou troisième enfant surtout si c'est une fille. Rappelons qu'en Chine, la fille doit s'intégrer totalement dans sa belle-famille lorsqu'elle se marie, contrairement à l'enfant de sexe masculin.

Ce déséquilibre a eu pour principale conséquence la migration prostitutionnelle de certaines d'entre elles. Il y a, chez elles et notamment chez la responsable des prostituées chinoises au Cameroun, interrogée par l'auteure, un profond rejet du rôle traditionnel assigné aux femmes en Chine. Cette collaboratrice de l'auteure, en quête d'affranchissement, opte pour la liberté et dit que, grâce à la prostitution, elle passe du statut de femme dominée à celui de femme émancipée. Lei – c'est son prénom – vient d'abord en France où elle travaille chez un oncle et une tante, puis elle est plongeuse dans un restaurant. Elle y rencontre son patron qui est recruteur de prostituées chinoises et commence à se prostituer dans les rues de Paris. Elle emprunte de l'argent à son recruteur, pour aider financièrement sa famille en Chine qui lui a avancé les frais de son voyage en France. Elle rembourse sa dette au recruteur. Celui-ci lui propose de quitter la France pour le Cameroun où il y a de l'emploi. À trente-six ans, elle arrive donc au Cameroun, elle travaille comme vendeuse à Yaoundé, puis comme cuisinière dans un restaurant dirigé par la responsable de la filière prostitutionnelle au Cameroun. Elle a maintenant quarante-sept ans. Elle a remboursé au recruteur les frais de son voyage et de son installation au Cameroun. Elle a acheté un salon de massage. Elle est en pleine ascension sociale et assure la formation des jeunes prostituées chinoises qui arrivent à Yaoundé. Endettées comme elle l'a été, elle leur explique comment elle a réussi à être autonome financièrement. Elle est d'accord avec les conclusions d'un rapport de l'Organisation internationale du travail qui dit que l'activité prostitutionnelle a quitté la sphère d'exploitation prostitutionnelle des femmes pour rejoindre l'économie de marché. Lei connaît la littérature sur l'abolitionnisme et le réglementarisme concernant la prostitution. Elle arrive à convaincre les nouvelles recrues qu'elles ne font pas une activité illégitime. Elle oppose la prostitution et le rôle de la femme dans la société chinoise qui se borne à être l'esclave de son époux.

Elle explique aux jeunes recrues, par un cours d'éducation sexuelle, les pratiques sexuelles que refusent d'accomplir sur le client les prostituées camerounaises. Elle leur indique qu'elles se feront plus d'argent en hôtel de passe que dans un salon de massage. Elle se sert de la *Bible* pour justifier l'aspect financier de la prostitution, en faisant valoir que Jésus a refusé de stigmatiser cette activité. « Jésus lui est là quand femme lui fait sexe à client ». Et les dieux chinois sont présents en image dans les chambres de l'hôtel de passe à Douala. Lei est indifférente à la santé de ses recrues. D'autres femmes remplaceront les prostituées malades. Tout est fait pour maximiser les gains de l'entreprise. « Tout travail amène mort », dit Lei.

L'auteure note, en conclusion, qu'il existe une chaîne de prises de décision qui part des simples travailleuses du sexe, va aux gestionnaires des établissements de massage vers la responsable des prostituées, pour aboutir aux recruteurs en Chine et aux dirigeants de la filière. Les prostituées rêvent de passer de subalterne à cheffe, c'est-à-dire d'avoir le statut de gestionnaire d'un établissement prostitutionnel. Le fonctionnement de la prostitution au Cameroun a quelque analogie avec celui du libéralisme économique mondial. En plus restreint. Les travailleuses du sexe chinoises souscrivent à leur chosification. Lei montre, par elle-même, l'attitude esclavagiste de la filière prostitutionnelle. Son désir d'autonomisation financière justifie, « légitime » pour elle, de travailler avec les dirigeants de cette filière. Thomas d'Aquin qui considérait l'embryon comme une création de Dieu, mais, fort justement, l'excluait de l'humain, soulignait par ailleurs le côté « tellement naturel » de la prostitution. Il la comparait aux toilettes, écrivait : « Cela sent mauvais, mais, sans toilettes, cela sentirait encore plus mauvais. » Il oubliait que des êtres humains ne sont pas des toilettes et que la prostitution en filière, en entreprise d'exploitation n'a rien à voir avec la liberté d'une femme de disposer comme elle l'entend de son corps. Quant à l'autonomisation financière, l'auteure montre que les maladies sexuellement transmissibles qui atteignent les prostituées n'empêchent pas les dirigeants de continuer à les faire travailler jusqu'à ce que, à bout de forces, elles soient envoyées dans un mouroir à Yaoundé ou rapatriées en Chine pour y mourir. Par ailleurs, Lei voit dans ses emprunts un adjuvant pour sortir de la précarité. En fait, la dette devient un instrument d'asservissement des femmes dans l'industrie prostitutionnelle. Incarnant la figure de la femme ayant réussi, les travailleuses du sexe voudraient ressembler à Lei. Mais elle n'est qu'un palier du système prostitutionnel, simple relais de la domination des dirigeants. Là encore, on ne peut s'empêcher de songer au système libéral économique dit capitaliste, où le paradis de la jouissance n'est pas dans le lit des travailleuses du sexe, mais dans la toute-puissance, le tout-pouvoir de *nomenklaturas* déshumanisantes qui, à titre de distractions, peuvent être avides de prostituées et de drogue.

Au chapitre neuf, Ting Chen s'interroge sur la subjectivité sans sujet et la sexualité sans sexe. Le sujet est considéré par l'auteur comme un lieu d'affrontements entre des logiques, des instances, des rôles assignés, hérités, désirés. Il n'est pas possible d'isoler le récit donné par le sujet de la scène d'interpellation. L'auteur se concentre sur deux objets : le pouvoir et la sexualité. Il rappelle les conceptions de Foucault : la sexualité est une construction sociale et politique gouvernée par les pouvoirs. La politique affecte le corps qui est également un pouvoir ; elle est vécue, incorporée, intériorisée. L'individu dominé par le pouvoir y réagit subjectivement, entre en rapport avec les normes. Enfin, l'auteur se demande si le récit qu'il va nous donner, toujours singulier, ne renvoie pas à un mode objectivement construit et subjectivement vécu, et si certains processus psychosociaux dégagés dans le récit ne sont pas issus des organisateurs collectifs du conscient et de l'inconscient.

Ting – l'auteur – a grandi dans une famille communiste. Il n'était pas doué pour les études, il a eu son bac en art, ce qui était mal considéré. Sa grand-mère paternelle était capitaliste. Son premier mari est mort. Elle a hérité de terres. Sa famille était très riche. À la révolution culturelle, les autres membres de sa famille ont pris la fuite en Thaïlande. Elle est restée, s'est remariée et, par le remariage avec le grand-père de l'auteur, elle est devenue communiste. Racontant à son petit-fils un apologue, elle le commente en disant : « Rends-toi en devenir. Pour vaincre quelque chose de dur comme un couteau, il faut quelque chose de souple comme l'eau. » Le père de Ting est allé travailler dans le nord. Il est devenu riche, a quitté sa famille, rencontré une femme beaucoup plus jeune que la mère de l'auteur. Celle-ci était écrivaine et journaliste ; elle travaillait pour une radio locale. Le grand-père paternel de Ting, à partir des années 1980, traumatisé par la guerre civile, est devenu, au point de vue mental, de santé fragile. Il porte toujours un pistolet sur lui. À l'accueil de son hôtel, lors d'un déplacement, on lui demande de déposer son arme. Il refuse, entre dans sa chambre, écrit : « La nation m'a donné mon arme, personne ne peut se l'approprier. » Et il se tire une balle dans la tête. À ce point de son récit, l'auteur note la fidélité de son grand-père maternel, de son grand-père paternel et de sa mère (toujours amoureuse de son mari) à un objet. « La fidélité à un objet qui nous identifie a toujours un prix. »

L'université a été, pour lui, très émancipatrice. Il ne retournait chez lui qu'une fois par an pour les vacances d'été. Il était très entouré, mais également très seul. Personne ne lui avait jamais appris la sexualité. Son premier plaisir date de ses 12 ans, en descendant un toboggan sur le ventre. À sa dernière année d'université, il a rencontré un garçon, ils sont restés amis pendant deux ans. Puis ils ont vécu en couple pendant les six mois précédant le départ de Ting en France. « Pour la première fois de ma vie, dit-il, je me suis genré comme une “femme” ». Il arrive en France en 2005, mais demeure attaché à son ami, lui téléphone, lui écrit. Jusqu'au jour où l'autre lui avoue qu'il a couché avec une fille, capable de lui faire un enfant, une « vraie » fille et non cet homme genré en femme qu'était Ting, femme, dit-il, « aussi fictive que performative ».

« Plus on est seul, confus, affaibli, plus on est marginalisé. » À 25 ans, toujours dans une école d'art, son père ne pouvant plus lui payer des études, Ting rencontre un scientifique qui a quinze ans de plus que lui. Il a sa propre entreprise en province et, à chaque sortie, paye quasiment tout. Il l'aide à obtenir un prêt bancaire. « J'étais de nouveau genré, dit l'auteur, dans un rôle de minoré, dans un rôle de femme, comme si en me maintenant dans cette relation, j'aurais un coût à payer ». Plus il pénétrait dans les milieux de l'art, plus il distinguait deux choses : l'art et le marché de l'art. « L'art, selon moi, se situe bien loin du fétichisme d'un musée, du capitalisme des galeries, de la bureaucratie d'un ministère. L'art s'exprime, l'art crée ». Pour continuer ses études, il envisage de se pacser avec quelqu'un qui pourrait l'aider financièrement.

Il y renonce, s'inscrit à une formation de médiation socioculturelle. Il est accepté au Centre Georges Devereux comme stagiaire, étudie l'ethnopsychiatrie, celle de Tobie Nathan. Il commence à travailler comme médiateur socioculturel avec des immigrants qui ne maîtrisent pas le français. « Ils ne savent pas à quel système de normes ils appartiennent, dit-il, et ils se marginalisent dans la société ». À propos de la psychanalyse, il note que les Chinois n'éprouvent pas le besoin de parler, d'énoncer. La parole vise « les mots au-delà des mots ». Elle laisse toujours à dire, en attente, elle fait allusion. Les Chinois s'intéressent moins à la conscience en tant qu'instance délibérative et réflexive qu'au fait de prendre conscience. Il s'agit de réaliser. La pensée chinoise exclut le doute comme démarche de vérité. Elle se fonde sur la situation et non sur le sujet comme instance initiatrice de la fondation de la réalité. « Cela ne veut pas dire, ajoute-t-il, que les Chinois ne sont pas des sujets ou bien que nous ne pouvons pas appliquer une lecture du sujet aux Chinois, cela veut dire que les Chinois n'ont pas une lecture d'eux-mêmes à partir du concept de sujet. »

En 2012, Ting commence à travailler à Médecins du monde comme médiateur socioculturel bénévole accompagnant un programme de réduction des risques pour les femmes chinoises prostituées à Paris. À propos d'une jeune fille accusée de prostitution et liée à une supposée proxénète tenant un salon de massage, Ting relève que, questionnée sur son ami soupçonné de complicité dans sa prostitution, cette jeune fille ne sait pas distinguer entre ses peurs : peur de perdre la possibilité d'obtenir ses papiers et un logement ; peur que le fait de vivre avec un monsieur le fasse accuser de proxénétisme ; peur de décevoir cette personne qui croit en elle. « Elle a honte d'elle, conclut Ting, elle est amoureuse de lui. » Le sujet émerge quand on l'interpelle. Placé devant une sorte de châtiment, le sujet se met à restituer son soi, à raconter sa vie. C'est dans cette relativité avec les normes et dans cette recherche de justice que naît une prénotion de sujet. L'interpellation reste éclairante, il y a une luminosité qui permet de percevoir le soi du sujet et de le reconnaître. Le pire pour un sujet, c'est l'invisibilité, c'est la non reconnaissance absolue de soi et de l'autre. Quand une prostituée chinoise se fait tuer, cela ne soulève la préoccupation et la vigilance de personne. Cela reste entre prostituées. À part les violences physiques, psychiques et sociales, le non-lieu de l'interpellation efface les paroles de la restitution, gomme les lumières de la reconnaissance. En clinique, le chercheur met en place les dispositifs pour l'accès à la subjectivité du sujet, en même temps qu'il prend en compte sa propre subjectivité en analysant son contre-transfert, mais aussi les va-et-vient des sujets dans la co-construction du sens dans une dimension intersubjective. La subjectivité à l'épreuve du social implique les processus psychiques et sociaux, subjectifs et collectifs, par lesquels le sujet en situation sociale donne sens à son expérience. Un objet de la recherche pourra se transformer, se déplacer, s'enchaîner avec, engendrer, interpeller un autre objet. Il s'agit de construire un problème, une position de problème, pour « s[e] sortir » du problème précédent, en espérant qu'entre les deux il se passe quelque chose.

Le double rapport du chercheur (l'auteur) est déjà là avant qu'il l'incarne : un devenir femme/prostitué ; la société à laquelle il appartient peut le genrer dans un état de femme et dans celui de prostitué ; un devenir chercheur de femme prostituée : les prostituées rappellent à l'auteur que, même en situation de marginalité, elles continuent à penser, à rechercher, à se débrouiller. Il s'agit pour l'auteur de comprendre l'articulation entre les sentiments d'émancipation et d'aliénation chez les femmes chinoises et de témoigner de leur intériorisation de l'individualisme dans les sociétés modernes, de saisir leur rapport entre je-famille-peuple-État et moi-femme-désir-être. L'épreuve de l'intimité n'a lieu que lorsque les deux parties de la relation s'investissent. La recherche de l'intimité est aussi liée à la peur de la violence d'autrui. Dans la demande d'intimité, il y a comme un rappel de sécurité, de responsabilité et d'humanité de l'autre. Mais il peut y avoir distorsion entre l'intimité représentée et l'intimité réelle. Le jeu créatif de l'intimité mène aux possibilités de transformer la situation. À condition de « prendre la place que le terrain vous donne, de regarder et comprendre à partir de cette place » (Favret-Saada). Enfin, ce que, dans un rêve du chercheur, une prostituée chinoise peut attendre, c'est un eunuque socialement homme, mais sans pulsions, intimement femme mais sans compétitivité, suffisamment fidèle mais sans la séduction. Autrement dit une sexualité sans sexe.

En conclusion, dit l'auteur, les individus qui n'ont pas les moyens d'agir sur la politique apprennent à jouer avec le pouvoir : la sexualité. Pour survivre entre une place assignée et une place émancipée, les individus qui ne peuvent pas accepter psychiquement leurs rôles et qui ne peuvent pas non plus construire un espace social pour être, apprennent à jouer avec l'identité. Pour autant – c'est la question que je me pose –, sous prétexte que le dominant a besoin du dominé pour exercer son pouvoir, faut-il que le lien de dépendance devienne seulement une négociation potentielle ?

Le dixième chapitre, dont les auteurs sont Laura Alvarez, David Aruquipa et Pascale Absi, porte sur la question des transsexuels et des homosexuels au premier sommet planétaire de décolonisation et de dépatriarcalisation, à La

Paz, en Bolivie, en 2015. Il s'agit d'une réunion des deux premiers auteurs cités avec Pascale Absi, après ce sommet consacré à la lutte contre le racisme et toutes les formes de discrimination. Evo Morales, le premier président « indigène » du pays, est arrivé au pouvoir en 2005. La nouvelle Constitution entérine la refonte de la République en trente-cinq nations indigènes avec une population afro-bolivienne. Décoloniser signifie prendre ses distances avec l'héritage de la colonisation espagnole, mais aussi avec les élites politiques traditionnelles identifiées au monde occidental et au néolibéralisme. La décolonisation répond aussi à l'idée que le patriarcat, dans sa forme actuelle, est un héritage non seulement de la colonisation espagnole, mais de la christianisation. Le vice-ministère de la Décolonisation est devenu l'interlocuteur étatique des organisations concernant la diversité sexuelle. Les revendications des populations indigènes et LGBT en Bolivie exigent la reconnaissance par des organisations internationales de droits spécifiques à des populations identifiées comme minoritaires (minorités nationales, ethniques, religieuses et linguistiques), et comme minorités sexuelles.

Les associations informelles d'homosexuels et de transsexuels s'institutionnalisent et se fédèrent au sein d'un collectif. La Constitution condamne les discriminations fondées sur la couleur de la peau, l'origine, la culture, la nationalité, la langue, le sexe, l'orientation sexuelle et l'identité de genre. La loi de 2016 sur l'identité de genre permet de changer la mention du sexe à l'état civil, sans nécessité de modification corporelle ni de diagnostic médical. Les revendications du collectif LGBT bolivien se centrent maintenant sur l'institutionnalisation d'une union civile homosexuelle appelée « Accord de vie en famille ». Les militants LGBT ont à jouer avec les interstices et le flou d'un projet qui présente une vision très normative de la nature indigène du gouvernement et s'affiche comme promoteur d'un ordre nouveau en rupture avec les hégémonies du passé, toutes considérées comme coloniales. Pour des militants comme David et Laura, il s'agit de dénaturaliser les catégories homme et femme.

La vision des intellectuels du vice-ministère est très différente. Ils veulent rompre avec l'individualisme occidental universalisant. Ils interprètent le couple hétérosexuel comme la manifestation naturelle d'un modèle cosmogonique indigène organisé par la complémentarité d'éléments à la fois sexués et contraires. « Homme-femme » fond homme et femme dans une unité monolithique et figée. Le livre de Félix Cardénas, l'actuel vice-ministre de la Décolonisation, témoigne de cette conception. Les militants LGBT s'en approprient la logique et la réinterprètent pour servir leurs objectifs. Laura Alvarez démontre que, si la nature est une inspiration légitime, elle est plus ambivalente qu'il n'y paraît. Laura plaide pour une mise en évidence militante et festive des traditions d'inversion du Carnaval. Il s'agit de négocier avec le gouvernement dans son propre langage. Chez les militants LGBT, l'autochtonie apparaît comme facteur de légitimation sociale et politique. Certains des indigènes persistent à penser les homosexuels et les transgenres comme une invention de l'Occident. Le président Morales a lui-même déclaré que le poulet aux hormones des Occidentaux était à l'origine de l'homosexualité.

Les militants TLGB (LGBT boliviens) n'étaient pas invités au Congrès. David Aruquipa a demandé au vice-ministre pourquoi le thème de la sexualité ne faisait pas partie du programme. Il s'agit, selon David, d'utiliser le corps comme scène politique. Les objectifs sont de politiser et de rendre public le débat sur la sexualité, de questionner la perspective qui la réduit à la sphère privée et à l'intimité et de partir du postulat qu'il est possible, depuis les cultures, de transformer la pensée sur les identités de genre et sur les sexualités. L'agenda du vice-ministère ne doit pas être élitiste, s'isoler du corps, du genre, des plaisirs et des sexualités. Il doit engager le dialogue avec le tissu culturel du pays, avec les peuples, avec les cultures populaires. L'État national implique de reconnaître l'existence de formes et de processus divers de construction sociale des sexualités et du genre. Les militants et militantes ont introduit, dans le Comité contre le racisme et toutes discriminations, le sexe et la sexualité. D'après Laura (Alvarez), des camarades indigènes ont été expulsés de leur communauté et de leurs syndicats agraires et leurs terrains ont été confisqués. Le Comité contre le racisme et contre toutes les discriminations s'est divisé en deux sous-comités de travail : le sous-comité de lutte contre le racisme où l'on trouve les organisations et mouvements indigènes et paysans, d'une part, et, de l'autre, le sous-comité contre les discriminations où sont présents les organisations TLGB, les travailleurs sexuels, les personnes porteuses du sida, les seniors, les personnes handicapées, etc. Le sous-comité contre le racisme a marqué des points dans le domaine des droits, alors que l'autre ne suscite qu'indifférence. Selon le dualisme indigène, écrit Laura, les deux sexes interagissent en fonction du critère homme/verge, femme/vagin et, bien entendu, la reproduction. En l'occurrence, écrit David, la réciprocité sexuelle a annulé les corps, les plaisirs, les sexualités (on pense à Lacan disant qu'il n'y pas de rapport sexuel). Les transgenres n'assument pas seulement l'amour et la vie commune entre deux personnes de même sexe ; ils vivent en cassant les rôles de genre, les rôles sexuels et tout ce qui va avec. Pourquoi, dit Pascale Absi, ne pas rompre une fois pour toutes avec la nature, en revendiquant les êtres humains comme avant tout des êtres culturels ? (On pense au premier Levi-Strauss, celui de la préface aux *Structures élémentaires de la parenté*). Tant que l'on se fonde, dit David, sur le discours indigéniste de la dualité, de la réciprocité, on assiste à des discours hégémoniques hétérosexués hérités du colonialisme et du patriarcat, dans un pays plurinational où l'on clame la décolonisation et la dépatriarcalisation. Selon Laura, le dualisme est d'abord colonial, et ensuite scientifique. J'aurais dit scientiste. Il n'appartient pas en propre aux indigènes. Eux ont oublié ce qui leur est propre sous l'influence du scientisme et de la colonisation. La réciprocité sexuelle, le dualisme sont des concepts très coloniaux, propres à l'Église et au scientisme. Je dirai que la nature a été mise, dans le scientisme, à la place de Dieu. La Constitution, selon David, limite le mariage et l'union civile à l'union d'un homme et d'une femme. C'est une manière de « légitimer » les exclusions et les discriminations, sans reconnaître les pratiques qui existent au sein des communautés indigènes. Il y a une brèche entre les pratiques et le discours indigène qui peut conduire à la persécution et à l'exclusion de celles et de ceux qui exposent une sexualité dissidente. Les homosexuels et les transgenres avaient une place légitime dans les sociétés indienne, inca, aymara, quechua, etc. L'homosexualité n'est pas un produit du capitalisme européen, ni de la colonisation, comme l'a cru Morales. Les chroniques de Ciezo de Leone (1553) et de Santo Tomas (1552), et non les chroniques officielles de Gaman Poma de Ayala précisent l'existence de relations homosexuelles dans l'Empire inca, indique une note de l'ouvrage. Les métis, d'après Laura, recherchent, du côté indien, leurs racines, leurs coutumes et veulent leur donner un sens à la fois politique, culturel et revendicatif. Peu importe l'indigénisme, écrit David. Le problème, c'est l'hégémonie, occidentale et celle qui provient du discours indigène. C'est pourquoi il faut connaître l'histoire des sexualités indigènes pour construire des stratégies de dialogue. Le combat est plus identitaire, selon Laura, quand, en plus de sexualités dites dissidentes, on a une origine et qu'on fait partie d'une culture indienne. C'est moi qui utilise le mot indien, il n'est pas dans l'ouvrage. Nous constituons une construction politique, écrit David, pour interpeller les hégémonies, le pouvoir en place et le pouvoir du discours indigène. Notre mission est de déstabiliser. Et pour cela nous intervenons dans les fêtes populaires, au sein même des communautés indigènes. Au Congrès, Laura prétend que lorsqu'elle a commencé à parler quechua, les oreilles se sont dressées. Mais la revendication homosexuelle, contradictoire avec le discours des « indigènes » leur a fait mal. Un ministre est intervenu, a un peu calmé les esprits en attaquant de front le dualisme sexuel. La demande du collectif TLGB a été incorporée aux demandes des femmes indigènes, des femmes paysannes, pour qu'il n'y ait plus de violence et de discrimination. Au début, celles-ci ont refusé, à cause de la dualité, puis elles se sont solidarisées à cause de l'argument de la violence faite aux femmes. Elles se sont rendu compte de qui commande. Celui qui domine, c'est l'homme. Le paragraphe du Comité, dans la déclaration finale au Congrès, disait qu'il fallait débattre des sexualités et des genres au sein des peuples autochtones et jeter des lignes de recherche liées à ces thèmes et en relation avec la vie quotidienne. Oui, cela a été utile. De pouvoir déstabiliser le discours venu d'en haut.

Dans sa conclusion intitulée « Captures identitaires de femmes », Monique Selim met en cause l'identité victimaire généralisée que tendent à donner aux femmes les féminismes actuels et une opinion publique qui se sert de l'étranger, de l'inconnu, comme prédateur sexuel – quelle que soit la véracité des faits qui lui sont reprochés. Cette victimisation des femmes les resubstantialise, les essentialise face à la domination des hommes soit disant possesseurs, les renvoyant à leur fonction sociobiologique d'épouses et de mères chargées de la reproduction. La maternité pèse, en effet, plus lourdement sur les femmes que sur les hommes qui ne participent encore que faiblement au soin d'élever les enfants. Mais, pas plus qu'en ce qui concerne leur victimisation, des mesures publiques ne sont prises contre le harcèlement sexuel ou pour garantir les déplacements nocturnes des femmes dans les rues. Le *care* est toujours réservé aux femmes et aucune institutionnalisation, dans une politique de soins, ne vient apporter une certaine équivalence dans la participation des hommes et des femmes en ce qui concerne les soins aux enfants. Avec le chômage, la crise de l'emploi et les ajustements néolibéraux, le travail – celui des hommes – s'éloigne tout autant qu'auparavant d'une gestion personnalisée et internalisée des tâches que les femmes sont assignées à exécuter. Mais ce contre quoi Monique Selim s'élève avec vigueur, c'est l'ethnicisation des femmes et des féminismes. Le « eux et nous » colonialiste reprend de nouvelles couleurs, avec le terrorisme et les attentats. « Les allochtones sont considérés comme un danger de perversion de la culture et des femmes autochtones ». En Inde, l'entrée des femmes est interdite dans des temples, au prétexte que leurs menstrues sont une souillure et que l'on ne peut savoir si elles les ont ou non. « Au nom de femmes partisanes, volontaires, indifférentes ou inconscientes, de leurs captures, sont mises en scène et rejouées mécaniquement les scissions terrorisantes du monde global présent. »

L'affaire du burkini, cette tenue vestimentaire adoptée par des femmes musulmanes ou converties à l'islam pour aller se baigner, est symptomatique d'un soi-disant exercice, en toute souveraineté individuelle, du libre arbitre auquel seraient poussés avec force chacun et chacune. Pure apparence. « L'infinie diversification des individus, reposant sur la liberté de gestion de leur intimité, constitue un pas décisif des idéologies de la légitimation – je mettrais, pour ma part, légitimation entre guillemets –, de la globalisation capitaliste. Autrement dit, les soi-disant libertés dans l'intime sont récupérées par la « religion » du libéralisme et du néolibéralisme et mises au service de la production et de la consommation des fétiches habituels plus ou moins sexualisés. La notion-slogan « diversité » suscite des reprises qui se donnent à voir dans tous les assujettissements symboliques des femmes, assujettissements qui tendent à proliférer. « La femme drapeau doit incarner la liberté programmée et dominée par la nation et ses représentants élus. » Les attributs de femmes-symptômes se hasardant sur les plages peuvent être ambigus, innovants, mais ils sont vite rabattus sur des catégorisations archaïsantes. La persécution des femmes, par un État autoritaire ou démocratique, est un acte périlleux. « La criminalisation conduit au crime, écrit un auteur. Le taux de féminisation des fomenteurs d'attentats, augmente. »

Louis Moreau de Bellaing

***

Catherine COLLOMP, *Résister au nazisme. Le* Jewish Labor Comitee, *New York, 1934-1945*, Paris, CNRS Éditions, 2016, 310 p.

L'exil est l'un des modes d'existence du mouvement ouvrier et socialiste international. Eux-mêmes censés organiser une classe ouvrière multinationale segmentée et qui maintient dans l'immigration ses modes d'action et ses publications dans les langues d'origine, le syndicalisme et, dans une moindre mesure, le socialisme américains sont confrontés au défi de l'internationalisme. Cette problématique est au cœur des recherches de Catherine Collomp, historienne de la classe ouvrière américaine et des migrations.

Depuis de longues années, elle a été amenée à s'interroger sur l'action d'un groupe spécifique, le *Jewish Labor Committee*. Constitué en 1934 pour soutenir les mouvements socialistes européens de pays où le fascisme (Italie) et le nazisme (Allemagne) ont accédé au pouvoir, il s'est aussi préoccupé du sort des Juifs dans une double perspective : le soutien et le sauvetage. L'un des obstacles majeurs à son action était le traitement indifférencié réservé par les États-Unis aux immigrés et réfugiés, également soumis aux quotas. Au problème de l'obtention de visas prétendument temporaires s'ajoutait celui du soutien matériel à apporter aux partis socialistes en butte aux poursuites et aux persécutions : en l'occurrence, il s'agissait de collecter des fonds, en faisant appel, notamment, aux syndicats américains, AFL et CIO.

Catherine Collomp a tenté de démêler l'écheveau complexe des connexions entre les organismes de secours. Elle est aussi parvenue à reconstituer le puzzle compliqué des divers aspects qui ont fait l'objet d'études monographiques, par nationalités ou par catégories sociales. Si, de longue date, ont été approfondies les études sur les composantes de l'exil germanophone – Allemagne et Autriche – ou italien, on connaît moins bien la question de l'exil des ressortissants d'Europe de l'Est – Juifs, Russes, Polonais par exemple. Aborder le sujet suppose donc une bonne connaissance des mouvements socialistes en exil, mais aussi de leurs interconnexions. De même, la distinction a été opérée entre migrations intellectuelles et militantes, en particulier pour ceux qui sont partis de France à partir de 1940. Ainsi, l'action de Varian Fry pour obtenir, au nom de l'*Emergency Rescue Committee*, des visas d'entrée aux États-Unis pour les artistes et les intellectuels (dont les surréalistes) est-elle mieux connue que celle qu'il mit en œuvre avec Frank Bohn, mandaté par l'AFL pour porter secours aux militants. Ce dernier répondit d'ailleurs à l'injonction de l'ambassade des États-Unis en France de mettre un terme à sa mission dès septembre 1940, tandis que Varian Fry restait à Marseille un an de plus et assumait la tâche de son collègue. L'exfiltration, cependant, n'a pu être exhaustive.

L'action du *Jewish Labor Committee* a également comporté un aspect diplomatique auprès de l'administration américaine. Composé pour une bonne part de bundistes (membres de l'Union ouvrière juive en Pologne, Russie et Lithuanie fondée en 1897), le *Jewish Labor Committee* excluait tout soutien aux communistes. Catherine Collomp publie en annexe trois listes de militants à exfiltrer de France : la plus nombreuse est celle des ressortissants de l'ancien empire russe : bundistes et mencheviks, bien évidemment, mais aussi les principaux dirigeants du Parti socialiste révolutionnaire, un œcuménisme qui pouvait s'étendre aux démocrates pour les germanophones et les Italiens, bref, à l'ensemble du spectre antifasciste.

Un autre sauvetage, mis plus récemment en lumière, a concerné les Juifs de Lithuanie, censés parvenir aux États-Unis *via* l'URSS et le Japon. Là, ce fut le consul à Kovno, envoyé de l'ambassade du Japon de Berlin, qui procura les quelques 3 500 visas nécessaires pour les Juifs et pas seulement pour les bundistes, protégés du *Jewish Labor Committee. L'American Jewish Joint Distribution Committee* (*Joint*), présent depuis longtemps dans l'Est européen, fut mis à contribution pour avancer les fonds. Après l'attaque de Pearl Harbor, ceux qui n'avaient pu regagner les États-Unis furent laissés sans ressources à Shanghai, sous domination japonaise.

Mais le *Jewish Labor Committee* contribua également à soutenir la résistance socialiste en France. Léon Blum, qui avait déjà obtenu des visas pour la France pour ceux des socialistes qui quittèrent Berlin et l'Allemagne après la prise de pouvoir par les nazis, principalement des ressortissants de l'ancien empire russe qui disposaient de meilleures connexions avec les socialistes français que les sociaux-démocrates allemands, fut un interlocuteur privilégié du *Jewish Labor Committee* avant et après sa détention.

Si les historiens allemands ou de l'Allemagne ont tenté d'apporter un correctif à la vision d'une adhésion unanime des Allemands au nazisme et braqué leurs projecteurs sur les diverses formes de résistance – tandis que, dans leur récit national, les Autrichiens se présentaient comme les premières victimes du nazisme –, les historiens américains furent nombreux à déplorer le manque de soutien des États-Unis aux personnes persécutées. Le récit de l'action du *Jewish Labor Committee* vient infléchir quelque peu cette image et là, pas plus qu'en Allemagne, l'action antifasciste du mouvement ouvrier et socialiste ne saurait être minimisée, l'internationalisme étant en l'occurrence bien plus qu'une figure de style.

Claudie Weill

Résumés/*Abstracts*

François JARRIGE

L'invention de l'« ouvrier-machine » : esclave aliéné ou pure intelligence au début de l'ère industrielle ?

La figure de « l'ouvrier-machine » – dont le publiciste Lemontey annonçait dès 1801 qu'il serait « timide et sédentaire », « prodigieusement ignorant, crédule et superstitieux » – est un enjeu de débat récurrent aux premiers temps de l'industrialisation. En explorant les usages de l'expression « ouvrier-machine » et les interprétations contradictoires qu'elle suscite dans la première moitié du XIXe siècle chez les théoriciens de l'économie politique et parmi les artisans et ouvriers qui prennent la plume pour décrire leur condition de travail, l'enjeu est d'explorer la généalogie et les fonctions de ce thème de l'homme-machine. De la condamnation morale de l'ouvrier aliéné et esclave du machinisme à la célébration de l'ouvrier devenu « pure intelligence », tout un spectre de significations s'élabore pour caractériser cette figure nouvelle aux premiers temps de l'âge industriel et ainsi tenter d'en fixer les contours et les significations.

Mots clés : ouvriers, mécanisation, économie politique, conflits et controverses

The invention of the "machine-worker": the labourer as a slave or pure intelligence at the beginning of the industrial era?

The figure of the "machine-worker" – which the publicist Lemontey described in 1801 as "timid and sedentary", "prodigiously ignorant, credulous and superstitious" – was the object of recurring debate at the beginning of the industrialization. In exploring the uses of the expression "machine-worker" and the contradictory interpretations which it provoked in the first half of the nineteenth century among the theoricians of political economy and among craftsmen and workers who try to describe their condition of work, the aim of this paper is to explore the genealogy and functions of this human-machine theme. From the moral condemnation of the alienated and enslaved worker to the celebration of the worker as a "pure intelligence," a whole spectrum of meanings is elaborated to characterize this new figure in the beginning of industrial age and thus endeavoring to define its contours and meanings.

Keywords: *Workers, Mechanization, Political Economy, Conflicts and Controversies*

Barthélémy DURRIVE

Deux ouvriers-machine, avant et après Taylor

La métaphore de l'homme-machine, qui peut signifier différentes choses, a pris un sens précis et littéral dans le cadre de la constitution d'une sous-discipline nouvelle (en France, entre la fin des années 1850 et celle des années 1910) appliquant la physiologie de l'activité musculaire à l'étude du travail humain. Cette « physiologie du travail professionnel » a été initialement développée sans connaissance des travaux de Taylor, mais elle a pris un tournant décisif (qui amènera à son échec, puis à un renouvellement profond sous la forme de l'ergonomie) en rencontrant le taylorisme, introduit entre-temps en France. En se focalisant sur la description des dispositifs expérimentaux, le présent article propose de comparer deux moments dans cette histoire – 1858 (avec le « moteur-homme » de G.-A. Hirn) et 1913 (avec le « rendement de la machine humaine » chez J. Amar) – pour mesurer la différence de sens qu'a pu prendre la métaphore.

Mots clés : physiologie du travail, histoire de l'ergonomie, représentations du corps, dispositif expérimental, sciences appliquées

Two machine-workers, before and after Taylor

The simile comparing humans to machines may bear different meanings. Yet, as a brand new scientific program applying muscle physiology to the study of human work gradually appeared in France (roughly between 1860 and 1920), the metaphor began being used in a literal sense. "Professional work physiology" was first developed without any reference to Taylor – as his writings were not translated into French until the late 1900's. When these two scientific traditions met, however, "professional work physiology" took a different turn. This paper investigates how, by comparing two different moments in this gradual formation of a novel discipline: 1858 and 1913, that is: before and after Taylor's writings are introduced in France. Focusing each time on the experimental setups involved, the first part of the paper studies G.-A. Hirn's "man-motor", while the second studies Jules Amar's "yield of the human machine". The aim is to understand how the meaning of the simile evolved.

Keywords: *Work physiology, History of ergonomics, Body Image and Representation, Experimental Setup, Applied Sciences*

Olivier DARD
« L'Homme des machines » de Georges Bernanos

Dans *La France contre les robots*, essai publié en 1947, Georges Bernanos (1888-1948) traite de « l'homme des machines ». Il y dénonce un monde « voué à l'Efficience et au Rendement » et déplore de constater que « la civilisation des machines » fabrique des « hommes habitués, dès leur enfance, à ne désirer que ce que les machines peuvent donner ». La contribution est organisée en trois temps. Il s'agit d'abord de resituer cette réflexion sur « l'homme des machines » dans le contexte des années 1930-1940 et le prolongement de l'œuvre bernanosienne. Sont ensuite analysés le contenu de la prose bernanosienne puis la réception de *La France contre les robots* dans la France de la Reconstruction. Une réception somme toute limitée, même si aujourd'hui cet essai suscite un regain d'intérêt.

Mots clés : Amérique, efficacité, France, machinisme, progrès

Georges Bernanos and the "man of machines"

In his book titled La France contre les robots *(France against robots) and published in 1947, Georges Bernanos (1888-1948) deals with the topic, the "man of machines". He denounces a "world devoted to efficiency". He*

deplores the fact "that the civilization of machines manufactures men accustomed from their childhood to desire only what machine can give them". The paper is organized in three parts. First, it is necessary to situate this reflection about the "man of machines" in the context of the 1930-1940's and the prolongation of the work of Bernanos. Next, the content of the Bernanos prose is analysed and then the reception of La France contre les robots *in the context of the France of Reconstruction. A very limited reception even though this book arouses a renewed interest.*

Keywords: *America, efficiency, France, machinery, progress*

Alexandre MOATTI

Vocabulaire et controverses autour de la cybernétique et du surhumain, années 1960-1970

Nous faisons un panorama choisi, et non exhaustif, de controverses médiatiques sur le thème de « l'homme-machine » au cours des années 1960-1970, et du vocabulaire utilisé. Un premier groupe d'auteurs, à caractère critique, est constitué par des proches du situationnisme comme Lefèvre (et son *cybernanthrope*) ou Vaneigem. Un deuxième groupe, exaltant la cybernétique, est constitué de ceux (Armand, Moles) qui se veulent « visionnaires de la modernité » (et que Vaneigem qualifie de « chiens de garde du futur »). Un troisième débat est celui auquel se livrent deux figures tutélaires de la science à cette époque, le biologiste Jean Rostand et le jésuite Pierre Teilhard de Chardin – l'un évoquant timidement le *surhumain* et l'autre théorisant sa notion d'*ultra-humain*. Ces trois pôles sont aussi étudiés du point de vue du caractère médiatique des auteurs, des réseaux qu'ils forment, et du vocabulaire qu'ils utilisent à propos de l'homme-machine.

Mots clés : cybernétique, situationnisme, cybernanthrope, ultra-humain, technique

Vocabulary and controversies around the cybernetics and around the superhuman, years 1960-1970

We make a chosen, but not exhaustive, panorama of media controversies on the subject of "man-machine" during the years 1960-1970, and the used vocabulary. A first group of critical authors are constituted by situationists

such as Lefèvre (and his cybernanthrope) or Vaneigem. A second group, exalting cybernetics, is made up of those (Armand, Moles) who see themselves as "visionaries of modernity" (and which Vaneigem calls "guard dogs of the future"). A third debate is produced by two tutelary figures of science at that time, the biologist Jean Rostand and the Jesuit Pierre Teilhard de Chardin – one timidly evoking the surhumain and the other theorizing his notion of ultra-humain. These three poles are also studied from the point of view of the media position of the authors, the networks they form, and the vocabulary they use on the topic of man-machine.

Keywords: *Cybernetics, Situationnisme, Cybernanthrope, Ultra-Human, Technics*

Claude DIDRY

L'enfant-machine. Note sur la fabrique et la machinerie dans *Le Capital*

« Les premiers mots de l'emploi capitaliste de la machine furent donc pour le travail des femmes et des enfants ! » Loin des envolées optimistes du *Manifeste*, la machine du *Capital* précipite les enfants dans le travail, en requérant une masse de manœuvres ou en conduisant les parents à placer les enfants dans des secteurs traditionnels où les métiers sont devenus des opérations parcellisées et sans avenir. En ce sens, la machine détruit la famille ouvrière et réduit à néant la capacité autoémancipatrice d'une classe ouvrière enfermée dans des tâches abrutissantes dès le plus jeune âge. Mais elle éveille le besoin d'une main-d'œuvre en mesure d'accompagner les développements technologiques par une culture technique élargie, la « révolution industrielle » comme mise en cause permanente du processus de production annonçant le « plein développement » de l'humanité envisagé dans l'*Idéologie allemande*.

Mots clés : *Le Capital*, machine, enfant, ouvrier, famille

Child Machine, note on the Factory and the Machinery in Karl Marx's Capital

Far from the optimistic revolutionary horizon of the Manifesto, Capital*'s machine precipitates children into labor, requiring a mass of maneuvers or leading parents to place children in traditional sectors where trades have become parallelized and futureless operations. In this sense, the machine destroys the working-class family and destroys the self-emancipating capacity of a class locked in debilitating tasks from the youngest age. But it arouses the need for a workforce able to accompany technological developments with an expanded technical culture, the "industrial revolution" as a permanent reconsideration of the production process announcing the "full development" humanity envisaged in the* German Ideology.

Keywords: *The Capital*, Machine, Child, Worker, Family

Alain P. MICHEL

Pierre Bézier et ses machines-outils. La pensée technique d'un mécanicien en miroir des controverses machinistes de son temps (1920-1980)

Pierre Bézier (1910-1999) est un ingénieur innovateur de Renault, pionnier de l'automation et de l'informatique industrielle. Il était un technicien de son temps, fier de ses actions dans des domaines de pointe de l'industrie. De leur côté, les sciences humaines produisent une abondante littérature qui rend compte du phénomène machiniste et proposer des théories à propos des transformations sociales qui en découlent. À partir des archives personnelles de Bézier combinées à celles de l'entreprise Renault, je propose de confronter l'expérience d'automatisation de l'ingénieur à l'évolution de la littérature industrialiste tout au long de sa carrière (1920-1980). Les perceptions culturelles et politiques des uns face aux ressentis techniques de l'autre. Beaucoup de polémiques des sciences sociales échappent au praticien. En miroir (déformé), les débats des chercheurs ne sont pas toujours des réactions directes aux évolutions des machines. La culture et la technique ont des agendas distincts, mais non étanches.

Mots clés : industrie, automatisation, numérisation, CFAO, Renault

Pierre Bézier's Machine Tools. Technical Thoughts of a Mechanic Engineer versus Machinists Controversies of his Time (1920-1980)

Pierre Bézier (1910-1999) was major innovator in the field of automation and industrial computing. He was a Renault engineer and technician of his time, proud of his achievements high-tech industry throughout his career (1920-1980). Meanwhile the social science researchers produced an abundant literature that reflected the machinist phenomenon and proposed theories about social transformations arising therefrom. My point is that there was a distorted mirror between these two worlds. I confront the experience of an engineer to the evolution of the industrialist literature through Bézier's personal archives combined with Renault's company records. Many social science controversies about machines are absent of the practitioner's files and vice-versa. Sometimes they match and other times they compete. Culture and technology have separate agendas...

Keywords: *Industry, Automation, Digitalization, CAD&M (Computer-Aided Design And Manufacturing), Renault*

Cédric PERRIN

Un ordre économique sans machine ? Penser et repenser l'artisanat et la société française au XXe siècle

Confronté à l'industrialisation des économies européennes, l'artisanat a pu apparaître comme un ordre économique sans machine. Or, cette identification à un travail purement manuel pose problème et elle interroge sur les façons dont l'artisanat a été pensé. L'article montre d'abord qu'il s'agit d'une construction sociopolitique fondée sur un rejet de la modernité. Celle-ci a fait obstacle à la compréhension des dynamiques qui ont travaillé ce secteur de l'économie française au XXe siècle. En effet, les machines ont bien pénétré dans l'artisanat et la question est bien davantage de savoir comment s'est opérée cette mutation, avec quels moyens, quels obstacles… Enfin, l'introduction des machines a transformé les modes opératoires du travail artisanal, mais en suivant des relations complexes dans lesquelles l'artisan transforme également les machines et produit son propre rapport à la machine.

Mots clés : artisanat, travail manuel, machines, mutations, gestes

An economic order without machine? Thinking and rethinking Artisanat and French society in the twentieth century

Confronted with the industrialization of the European economies, Artisanat may have emerged as an economic order without machine. However, this identification in a purely manual work raises problem and it questions about the manners of which the craft was thought. The article shows at first that it is a socio-political construction based on a rejection of the modernity. This one impeded the understanding of the dynamics wich worked this sector of the French economy in the twentieth century. Indeed, machines penetrated well into the artisanat and the question is much more to know how this mutation was made, by what means, what obstacles... Finally, the introduction of machines transformed the modus operandi of the craft work, but by following complex relations in which the craftsman also transforms the machines and produces his own relationship to the machine.

Keywords: *Artisanat, Manual Work, Machines, Mutations, Moves*

Cynthia COLMELLERE

Contrôler le travail et les relations sociales ? Tensions et ambivalences autour de la division du travail dans l'industrie chimique et pharmaceutique

Cet article porte sur la perpétuation de l'ordre social du capitalisme dans deux *industries de flux* – la chimie et la pharmacie. Les deux études de cas approfondies concernent des modifications importantes des installations et de l'organisation du travail. L'analyse du travail de modification montre que : 1) les ingénieurs et managers se saisissent de la division du travail comme d'un objet scientifique pour agir sur les relations sociales et les relations hommes-machine, 2) les travailleurs déploient des formes de résistances individuelles et collectives, en réponse à cette rationalité technicienne et managériale. Au-delà de ce constat bien connu, l'étude du travail de ces différents acteurs révèle qu'ils mobilisent les ressorts comme les critiques de la division du travail dans des discours et des attitudes parfois contradictoires. Elle contribue ainsi à la compréhension du travail et de ses régulations en lien avec les reconfigurations de l'ordre social du capitalisme.

Mots clés : division du travail, industrie de flux, automatisation, ordre social du capitalisme, rationalité technicienne

Controlling work and social relationships? Tensions and ambivalences about division of labour in chemical and pharmaceutical industry

This article analyses the perpetuation of the social order of capitalism in two flow industries - chemistry and pharmacy. The two in-depth case studies deal with major changes in facilities and work organization. The analysis shows that: 1) engineers and managers use the division of work as a scientific tool to act on social relations and human-machine relations; 2) workers develop individual and collective resistances, in response to this technical and managerial rationality. Beyond this well-known result, the study of these actors' discourses and practices reveals that they mobilize resources as well as critics of the division of work in sometimes contradictory discourses and attitudes. It thus contributes to the understanding of work and its regulations in the perspective of the reconfigurations of the social order of capitalism.

Keywords: *Division of Labour, Flow Industry, Automation, Social Order of Capitalism, Technical Rationality*

David GABORIEAU

Le robot comme stigmate du travail déqualifié. Enjeux symboliques du travail sous guidage vocal dans les entrepôts de la grande distribution

Dans les entrepôts de la grande distribution alimentaire, les ouvriers manutentionnaires travaillent avec un casque audio sur les oreilles et un micro devant la bouche. C'est une voix numérique qui leur indique les tâches à réaliser et ils valident chacun des gestes effectués par reconnaissance vocale, en prononçant des mots clés. Lorsqu'on les interroge sur le contenu de leur travail, ils ne manquent pas de se comparer à des « robots », dépossédés de leur capacité à agir en dehors du script imposé. Les observateurs extérieurs en font souvent de même, sidérés par ce dialogue étrange entre un outil numérique et des humains qui répondent à ses injonctions. Si cette conception de la « robotisation » n'est pas satisfaisante au regard de l'enquête menée en immersion dans les entrepôts, l'analyse critique de cette terminologie et de ses ressorts symboliques amène un éclairage nouveau sur la façon dont le monde ouvrier est perçu et se perçoit.

Mots clés : robots, taylorisme, commande vocale, ouvriers, entrepôts

The Robot as a stigma for blue-collar workers. The symbolic stakes of voice picking in food retail warehouses

In food retail warehouses, handlers work with headphones on their ears and microphones in front of their mouth. A digital voice tells them what they have to do and they validate all their actions pronouncing key words for the voice recognition system. When asked about the content of their work, they compare themselves to "robots," lacking the capacity to act outside the imposed framework. Outside observers often borrow this comparison to express their astonishment in reaction to this unusual dialogue between a digital tool and humans following orders. The results of my fieldwork show that such a vision of robotization is not appropriate. I analyze how this symbolic terminology of workers' perception and self-perception is used and the questions it raises, thereby proposing a new approach of the working-class image.

Keywords: *Robots, Robotization, Taylorism, Handlers, Warehouses*

Annales

Histoire, Sciences Sociales

n° 1 **janvier-mars 2017**

Sommaire

Rédaction

105 boulevard Raspail • 75006 Paris • Tél. : 01 53 10 53 79 • annales@ehess.fr

Abonnement

Cambridge University Press • Customer Service (Journals) • University Printing House • Shaftesbury Road • Cambridge CB2 8BS • Royaume-Uni
Tél. : +44 1223 32 63 75 (FR) ou +44 1223 32 60 70 (EN) • journals@cambridge.org

Vente au numéro

Prix d'un numéro simple : 20 € • http://annales.ehess.fr
Diffusion en librairie : CDE • 17 rue de Tournon • 75006 Paris • France
Distribution : SODIS • 128 avenue du Maréchal-de-Lattre-de-Tassigny • 77400 Lagny-sur-Marne • France
Vente sur place et par correspondance : Éditions de l'EHESS • 105 boulevard Raspail • 75006 Paris
Tél. : 33 (0)1 53 10 53 56 • Fax : 33 (0)1 44 07 08 89 • editions-vente@ehess.fr

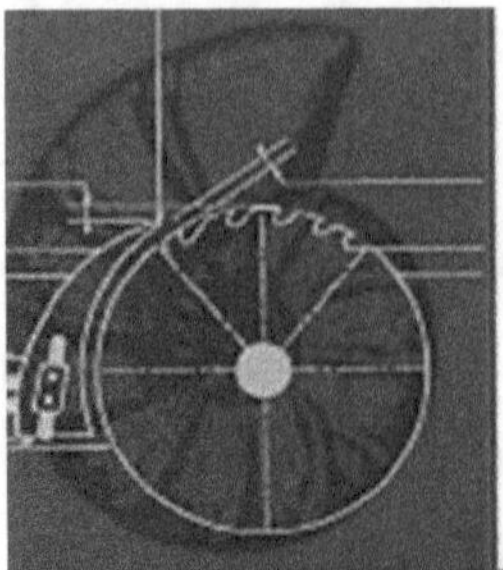

TRAVAIL, GENRE ET SOCIÉTÉS

N°37

AVRIL 2017

Crédit illustration de la 1re de couverture :
Maxime Apostolo

ISSN 1294-6303
ISBN 978-2-7071-9453-4
25 euros

9 782707 194534

Avec le soutien du CNL

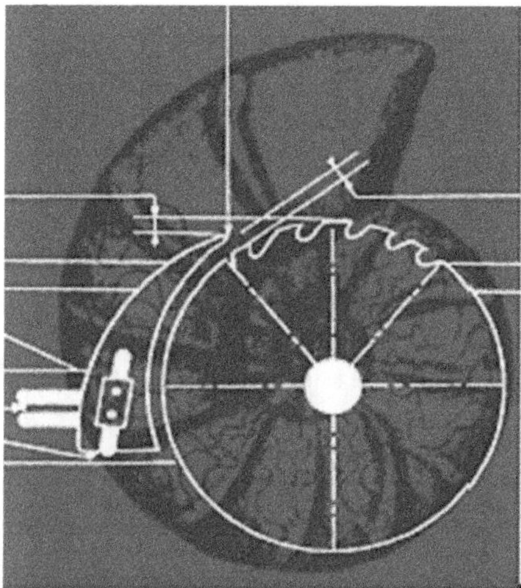

TRAVAIL, GENRE ET SOCIÉTÉS

Sans enfant

Entretien avec **Jenny Jones**

Une pilote aux commandes

37 | 2017

La Découverte

TRAVAIL, GENRE ET SOCIÉTÉS

Margaret Maruani
Directrice de la revue

Hyacinthe Ravet
Directrice adjointe de la revue

Anne Forssell
Secrétaire de rédaction
et responsable d'édition

Hugues Jallon
Directeur de publication

ISSN 1294-6303

Impression
Nouvelle imprimerie Laballery
58502 Clamecy Cedex - France

Parution Avril 2017

Dépôt légal
avril 2017, N° xxxx

Illustration de couverture
Maxime Apostolo

Maquette intérieure et composition
Anne Forssell

Site web
www.travail-genre-societes.com/

Articles en ligne, en français
http://www.cairn.info/revue-travail-genre-et-societes.htm
et partiellement en anglais
http://www.cairn-int.info/journal-travail-genre-et-societes.htm

Revue semestrielle publiée avec le concours de l'Institut des Sciences Humaines et Sociales du CNRS et de la Mairie de Paris

© Éditions La Découverte / MAGE

Poser la question de la différence des sexes dans les sciences sociales du travail et inviter à la réflexion sur le travail dans le champ des recherches sur le genre, décrypter, à partir de hiérarchies, des divisions et des segmentations qui parcourent le monde du travail, le statut des hommes et des femmes dans la société et poser ainsi la question de la différence des sexes : telle est l'hypothèse fondatrice de *Travail, genre et sociétés*.

Pluridisciplinaire, européenne et ouverte aux différents courants qui traversent ces domaines de recherche, *Travail, genre et sociétés* n'est pas la revue d'une école, mais celle d'un champ de recherches. La question des inégalités est posée au cœur de la réflexion, à partir de la place des femmes dans le monde du travail et de leur statut dans la société.

NOTE AUX AUTEURS

L'auteur-e s'engage à ne pas soumettre son texte à une autre revue avant d'avoir reçu une réponse de *Travail, genre et sociétés*.

Présentation des manuscrits

Les articles ne peuvent dépasser vingt-deux pages (soit 50 000 signes), notes et bibliographie incluses. Sont comptabilisés comme signes : caractères, ponctuation, espaces.

Quelques consignes : indiquer 5 mots-clés relatifs à votre article

- proscrire tout acronyme
- double interlignage,
- caractères romains,
- notes en numérotation continue groupées en fin d'article,
- pas de notes bibliographiques, mettre dans le corps du texte, entre crochets, le nom de l'auteur-e et l'année,
- les références bibliographiques sont groupées en fin d'article, par ordre alphabétique (merci de mettre les prénoms en entier), voir exemples ci-dessous. Les références incomplètes seront supprimées,
- les tableaux doivent être faits en tableau (lignes et colonnes) et non en tabulations simples,
- les graphiques doivent être présentés en image word (joindre le fichier "natif"),
- joindre un sommaire hiérarchisé de l'article,
- paginer le document.

Tout article doit être accompagné d'un résumé de 10 lignes et d'une présentation d'auteur-e (discipline, fonction, institution, 3-4 thèmes de recherche, 3-4 dernières ou principales publications, adresse postale institutionnelle et adresse mél).

Travail, genre et sociétés étant distribuée en texte intégral sur le site internet www.cairn.info, tout auteur accepte que son article soit publié sous les deux formats: papier et électronique.

Références bibliographiques

Baudelot Christian et Establet Roger, 1991, *Allez les filles !* Paris, Seuil.

Battagliola Françoise, 1999, « Des femmes aux marges de l'activité, au cœur de la flexibilité », *Travail, genre et sociétés*, n° 1, pp. 157-178.

Perrot Michelle, 2005, « Histoire sociale, histoire des femmes » *in* Margaret Maruani (dir.), *Femmes, genre et sociétés*, Paris, La Découverte, pp. 21-26.

Proposition d'article à envoyer par mél à tgs.cnrs@shs.parisdescartes.fr

Travail, genre et sociétés - Anne Forssell - Université Paris Descartes - 45 rue des Saints Pères
75 270 Paris cedex 06 - Tel. : +33 (0)1 76 53 36 00 - Mél : tgs.cnrs@shs.parisdescartes.fr

Toute proposition d'article sera lue par l'ensemble du comité de rédaction de *Travail, genre et sociétés* puis discutée lors d'une réunion suivante du comité.

Abonnements

Elsevier Masson SAS - Service abonnements
65, rue Camille Desmoulins - 92442 Issy-les-Moulineaux Cedex - FRANCE
Tel : +33 (0)1 71 16 55 77 - Fax : +33 (0)1 71 16 55 99
pour toute question, formulaire à remplir sur http://www.em-consulte.com/infos

Chaque abonné à *Travail, genre et sociétés* dispose d'un accès électronique gratuit à l'ensemble des numéros de la revue diffusés sur le portail Cairn, pendant la durée de son abonnement, au moyen d'un code qui lui est attribué à titre strictement personnel au moment de la souscription.

Vente au numéro 25€
à commander en librairie (ou par internet sur www.cairn.info/revue-travail-genre-et-societes.htm)

ANTHROPOLOGIE et SOCIÉTÉS

LA REVUE FRANCOPHONE D'ANTHROPOLOGIE EN AMÉRIQUE
http://www.anthropologie-societes.ant.ulaval.ca/

Achetez le numéro en ligne et abonnez-vous!
www.ant.ulaval.ca/anthropologieetsocietes

ABONNEMENT 2017			
	Canada	Étranger	
Étudiant	55 $	81 $	CAN
Régulier	80 $	106 $	CAN
Institution sans agence	135 $	181 $	CAN
Institution avec agence	130 $	156 $	CAN

***Prochains** numéros*

L'interculturel dans la cité : épistémologies, interactions, systèmes, 41-3, 2017
Bob W. White, Lomomba Emongo et Gaby Hsab (dir.)

Femmes et subjectivations musulmanes, 42-1, 2018
Abdelwahed Mekki-Berrada (dir.)

DÉSIR D'ENFANT ET DÉSIR DE TRANSMISSION

VOLUME 41, NUMÉRO 2 (2017)

1030, av. des Sciences humaines, bureau 3433 ■ Université Laval (Québec) G1V 0A6 CANADA
Tél. : 1 418 656-3027 ■ Téléc. : 1 418-656-2831
Courriel : anthropologie.et.societes@ant.ulaval.ca

L'HARMATTAN ITALIA
Via Degli Artisti 15; 10124 Torino
harmattan.italia@gmail.com

L'HARMATTAN HONGRIE
Könyvesbolt ; Kossuth L. u. 14-16
1053 Budapest

L'HARMATTAN KINSHASA
185, avenue Nyangwe
Commune de Lingwala
Kinshasa, R.D. Congo
(00243) 998697603 ou (00243) 999229662

L'HARMATTAN CONGO
67, av. E. P. Lumumba
Bât. – Congo Pharmacie (Bib. Nat.)
BP2874 Brazzaville
harmattan.congo@yahoo.fr

L'HARMATTAN GUINÉE
Almamya Rue KA 028, en face
du restaurant Le Cèdre
OKB agency BP 3470 Conakry
(00224) 657 20 85 08 / 664 28 91 96
harmattanguinee@yahoo.fr

L'HARMATTAN MALI
Rue 73, Porte 536, Niamakoro,
Cité Unicef, Bamako
Tél. 00 (223) 20205724 / +(223) 76378082
poudiougopaul@yahoo.fr
pp.harmattan@gmail.com

L'HARMATTAN CAMEROUN
TSINGA/FECAFOOT
BP 11486 Yaoundé
699198028/675441949
harmattancam@yahoo.com

L'HARMATTAN CÔTE D'IVOIRE
Résidence Karl / cité des arts
Abidjan-Cocody 03 BP 1588 Abidjan 03
(00225) 05 77 87 31
etien_nda@yahoo.fr

L'HARMATTAN BURKINA
Penou Achille Some
Ouagadougou
(+226) 70 26 88 27

L'HARMATTAN SÉNÉGAL
10 VDN en face Mermoz, après le pont de Fann
BP 45034 Dakar Fann
33 825 98 58 / 33 860 9858
senharmattan@gmail.com / senlibraire@gmail.com
www.harmattansenegal.com

www.ingramcontent.com/pod-product-compliance
Lightning Source LLC
LaVergne TN
LVHW011155061026
849535LV00003B/746